国家示范性高职院校优质核心课程系列教材

功能性食品及开发

张广燕　蔡智军　主编

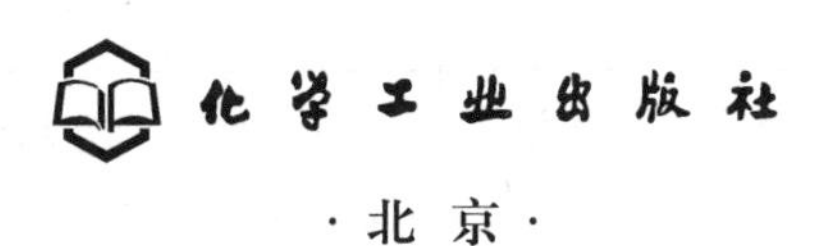

·北京·

内容简介

功能性食品也称为保健食品，系指表明具有特定保健功能的食品。即适宜于特定人群食用，具有调节机体功能，不以治疗疾病为目的的食品。本书结合高职学生的认知规律，融合岗位群职业能力需求，以满足学生方法能力、社会能力提高为目的，以培养学生的专业能力为目标，设计了4个学习情境，即功能性食品开发、功能性食品加工技术、功能性食品质量管理、功效成分检测。教材将功效成分融入到了学习情境功能性食品开发的各个子情境中，有利于激发学生学习兴趣，也有利于提高学生的信息收集能力。

本教材适用于食品、营养及相关专业的学生，也可作为其他专业学生公共选修教材或供相关行业培训使用。

图书在版编目（CIP）数据

功能性食品及开发/张广燕，蔡智军主编．—北京：化学工业出版社，2013.5（2023.9重印）
国家示范性高职院校优质核心课程系列教材
ISBN 978-7-122-17070-5

Ⅰ．①功…　Ⅱ．①张…②蔡…　Ⅲ．①疗效食品-高等职业教育-教材　Ⅳ．①TS218

中国版本图书馆CIP数据核字（2013）第077332号

责任编辑：李植峰　　文字编辑：李彦芳
责任校对：顾淑云　　装帧设计：史利平

出版发行：化学工业出版社（北京市东城区青年湖南街13号　邮政编码100011）
印　　装：三河市双峰印刷装订有限公司
787mm×1092mm　1/16　印张13¼　字数313千字　2023年9月北京第1版第12次印刷

购书咨询：010-64518888　　售后服务：010-64518899
网　　址：http://www.cip.com.cn
凡购买本书，如有缺损质量问题，本社销售中心负责调换。

定　　价：38.00元

“国家示范性高职院校优质核心课程系列教材”
建设委员会成员名单

《功能性食品及开发》编写人员

主　　编　张广燕　蔡智军

副 主 编　崔东波　李文一

编写人员　（按姓名汉语拼音排列）

蔡智军（辽宁农业职业技术学院）

崔东波（辽宁农业职业技术学院）

高　涵（辽宁农业职业技术学院）

李文一（辽宁农业职业技术学院）

刘　颖（大连市中心医院）

刘云强（辽宁农业职业技术学院）

王诗慧（辽宁农业职业技术学院）

吴佳莉（辽宁农业职业技术学院）

张广燕（辽宁农业职业技术学院）

张　迅（沈阳市疾病预防控制中心）

主　　审　王兴国（大连市中心医院）

张　平（国家农产品保鲜工程技术研究中心）

序

Preface

我国高等职业教育在经济社会发展需求推动下，不断地从传统教育教学模式中蜕变出新，特别是近十几年来在国家教育部的重视下，高等职业教育从示范专业建设到校企合作培养模式改革，从精品课程遴选到双师队伍构建，从质量工程的开展到示范院校建设项目的推出，经历了从局部改革到全面建设的历程。教育部《关于全面提高高等职业教育教学质量的若干意见》（教高［2006］16号）和《教育部、财政部关于实施国家示范性高等职业院校建设计划，加快高等职业教育改革与发展的意见》（教高［2006］14号）文件的正式出台，标志着我国高等职业教育进入了全面提高质量阶段，切实提高教学质量已成为当前我国高等职业教育的一项核心任务，以课程为核心的改革与建设成为高等职业院校当务之急。目前，教材作为课程建设的载体、教师教学的资料和学生的学习依据，存在着与当前人才培养需要的诸多不适应。一是传统课程体系与职业岗位能力培养之间的矛盾；二是教材内容的更新速度与现代岗位技能的变化之间的矛盾；三是传统教材的学科体系与职业能力成长过程之间的矛盾。因此，加强课程改革、加快教材建设已成为目前教学改革的重中之重。

辽宁农业职业技术学院经过十年的改革探索和三年的示范性建设，在课程改革和教材建设上取得了一些成就，特别是示范院校建设中的32门优质核心课程的物化成果之一——教材，现均已结稿付梓，即将与同行和同学们见面交流。

本系列教材力求以职业能力培养为主线，以工作过程为导向，以典型工作任务和生产项目为载体，立足行业岗位要求，参照相关的职业资格标准和行业企业技术标准，遵循高职学生成长规律、高职教育规律和行业生产规律进行开发建设。教材建设过程中广泛吸纳了行业、企业专家的智慧，按照任务驱动、项目导向教学模式的要求，构建情境化学习任务单元，在内容选取上注重了学生可持续发展能力和创新能力培养，具有典型的工学结合特征。

本套以工学结合为主要特征的系列化教材的正式出版，是学院不断深化教学改革，持续开展工作过程系统化课程开发的结果，更是国家示范院校建设的一项重要成果。本套教材是我们多年来按农时季节工艺流程工作程序开展教学活动的一次理性升华，也是借鉴国外职教经验的一次探索尝试，这里面凝聚了各位编审人员的大量心血与智慧。希望该系列教材的出版能为推动基于工作过程系统化课程体系建设和促进人才培养质量提高提供更多的方法及路径，能为全国农业高职院校的教材建设起到积极的引领和示范作用。当然，系列教材涉及的专业较多，编者对现代教育理念的理解不一，难免存在各种各样的问题，希望得到专家的斧正和同行的指点，以便我们改进。

该系列教材的正式出版得到了姜大源、徐涵等职教专家的悉心指导，同时，也得到了化学工业出版社、中国农业大学出版社、相关行业企业专家和有关兄弟院校的大力支持，在此一并表示感谢！

蒋锦标

2010 年 12 月

前言

Preface

随着社会的进步和经济的发展，现代社会物质文明高度发达，各种慢性病如肥胖、高血脂、糖尿病、冠心病、恶性肿瘤等发病率逐年上升，威胁着人类健康，而功能性食品的产生就是要最大限度地满足人类自身健康的需要。功能性食品在我国也称为保健食品，我国卫生部颁发的《保健食品管理办法》指出："本办法所称保健食品系指表明具有特定保健功能的食品，即适宜于特定人群食用，具有调节机体功能，不以治疗疾病为目的的食品"。

本教材结合高职学生的认知规律，融合岗位群职业能力需求，以满足学生方法能力、社会能力提高为目的，以培养学生的专业能力为目标，设计了4个学习情境，即功能性食品开发、功能性食品加工技术、功能性食品质量管理、功效成分检测。教材将功效成分融入到了学习情境功能性食品开发的各个子情境中，有利于激发学生学习兴趣，也有利于提高学生的信息收集能力。

本教材学习情境一"功能性食品的开发"由张广燕负责编写，学习情境二"功能性食品加工技术"由蔡智军负责编写，学习情境三"功能性食品的质量管理"由崔东波负责编写，学习情境四"功效成分的检测"由李文一负责编写，刘云强负责附录收集整理，张迅和刘颖参与教材的整体规划设计，吴佳莉、高涵、王诗慧负责前期的资料收集及企业调研。全书由张广燕统稿，王兴国、张平主审。

本教材适用于食品、营养及相关专业的学生，也可作为其他专业学生公共选修教材或相关行业培训使用。

由于时间仓促，编者水平有限，不足之处在所难免，敬请各位读者提出宝贵意见和建议。

编者

2013年1月

目录

Contents

Contents

Contents

Contents

Contents

Contents

Contents

功能性食品的开发

学习目标

- 了解功能性食品的定义及其分类；
- 掌握功能性食品与药品的区别；
- 了解免疫的基本概念及功能；
- 熟悉肥胖症的类型、病因及危害；
- 掌握减肥食品的开发方法；
- 熟悉常见的三种皮肤瑕疵及影响皮肤健美的主要因素；
- 熟悉高血压的发病特点及危害；
- 熟悉糖尿病的分类及患者的症状；
- 了解引发肿瘤因素及肿瘤对人体的危害；
- 掌握肠道主要有益菌及其作用；
- 掌握膳食营养对免疫力、减肥、衰老、美容、营养性贫血、血脂、血糖、血压、生长发育等的影响；
- 熟悉具有增强免疫、减肥、延缓衰老、美容、改善营养性贫血、调节血脂、调节血糖、调节血压、改善生长发育等功能的物质。

子情境1　功能性食品的含义及发展

随着我国国民经济的发展，人民生活水平得到普遍提高，但是也导致了肥胖症、高血脂、糖尿病、冠心病、恶性肿瘤等现代“文明病”的日益增多，威胁人类健康。人们渴望得到能够增进健康，以适应紧张生活和提高生活质量的食品。功能性食品就是在这种背景下产生的。因此，开发功能性食品的根本目的，就是要最大限度地满足人类自身的健康要求。

一、功能性食品的基本概念

（一）功能性食品的定义

功能性食品是强调其成分对人体能充分显示机体防御功能、调节生理节律、预防疾病和促进康复等功能的工业化食品。它必须符合下面4条要求：

(1) 无毒、无害，符合应有的营养要求。

(2) 其功能必须是明确的、具体的，而且经过科学验证是肯定的。同时，其功能不能取代人体正常的膳食摄入和对各类必需营养素的需要。

(3) 功能性食品通常是针对需要调整某方面机体功能的特定人群而研制生产的。

(4) 它不以治疗为目的，不能取代药物对病人的治疗作用。

功能性食品也称为保健食品。在学术与科研上，称谓“功能性食品”更科学些。

（二）功能性食品的分类

1. 根据消费对象分类

(1) 日常功能性食品　日常功能性食品是根据各种不同的健康消费群（如婴幼儿、学生和老年人等）的生理特点和营养需求而设计的，旨在促进生长发育、维持活力和精力，强调其成分能够充分显示身体防御功能和调节生理节律的工业化食品。可分为如下几类：

① 婴幼儿日常功能性食品。婴幼儿日常功能性食品应该完美地符合婴幼儿迅速生长对各种营养素和微量活性物质的要求，促进婴幼儿健康生长。

② 学生日常功能性食品。学生日常功能性食品应该能够促进学生的智力发育，促进大脑以旺盛的精力应付紧张的学习和生活。

③ 老年人日常功能性食品。老年人日常功能性食品应该满足“四足四低”的要求：即足够的蛋白质、足够的膳食纤维、足够的维生素和足够的矿物元素，同时要低糖、低脂肪、低胆固醇和低钠。

(2) 特种功能性食品　特种功能性食品着眼于某些特殊消费群的身体状况，强调食品在预防疾病和促进康复方面的调节功能，如调节血压、调节血糖、调节血脂、增强免疫力等方面的功能。

2. 根据科技含量进行分类

(1) 第一代产品（强化食品）　第一代产品主要是强化食品。强化食品是根据各类人群对营养素需要，有针对性地将营养素添加到食品中去。这类食品仅根据食品中的各类营养素和其他有效成分的功能，来推断整个产品的功能，而这些功能并没有经过任何试验予以证实。目前，欧美各国已将这类产品列入普通食品来管理，我国规定这类产品不允许再以保健食品的形式面市。

(2) 第二代产品（初级产品）　第二代产品强调科学性与真实性，要求经过人体及动物试验，证实该产品具有某种生理功能。目前我国市场上的保健食品大多属于此类。

(3) 第三代产品（高级产品）　第三代产品不仅需要经过人体及动物试验证明该产品具有某种生理功能，而且需要查清具有该项功能的功效成分，以及该成分的结构、含量、作用机理、在食品中的配伍性和稳定性等。这类产品在我国现有市场上还不多见，且功效成分多数是从国外引进，缺乏自己的系统研究。

（三）功效成分的定义和分类

1. 功效成分的定义

功效成分是功能性食品中真正起作用的成分，或称为活性成分、功能因子。功效成分是功能性食品的关键。

第三代功能性食品与第二代功能性食品的根本区别，就在于前者的功效成分清楚，结构明确，含量确定，而后者则往往未能搞清楚产品中起作用的成分与含量。我国目前已批准的功能性食品中，绝大多数属于第二代产品，属于第三代产品的很少。因此，加快对功效成分的深层次研究与开发，缩短与国际先进水平的差距，加速现有产品的更新换代，显得十分迫切。

2. 功效成分的分类

随着科学研究的不断深入、更新，更好的功效成分将会不断被发现。就目前而言，已确认的功效成分，主要包括以下 7 类：

(1) 功能性碳水化合物　例如：膳食纤维、功能性低聚糖等。

(2) 功能性脂类　例如：ω-3 多不饱和脂肪酸、ω-6 多不饱和脂肪酸、磷脂等。

(3) 氨基酸、肽与蛋白质　例如：牛磺酸、精氨酸、谷氨酰胺、酪蛋白磷肽、乳铁蛋白、免疫球蛋白、酶蛋白等。

(4) 维生素和维生素类似物　包括脂溶性维生素、水溶性维生素、苦杏仁苷等。

(5) 矿物元素　包括常量元素、微量元素等。

(6) 植物活性成分　如类胡萝卜素、生物碱、皂苷化合物、萜类化合物、有机硫化合物等。

(7) 益生菌　益生菌主要是乳酸菌类，尤其是双歧杆菌。

(四) 功能性食品调节人体机能的作用

功能性食品除了具有普通食品的营养和感官享受两大功能外，还具有调节生理活动的第三大功能，它主要具有以下作用：增强免疫力；延缓衰老；调节血脂；调节血糖；调节血压；减肥；美容；辅助改善记忆；改善营养性贫血；调节肠道菌群；抗肿瘤；缓解视疲劳；清咽；改善睡眠；促进泌乳；缓解体力疲劳；提高缺氧耐受力；对辐射危害有辅助保护；改善生长发育；增加骨密度；对化学性肝损伤有辅助保护；促进消化；通便；对胃黏膜有辅助保护；抗龋齿；改善抑郁症；改善不良环境（促进排铅、抗辐射、抗高温、抗低温）等。

(五) 功能性食品与药品的区别

功能性食品与药品有着严格的区别，不能认为功能性食品是介于食品与药品之间的一种中间产品或加药产品。

功能性食品与医药品的区别，主要体现在：

(1) 药品是用来治病的，而功能性食品不以治疗为目的，不能取代药物对病人的治疗作用。功能性食品重在调节机体内环境平衡与生理节律，增强机体的防御功能，以达到保健康复的目的。

(2) 功能性食品要达到现代毒理学上的基本无毒或无毒水平，在正常摄入范围内不能带来任何毒副作用。而作为药品，则允许一定程度的毒副作用存在。

(3) 功能性食品无需医生的处方，没有剂量的限制，可按机体的正常需要自由摄取。

(六) 功能性食品的常用原料

1. 药食两用的动植物品种

我国卫生部至今已批准 3 批共 77 种属于药食两用的动、植物品种。用除此之外的中草药加工制得的产品，从严格角度出发，不应属于功能性食品的范畴。

这 77 种药食两用品种分别为：

(1) 种子类　枣（大枣、酸枣、黑枣）、酸枣仁、刀豆、白扁豆、赤小豆、淡豆豉、杏仁（苦、甜）、桃仁、薏仁、火麻仁、郁李仁、砂仁、决明子、莱菔子、肉豆蔻、麦芽、龙眼肉、黑芝麻、胖大海、榧子、芡实、莲子、白果（银杏种子）。

（2）果类　沙棘、枸杞子、栀子、山楂、桑葚、乌梅、佛手、木瓜、黄荆子、余甘子、罗汉果、益智、青果、香橼、陈皮、橘红、花椒、小茴香、黑胡椒、八角茴香。

（3）根茎类　甘草、葛根、白芷、肉桂、姜（干姜、生姜）、高良姜、百合、薤白、山药、鲜白茅根、鲜芦根、莴苣。

（4）花草类　金银花、红花、菊花、丁香、代代花、鱼腥草、蒲公英、薄荷、藿香、马齿苋、香薷、淡竹叶。

（5）叶类　紫苏、桑叶、荷叶。

（6）动物类　乌梢蛇、蝮蛇、蜂蜜、牡蛎、鸡内金。

（7）菌类　茯苓。

（8）藻类　海带。

2. 食品新资源品种

食品新资源管理的6类14个品种现已作为普通食品管理，它们也是开发功能性食品的常用原料。

（1）油菜花粉、玉米花粉、松花粉、向日葵花粉、紫云英花粉、荞麦花粉、芝麻花粉、高粱花粉。

（2）钝顶螺旋藻、极大螺旋藻。

（3）魔芋。

（4）刺梨。

（5）玫瑰茄。

（6）蚕蛹。

3. 用于功能性食品的部分中草药

目前，卫生部允许使用部分中草药来开发现阶段的功能性食品，例如：

人参、人参叶、人参果、三七、土茯苓、大蓟、女贞子、山茱萸、川牛膝、川贝母、川芎、马鹿胎、马鹿茸、马鹿骨、丹参、五加皮、五味子、升麻、天门冬、天麻、太子参、巴戟天、木香、木贼、牛蒡子、牛蒡根、车前子、车前草、北沙参、平贝母、玄参、生地黄、生何首乌、白及、白术、白芍、白豆蔻、石决明、石斛、地骨皮、当归、竹茹、红花、红景天、西洋参、吴茱萸、怀牛膝、杜仲、杜仲叶、沙苑子、牡丹皮、芦荟、苍术、补骨脂、诃子、赤芍、远志、麦门冬、龟甲、佩兰、侧柏叶、制大黄、制何首乌、刺五加、刺玫果、泽兰、泽泻、玫瑰花、玫瑰茄、知母、罗布麻、苦丁茶、金荞麦、金樱子、青皮、厚朴、厚朴花、姜黄、枳壳、枳实、柏子仁、珍珠、绞股蓝、葫芦巴、茜草、荜茇、韭菜子、首乌藤、香附、骨碎补、党参、桑白皮、桑枝、浙贝母、益母草、积雪草、淫羊藿、菟丝子、野菊花、银杏叶、黄芪、湖北贝母、番泻叶、蛤蚧、越橘、槐实、蒲黄、蒺藜、蜂胶、酸角、墨旱莲、熟大黄、熟地黄、鳖甲……

4. 注意事项

在开发功能性食品时，常见的注意事项如下：

（1）有明显毒副作用的中药材，不宜作为开发功能性食品的原料。

（2）当功能性食品的原料是中草药时，其用量应控制在临床用量的50%以下。

（3）受国家中药保护的中成药和已获得国家药政管理部门批准的中成药，不能作为功能性食品加以开发。

（4）传统中医药中典型强壮阳药材，不宜作为开发改善性功能的功能性食品的原料。

（5）已受国家中药保护的中药成方，不能作为功能性食品加以开发。

二、功能性食品开发的科学步骤

人类在很久以前就发现食品能促进健康，随着人们对食物成分和健康关系的深入了解，功能食品逐渐成为研究焦点。严格地说，所有食品都是功能性的，即它们能提供生存所需的能量和营养成分。但是“功能性食品”一词是指能提供生存所需之外的健康效益的食品。目前食品和营养科学已经从识别并纠正营养缺陷发展到设计功能性食品来促进机体达到最佳健康状态并减低疾病风险的阶段。功能性食品的推广能大大降低各国医疗费用的支出，减少病人痛苦，利国利民。因此，功能性食品目前是国内外食品科学研究的热点。功能性食品的开发必须遵循一定的科学步骤，针对这个问题，美国食品科学家协会（IFT）组织世界上功能性食品研究专家总结出功能性食品开发的科学步骤。

第一步：确定食物成分和健康效益之间的关系。

确定食物成分和健康效益之间的关系必须建立在科学理论基础上。大量科学文献记述了食物成分和健康效益的潜在关系，研究者一旦确定了两者之间的关系，就必须选择适当的试验材料进行对比试验，以详细研究二者间的关系。例如，为研究植物酚类的健康效益，研究者进行了多种流行病学和临床对比试验，结果发现：植物酚类具有多种潜在健康效益，包括降低高血压风险、减少心血管病风险及抗氧化成分对机体自由基的清除作用。

第二步：论证食物成分的功效并确定达到理想功效的必需摄入量。

首先，鉴定功能食品中功效成分结构并确定定量检测该成分的方法。当某些活性成分（如，萜类或生物碱类）的结构无法完全确定时，我们就采用这种活性物质的“指纹图谱”来对其鉴定。当研究者对某些活性成分化学鉴定方法知之甚少或一无所知时，那么往往选择一种替代化合物来进行功效评估。其次，评价整个功能食品配方中活性成分的稳定性和生物利用率。活性成分的稳定性和生物利用率取决于该成分理化状态、食品配方中其他成分的影响、食品加工过程及环境因素的影响。最后，进行功效试验。功效试验必须通过适当的生物学终点和生物标记物来评价，某些情况下，研究者能直接测定生物学终点和生物学效应，然而，很多情况下必须选择合适的生物标记物来间接评价功效。功效评估标准，目前多采用Hill 1971年提出的方法。该标准的主要内容包括：相关性的强度（统计学显著性是如何证明数据支持生物效应和功效成分摄入量之间关系的）；观察到的相关性的一致性（不同来源、不同领域及不同类型试验的数据是如何很好地支持这种相关性的）；相关性的特异性（数据能否证明活性成分和功效之间的关系）；观察到的相关性中的偶然联系（观察到的功效是否紧跟在摄入活性物质之后出现）；量效关系（数据是否能证明功效随活性物质摄入量的增加而上升）；生物学似是而非性（是否存在解释活性成分功效的似是而非的机理）；试验证据的一致（当从整体考虑，活性成分和功效之间的关系能否有助于解释试验得到的数据）。此外，IFT专家团还认为应该考虑：试验证据的数量和类型；试验证据的质量；总体试验的证据；证据与特定功效声称的相关性。

第三步：论证必需摄入量下功效成分对人体的安全性。

安全性评估必须灵活考虑消费者对功效成分反应的多个相关因素，包括遗传、年龄、性别、营养状况及生活方式。功效成分的性状及人群对该成分的敏感性也应该被考虑。例如，为孕妇设计的功能性食品应该进行生殖功能评估。安全性评估的指导原则：回溯该成分使用的历史（如果不是一种新型化合物）；估计功效成分在人群中的摄入量；必需摄入量的毒理/安全评价；生物利用率及在体内的可能作用模式；功效成分在体内的半衰期估计；在功效的剂量范围内估计量效关系；弄清药理学/毒理学效应；过敏反应证据；毒性和安全性评价（人体活体、实验动物活体及微生物、培养的细胞等体外系统）。当某种功能性食品的活性成分未知时，证明功能性食品安全性的流行病资料将是安全性评估的一个重要部分。

第四步：开发功效成分的合适食品载体。

开发合适的食品载体很重要，目前国内大多数功能性食品的产品形态都是药物形态，如胶囊、片剂和口服液。而国外已开始注重产品的食品属性，我们应该多学习外国的先进思想，把中国很多传统食品做成功能性食品载体，使中国功能性食品在世界上独具特色。食品载体的选择依赖于其可接受性、稳定性、载体中活性物质的生物利用率以及目标人群的消费和生活习惯。功能性食品的效力是其本身功效和消费者依从的结合。“功效”指活性成分达到了其理想效果的程度，“依从”指目标消费者坚持推荐食用方法的程度。消费者依从是功能食品成功的关键。将活性成分运用到食品载体中面临许多挑战：活性成分往往具有令人讨厌的感官和理化特性，比如，n-3 脂肪酸的难闻气味、酸蔓果的酸味。但是随着食品加工技术的发展，这些问题正在被逐渐解决，如：微胶囊技术使得 n-3 脂肪酸被成功添加到谷物类和奶类食品中。食品载体应该能提供一个稳定的环境，使活性成分保持理想的生物利用率。食品载体的选择也必须考虑目标消费者的特点。例如，高胆固醇水平的人是降低血液胆固醇水平功能性食品的目标人群，所以必须选择目标人群经常消费的食品作为载体。

第五步：论证功效和安全性评价的试验证据是充分科学的。

为保证功效和安全性评价的试验证据是充分科学的，应该由具有一定专业技能的独立专家团来进行评价。建立一个独立的专家团来进行公认有效性（GRAE）评估，将增强公众信心，同时也能节省政府开支。专家团的多学科性将提供内容广泛的数据，保证结论是科学的，且与消费者习惯相关。专家团将使用 Hill 准则来评估现有证据是否支持功效成分的健康声称。必须保证专家团的独立性并且向公众公布专家团的组成。专家团可以由专业公司、私人咨询公司或开发功能性食品的公司来召集。

第六步：将产品功效传递给消费者。

如果消费者不知道功能性食品的功效，那么很少有人会购买功能性食品并从中受益，而且食品工业就没有动力开发新型功能食品。要将产品功效传递给消费者，必须建立功能食品特性和消费这些食品后的健康结果两者之间的关系。关于消费者理解和感知功能食品功效的研究非常重要。功能食品的功效必须完全地、清楚地、及时地传递给消费者。食品标签上的健康声明是对消费者进行膳食成分保健功效教育的很好载体。媒体在传递学科研究进展和培养消费者关注新功能性食品成分方面起重要作用。为指导产品功效的信息沟通，国际食品信息委员会（IFIC）会同 IFT 及其他组织，发布了“膳食成分健康功效新出现知识传递指导方针”。该指导方针主要内容包括：加强公众对食品、食品成分、膳食补充剂及它们在促进健康生活方式方面作用的认识；清楚传达新研究发现和多数人的传统观念的差别；精确地和平衡地进行信息沟通；将新研究发现置于消费者作出膳食决策所需的背景知识之中；透露某一具体研究的所有关键细节；考虑同行评论的情况；评估某项研究的客观性。

第七步：产品上市后的监督以进一步确定功效和安全性。

“上市后监督”（IMS）是指某种功能性食品推向市场后收集该功能性食品实际功效信息

的过程。IMS 通过监测实际产品消费模式及功效成分对消费者膳食模式的影响，并且确定是否存在产品上市前没有发现的负面健康效应。最佳的 IMS 方案应该根据具体情况来定。一个 IMS 方案可以是主动的或被动的。在主动的 IMS 方案中，发起者（通常为食品制造商）雇佣一个专家组对消费者实际摄入功能食品模式情况进行系统调查。在被动 IMS 方案中涉及收集消费者对产品抱怨（例如感官因素，可能的污染）信息、文档记录及评价；也可能包括负面健康效应事件的报告。IMS 计划目标包括两个重要任务：监视已经达到的摄入量和评价活性成分的实际功效。如果知道活性成分在膳食中的存在量，那么检测试验就能评估该成分被吸收和利用的情况。如果血液和其他体液中该成分或其代谢物可以被定量，那么测定消费者对该成分摄入水平和生物利用率就能有效评估消费者对该成分的暴露情况。一旦摄入量确定了，研究者就能评估膳食中加入某种活性成分产生的功效了。确定功能性食品刚推出时人群对该功能性食品的活性成分的基础暴露水平，然后确定服用该功能性食品后的暴露水平和功效，这样就能掌握该功能性食品的功效了。这些试验需要借助大型的数据库或者临床试验，这些试验是困难、费时和费钱的，尽管这些试验是有用的，但是进行这样的长期试验所遇到的实际困难往往使得其几乎不可能完成。

三、功能性食品发展

（一）功能性食品发展的历史

中国功能性食品的发展历史悠久，早在几千年前，中国的医药文献中，就记载了与现代功能食品相类似的论述——“医食同源”、“食疗”、“食补”。

国外较早研究的功能性食品是强化食品。1935 年美国提出了强化食品，随后强化食品得到迅速发展。1938 年路斯提出了必需氨基酸的概念，指出 20 种氨基酸中有 8 种必须通过食物补充。必需氨基酸的缺乏会造成负氮平衡从而导致蛋白质营养不良。所有这些研究，提示人们在食品中添加某种或某些营养素，能够通过食物使人们更健康，避免营养素不足引起的疾病，于是研制出强化食品。

为了规范强化食品的发展，加强对其进行监督管理，美国于 1942 年公布了强化食品法规，对强化食品的定义、范围和强化标准都做了明确规定。随后，加拿大、菲律宾、欧洲各国以及日本也都先后对强化食品做出了立法管理，并建立了相应的监督管理体制，包括强化指标、强化食品市场检查和商标标识等方面的规定和管理。美国食品与药品管理局（FDA）还曾规定了一些必须强化的食品，包括面粉、面包、通心粉、玉米粉、面条和大米等。另外，营养学专家对微量元素的深入研究，不断拓宽了强化剂的范围，使得人类对食品强化的作用和意义有了更深刻的认识。

几十年来，通过在牛奶、奶油中强化维生素 A 和维生素 D，防止了婴幼儿由于维生素 D 缺乏而引起的佝偻病；以食用强化的碘盐来消除地方性缺碘引起的甲状腺肿疾病；强化硒盐能防止克山病；在米面中强化维生素 B_1，使缺乏维生素 B_1 引起的脚气病几乎绝迹；通过必需氨基酸的强化，提高蛋白质的营养价值，可节约大量蛋白质。可以说，强化食品的出现和发展，是人类营养研究的基础理论与人类膳食营养的实践活动密切结合的典范。由于强化食品价格便宜，效果明显，食用方便，强化工艺简单，所以，强化食品有很大的市场优势，深受消费者欢迎。

随着强化食品的发展，强化的概念也被不断地拓宽，不仅是以向食物中添加某种营养素来达到营养平衡，防止某些营养缺乏症为目的，而且某些以含有一些调节人体生物节律、提高免疫能力和防止衰老等有效的功效成分为基本特点的食品也属强化食品。这就超出了原有的强化食品的范畴。

鉴于这些情况，1962 年日本率先提出了“功能性食品”，随着衰老机制、肿瘤成因、营养过剩疾病、免疫学机理等基础理论研究的进展，功能性食品研究开发的重点转移到这些热点上来。

从日本功能性食品的发展历程可以看出，它的出现标志着在国民温饱问题解决后，人们对食品功能的一种新需求，它的出现是历史的必然。功能性食品的需求量随着国民经济发展而发展，随着人民生活水平的提高而不断增长。中国在进入 20 世纪 80 年代以后，人民的生活水平有了较大提高，人们在解决了温饱问题之后，对生活的质量和健康就成为新的追求。同时，生活水平的提高，大量高质量营养素的摄入，营养过剩而引起的富贵病（如糖尿病、冠心病与癌症等）、成人病及老年病已逐渐成为人们主要的疾病。于是，对功能性食品的渴望促进了中国功能性食品行业的迅猛发展。

1980 年全国保健品厂还不到 100 家，至 1994 年已超过 3000 家，生产功能性食品 3000 余种，年产值 300 亿元人民币，大约占食品生产总值（不包括卷烟）10%左右。

在国际市场上功能性食品的发展一直呈上升趋势，在欧美等发达国家，由于人民生活水平高，自我医疗保健意识很强，在医药保健方面消费很高。以美国为例，每年的医疗保健费用约为 3000 多亿美元，平均每人约 1000 多美元。其中，功能性食品的产值近 800 亿美元，约占 27%。20 世纪 90 年代以来，随着国际“回归大自然”之风的盛行，目前全球功能性食品年销售额已达到 2000 亿美元以上，具有不可替代的重要作用，不但得到世人的认可和重视，而且深入人心，增加的势头还在发展。

功能性食品的发展经历了以下三个阶段。

功能性食品正在从第一代、第二代向第三代发展。所谓第一代食品，大多是厂家用某些活性成分的基料加工而成，根据基料推断该产品的功能，缺乏功能性评价和科学性。同时，原材料的加工粗糙，活性成分未加以有效保护，难以成为稳定态势，产品所列功能难以相符。这些没有经过任何实验予以验证的食品，充其量只能算是营养品。中国目前多数的功能性食品属于这一代产品。目前欧、美、日等发达国家，仅将此类产品列入一般食品。

第二代功能性食品是指经过动物和人体实验，确知其具有调节人体生理节律功能，建立在量效基础上。欧美一些发达国家规定，功能性食品必须经过严格的审查程序，提供量效的科学实验数据，以确证此食品的确具有保健功能，才允许贴有功能性食品标签。目前，第二代功能性食品在中国已开始崭露头角。

在具有某些生理调节功能的第二代功能食品的基础上，进一步提取、分离、纯化其有效的生理活性成分；鉴定活性成分的结构；研究其构效和量效关系，保持生理活性成分在食品中的有效稳定态势，或者直接将生理活性成分处理成功能性食品，称为第三代功能性食品。目前，在美、日等发达国家的市场上，大部分是第三代功能性食品。而中国尽管功能性食品市场上已有一定规模，但与发达国家相比还有不小的差距。第三代功能性食品的迅速成长，标志着中国功能性食品与国际接轨，同时也是给予功能性食品行业的发展提供了又一次良机。

（二）功能性食品迅速发展的原因

功能性食品能够在世界范围迅速发展，是与世界经济和环境的变化密切相关的。

1. 人口老龄化促进了功能性食品的发展

世界人口正在向老年化发展，据统计，已有55个国家和地区进入老年型社会。目前，全世界老年人达到5.8亿，占总人口的6%。在美国，65岁以上的老年人已超过3200万，占人口的13.3%。而我国60岁以上的老人已超过1.5亿，占总人口的11.5%。在我国经济比较发达的地区，如上海、北京、天津、无锡等地已相继步入老年型社会。据预测，到2010年，全球老年人口将接近12亿。老年人口比例的全面增加，导致医疗保险费用支出迅速上升，成为社会及个人庞大的开支和沉重的负担。再加上药物副作用危害日益明显，使人们认识到从饮食上保持健康、预防疾病更为合算、安全，因此，功能性食品得到迅速发展。

2. 疾病谱和死因谱的改变刺激了功能性食品的消费

随着科学和公共卫生事业的发展，各种传染病得到了有效的控制，但是，各种慢性疾病如心脑血管疾病、恶性肿瘤、糖尿病已占据疾病谱和死因谱的主要地位。慢性病与多种因素有关，常涉及躯体的多个器官和系统，生活习惯、行为方式（吸烟、酗酒、不良的饮食习惯、营养失调、紧张的行为方式和个性）、心理、社会因素等在患病过程中起重要作用。疾病模式的变化促使人们重新认识饮食与现代疾病的关系，寻找人们饮食习惯的弊病，从而引发了饮食革命，刺激了功能性食品的消费，促进了功能性食品的发展。

3. 科学的进步推动了功能性食品的发展

近半个世纪以来，生命科学取得了极其迅速的发展，特别是生物化学、分子生物学、人体生理学、遗传学及相关分支学科的发展，使人们进一步认识到饮食营养与躯体健康的关系，认识到如何通过营养素的补充及科学饮食去调节机体功能进行预防疾病。科学的发展使人们懂得了如何利用功效成分去研制开发功能性食品，使人们对功能性食品的认识从感性阶段上升到理性阶段，从而推动了功能性食品的发展。

4. 回归大自然加速了功能性食品的发展

从20世纪70年代以来，一股回归大自然的热潮兴起，遍及全球。富含膳食纤维、低脂肪、低胆固醇、低糖、低热量的食品越来越受到人们的欢迎，从而也推动了功能性食品的发展。

（三）功能性食品存在的问题

现阶段，我国功能性食品虽然发展较快，但存在的问题令人担忧，主要有以下几个方面。

1. 低水平重复现象严重

我们对功能性食品“审批门槛”定的较低。如果我们将“审批门槛”定得较高，势必会有大量的产品淘汰出局，在一定程度上会影响功能性食品产业的发展。对于这一问题，日本处理得较好。他们认为“功能性食品”和“健康食品”是两个概念，用不同法规予以管理。他们将“功能性食品”的审批门槛定得很高。如前所述，日本的功能性食品必须是第三代产品，其功能因子应是天然成分，采用传统的食品形态，并作为每日膳食的一部分。因此，日本自1991年立法至今，只批准100多个功能性食品。但他们将有益健康的“健康食品”的审查门槛定得较低。这样给大量的健康产品进入市场打开了一条出路。近几年虽然我国也在逐步提高审查门槛，但顾虑甚多。加之国内一些功能性食品企业管理层的文化素质不高，他们对企业没有一个长远考虑，缺乏科学决策，造成产品开发力度不够，低水平重复现象严重。据统计，卫生部批准的3000多个功能性食品，功能主要集中在免疫调节、调节血脂、抗疲劳 3 项，约占 60%，开发的产品功能如此集中，不仅使市场销售艰巨，也难以取得良好的经济效益。

2. 基础研究不够

众所周知，功能性食品是一个综合性产业，需要各部门密切配合。从学科发展来说，功能性食品是一个综合性学科，它需要多学科携手合作。目前，我国的教育体系不适应当前功能性食品产业的发展。如国内的“食品科学”专业大都设置在轻工和农业院校，他们研究的重点是食品加工过程中的科学问题，很少涉及研究“食品与人类健康的关系”，也很少涉及食品的功能问题。而医药院校的科研领域的主要精力在研究“天然药物”，对“功能性食品”涉足不多，更不用说对“专业人才”的培养。此外，中央和各级政府的科研部门，对这一领域的科研投入极少，长期以来都没有列入各级科研部门的纵向研究课题。各类食品研究机构很少涉足这一领域，更不用说开展一些基础性研究。

3. 主要采用非传统的食品形态，价格较高

日本规定功能性食品（特定健康用食品）只能以食品作载体，而我国的功能性食品常采用非传统食品形态，以片剂和胶囊等形式出现，脱离人们日常生活，且价格较高，使消费者望而却步。

4. 监督管理难度较大

目前，我国对功能性食品管理的重点是对功能性食品配方的审批，确保产品配方无毒，功能真实有效。截至 2008 年年底，经卫生部批准的功能性食品 4000 多个，其中 90% 以上属第二代产品，功能因子不明确，作用机理不清楚，一旦造假难以鉴别，给产品监督管理带来较大困难。

5. 缺少诚信，夸大产品功效

一些功能性食品厂家或经销商，擅自夸大功能性食品功效的宣传，误导了消费者，对社会造成严重的不良影响，失去消费者的信任。

四、我国功能性食品的展望

1995 年 9 月，由联合国粮农组织（FAO）、世界卫生组织（WHO）、国际生命科学研究所（ILSI）共同举办的东西方功能性食品第一届国际科研会在新加坡举行，会议制定了功能性食品的生产规章，讨论了地区功能性食品工作网及关于功能性食品共同感兴趣的问题和研究领域等。研究领域比较集中的有：有利于脑营养功能的益智食品，延缓衰老的食品和控制糖尿病的饮食等。2003 年 12 月，全球华人功能性食品科技大会在中国深圳举行，会议讨论了国际功能性食品的现状、功能性食品的科学评价等。

目前，美国重点发展婴幼儿食品、老年食品和传统食品。日本重点发展的是降血压、改善动脉硬化、降低胆固醇等与调节循环器官有关的食品；降低血糖值和预防糖尿病等调节血糖的食品以及抗衰老食品；整肠、减肥的低热食品。21 世纪我国功能性食品的发展趋势有以下几个方面。

（一）大力开发第三代功能性食品

目前中国的功能性食品大部分是建立在食疗基础上，一般都采用多种既是药品又是食品的中药配制产品，这是中国功能性食品的特点。它的好处是经过了前人的大量实践，证实是有效的。如果我们进一步在现代功能性食品的应用研究的基础上，开发出具有明确量效和构

效的第三代功能性食品，就能与国际接轨，参与国际竞争。随着中国加入世界贸易组织（WTO），人民对生活质量日益注重，具有明确功能因子的第三代功能性食品的需求量必然增加，因此，发展第三代功能性食品，推动功能性食品的升级换代迫在眉睫。

（二）加强高新技术在功能性食品生产中的应用

采用现代高新技术，如膜分离技术、微胶囊技术、超临界流体萃取技术、生物技术、超微粉碎技术、分子蒸馏技术、无菌包装技术、现代分析检测技术、干燥技术（冷冻干燥、喷雾干燥和升华干燥）等，实现从原料中提取有效成分，剔除有害成分的加工过程。再以各种有效成分为原料，根据不同的科学配方和产品要求，确定合理的加工工艺，进行科学配制、重组、调味等加工处理，生产出一系列名副其实的具有科学、营养、健康、方便的功能性食品。

（三）开展多学科的基础研究与创新性产品的开发

功能性食品的功能在于本身的活性成分对人体生理节律的调节，因此，功能性食品的研究与生理学、生物化学、营养学及中医药等多种学科的基本理论相关。功能性食品的应用基础研究应是多学科的交叉。应用多学科的知识、采用现代科学仪器和实验手段，从分子、细胞、器官等分子生物学水平上研究功能性食品的功效及功能因子的稳定性，开发出具有知识产权的功能性食品。

（四）产品向多元化方向发展

随着生命科学和食品加工技术的进步，未来功能性食品的加工更精细、配方更科学、功能更明确、效果更显著、食用更方便。据有关部门统计，2000 年我国功能性食品消费约 400 亿元，2009 年将有望突破 1000 亿元。预计 2020 年市场总量可以突破 4500 亿，产品形式除目前流行的口服液、胶囊、饮料、冲剂、粉剂外，一些新形式的食品，如烘焙、膨化、挤压类等也将上市，功能性食品将向多元化的方向发展。

（五）重视对功能性食品基础原料的研究

要进一步研究开发新的功能性食品原料，特别是一些具有中国特色的基础原料，对功能性食品原料进行全面的基础和应用研究，不仅要研究其中的功能因子，还应研究分离保留其活性和稳定性的工艺技术，包括如何去除这些原料中的有毒物质。

（六）实施名牌战略

“名牌产品”和“明星企业”对于一个产业的推动作用十分重要。在未来几年内，应着手扶持和组建一些功能性食品企业，使之成为该行业的龙头企业，以带动整个功能性食品行业健康发展。

总之，食品科技工作者应加强基础研究，同时应加快产品开发，规范法规，提高产品的技术含量，使中国功能性食品发展走上一条具有中国特色的健康发展道路，为功能性食品的研究与开发做出应有的贡献。

复习思考题

1. 什么是功能性食品？
2. 功能性食品如何分类？
3. 功能性食品在调节人体机能时有哪些作用？

4. 功能性食品与药品有何区别?
5. 简述我国功能性食品存在的问题。

子情境2 增强免疫功能性食品开发

在生物进化过程中，免疫系统出现于脊椎动物身上并趋于完善。免疫系统对维持机体正常生理功能具有重要意义。免疫功能低下，会对机体健康产生极为不利的影响，使多种传染病、非传染病的发病率和死亡率提高，其中引人注目的有肿瘤等。与免疫有关的功能性食品是指具有增强机体对疾病的抵抗力、抗感染、抗肿瘤功能以及维持自身生理平衡的食品。

一、免疫与免疫系统的基本概念

(一) 免疫

1. 免疫

免疫是指机体接触“抗原性异物”或“异己成分”的一种特异性生理反应，它是机体在进化过程中获得的“识别自身、排斥异己”的一种重要生理功能。人体依靠这种功能识别“自己”和“非己”成分，从而破坏和排斥进入人体的抗原物质，或人体本身所产生的损伤细胞和肿瘤细胞等，以维持人体的健康。抵抗或防止微生物或寄生物的感染或其他所不希望的生物侵入的状态。

抗原是指能在机体内引起免疫应答的物质，抗体是在抗原物质对机体刺激后形成的，为一类具有与该抗原发生特意结合反应功能的球蛋白，如免疫球蛋白。

2. 免疫的功能

机体的免疫系统就是通过这种对自我和非我物质的识别和应答，承担着如下三方面的基本功能。

(1) 免疫防护功能　免疫防护功能指正常机体通过免疫应答反应来防御及消除病原体的侵害，以维护机体健康和功能。在异常情况下，若免疫应答反应过高或过低，则可分别出现过敏反应或免疫缺陷症。

(2) 免疫自稳功能　免疫自稳功能指正常机体免疫系统内部的自控机制，以维持免疫功能在生理范围内的相对稳定性，如通过免疫应答反应清除体内不断衰老、颓废或毁损的细胞和其他成分，通过免疫网络调节免疫应答的平衡。若这种功能失调，则免疫系统对自身组织成分产生免疫应答，可引起自身免疫性疾病。

(3) 免疫监视功能　免疫监视功能指免疫系统监视和识别体内出现的突变细胞并通过免疫应答反应消除这些细胞，以防止肿瘤的发生或持久的病毒感染。在年老、长期使用免疫抑制剂或其他原因造成免疫功能丧失时，机体不能及时清除突变的细胞，则易发生肿瘤。

3. 天然免疫与获得性免疫

机体的免疫功能包括天然免疫（非特异性免疫）和获得性免疫（特异性免疫）两部分。天然免疫是机体在长期进化过程中逐步形成的防御功能，如正常组织（皮肤、黏膜等）的屏障作用、正常体液的杀菌作用、单核巨噬细胞和粒细胞的吞噬作用、自然杀伤细胞的杀伤作用等天然免疫功能。这种功能作用广泛且与生俱来，又称为非特异性免疫。

获得性免疫是指机体在个体发育过程中，与抗原异物接触后产生的防御功能。免疫细胞

（主要是淋巴细胞）初次接触抗原异物时并不立即发生免疫效应，而是在高度分辨自我和非我的信号过程中被致敏，启动免疫应答，经抗原刺激后被刺激的免疫细胞分化生殖，逐渐发展为具有高度特异性功能的细胞和产生免疫效应的分子，随后再遇到同样的抗原异物时才发挥免疫防御功能。这类免疫应答具有以下特点。

① 特异性：该功能具有高度选择性，只针对引起免疫应答的同一抗原起作用，故又称特异性免疫。

② 异质性：不像非特异性免疫是由一种细胞对各种抗原异物皆可引起相同的应答。特异性免疫是由不同类型的免疫细胞对相应的抗原异物分别产生应答。

③ 记忆性：免疫细胞被特异致敏原保存记忆的信息，再遇到同样的抗原异物时，能增强或加速发挥其免疫力。

④ 可转移性：特异性免疫力可通过转输免疫活细胞和抗体转移给正常个体，使受体对原始抗原异物发生特异反应。

特异性免疫与非特异性免疫有着密切的关系。前者是建立在后者的基础上，而又大大增强后者对特异性病原体或抗原性物质的清除能力，显著提高机体防御功能。免疫功能是逐步完善和进化的结果，其中非特异性免疫是生物赖以生存的基础。

4. 体液免疫和细胞免疫

特异性免疫包括体液免疫和细胞免疫两类。这两类特异性免疫功能相互协同、相互配合，在机体免疫功能中发挥着重要作用。特异性体液免疫是由 B 淋巴细胞对抗原异物刺激的应答，转变为浆细胞产生出特异性抗体，分布于体液中，可与相对应的抗原特异结合，发生中和解毒、凝集沉淀、使靶细胞裂解及调理吞噬等作用。特异性细胞免疫是由 T 淋巴细胞对抗原异物的应答，发展成为特异致敏的淋巴细胞并合成免疫效应因子，分布于全身各组织中，当该致敏的淋巴细胞再遇到同样的抗原异物时，该细胞与之高度选择性结合直接损伤或释放出各种免疫效应因子，毁损带抗原的细胞及抗原异物，达到防护的目的。

（二）免疫系统

免疫系统是由免疫器官、免疫细胞和免疫因子组成。

1. 免疫器官

免疫器官是指实现免疫功能的器官和组织，根据它们的作用，可分为中枢免疫器官和周围免疫器官。

（1）中枢免疫器官　中枢免疫器官对免疫应答的发生有决定性的作用，能左右机体实现免疫应答功能，哺乳动物和人的骨髓与胸腺和禽类的腔上囊（法氏囊）属于中枢免疫器官。也称为一级免疫器官，骨髓是造血干细胞和 B 细胞发育分化的场所，腔上囊是禽类 B 细胞发育分化的器官。胸腺是 T 细胞发育分化的器官，是免疫系统的中心器官，它可以产生以胸腺素为代表的各种胸腺激素，这些激素通过诱导 T 细胞的成熟，来达到对免疫功能的调节作用。

（2）外周免疫器官　全身淋巴结和脾是外周免疫器官，它们是成熟 T 和 B 细胞定居的部位，也是接受抗原刺激产生免疫应答的场所。由于其主要成分都是淋巴组织，也称为淋巴器官。此外，黏膜免疫系统和皮肤免疫系统是重要的局部免疫组织。

2. 免疫细胞

免疫细胞是泛指所有参与免疫应答或与免疫应答有关的细胞及其前身，包括造血干细胞、淋巴细胞、单核-巨噬细胞及其他抗原细胞、粒细胞、红细胞、肥大细胞等。在免疫细胞中，执行固有免疫功能的细胞有吞噬细胞、NK 细胞（自然杀伤细胞）等；执行适应性免疫功能的是 T 及 B 淋巴细胞，各种免疫细胞均是从骨髓中的多能造血干细胞分化而来的。

（1）淋巴细胞　淋巴细胞包括 B 细胞、T 细胞、NK 细胞和 K 细胞（杀伤细胞）等，成熟 B 细胞来源于骨髓，成熟 T 细胞来源于胸腺。B 细胞和 T 细胞都有保存免疫记忆的能力。NK 细胞发源于骨髓干细胞，而后分布于外周组织，主要是脾和外周血中，K 细胞约占淋巴细胞总数的 5%～15%，存在于腹腔渗出液、脾、淋巴结和血液中。

（2）单核吞噬细胞与抗原呈递细胞　单核吞噬细胞包括血液中的单核细胞与组织中的巨噬细胞，它们具有吞噬、杀菌、细胞毒、抗原的处理与呈递、免疫调节等多种重要的生理功能。

抗原呈递细胞的主要作用是捕捉和处理抗原，并将有效抗原呈给 T 和 B 细胞，同时激活之。

（3）粒细胞　粒细胞由骨髓产生，其数量占正常血液白细胞总数的 60%～70%。粒细胞分中性、嗜酸性与嗜碱性等三种，主要起吞噬作用，与抗体和补体一起抵抗微生物的侵袭，在炎症反应中起重要作用。

（4）红细胞　红细胞与白细胞一样来源于多能干细胞，不仅具有呼吸作用，也具有免疫功能。

3. 免疫因子

免疫因子是由免疫细胞和非免疫细胞合成和分泌的具有免疫介导作用的可溶性活性因子，包括淋巴因子、单核因子、细胞因子等。

（三）免疫应答

1. 免疫应答的概念

抗原性物质进入机体后激发免疫细胞活化、分化和效应过程称之为免疫应答。现代免疫学已证明在高等动物和人体内存在有结构复杂的免疫系统，是由免疫器官、免疫细胞和免疫分子组成的。同时也证明了免疫应答是由多细胞系完成的，它们之间存在相互协同和相互制约的关系。在正常免疫生理条件下，它们处于动态平衡，以维持机体的免疫稳定状态。抗原进入激发免疫系统打破了这种平衡，从而诱发免疫应答，建立新的平衡状态。

2. 免疫应答的过程

免疫应答效应的表现主要是以 B 细胞介导的体液免疫和以 T 细胞介导的细胞免疫。这两种免疫应答的产生都是有多细胞系完成的，即由单核吞噬细胞系、T 细胞和 B 细胞来完成的。免疫应答过程不是单一细胞系的行为，而是多细胞相互作用的复杂行为。这一过程包括：

① 免疫细胞对抗原分子的识别过程，即抗原分子与免疫细胞间的作用。

② 免疫细胞对抗原细胞的活化和分化过程，即免疫细胞间的相互作用。

③ 效应细胞和效应分子的排异作用。

3. B 细胞介导的体液免疫

B 细胞识别抗原而活化、增殖、分化为抗体形成细胞，通过其所分泌的特异性抗体而实现免疫效应的过程，称为特异性体液免疫应答。在此过程中，多数情况下还需有辅助性 T 细胞（TH）参与作用。

4. T 细胞介导的细胞免疫

特异性细胞免疫是由 T 细胞识别特异性抗原开始，并在效应阶段也是由 T 细胞参与的免疫应答过程。

二、增强免疫功能性食品开发

（一）营养与免疫

随着各学科间的相互渗透，免疫学发展到食品科学和营养学研究的许多领域，并形成了一门新的科学——营养免疫学，它超越了维生素、蛋白质等基本生存营养，而是研究人体免疫系统所需要的如：抗氧化剂、植物营养素、多醣体等抵抗疾病的营养。根据医学研究显示，人体 90%以上的疾病与免疫系统失调有关。而人体免疫系统的结构是繁多而复杂的，并不在某一个特定的位置或是器官，相反它是由人体多个器官共同协调运作。而适当的营养却能使免疫系统全面有效地运作，有助于人体更好地防御疾病、克服环境污染及毒素的侵袭。营养与免疫系统之间密不可分、相互促进。

均衡营养关系到人体免疫系统行使其正常功能。当人们发现营养不良时，首先胸腺会发生严重萎缩性病变；紧接着就是脾脏，以下是肠系膜淋巴结，再下是颈淋巴结。免疫系统的组织形态学变化直接表现：胸腺和脾脏萎缩，肾上腺严重萎缩，肠壁变薄、绒毛倒伏，表现出免疫系统退化病变。免疫系统的异常会导致免疫应答的不健全。

吞噬作用减弱。原因在于低营养状态时，参与吞噬作用的有关酶缺乏，因而吞噬功能丧失；吞噬细胞数量减少，吞噬细胞活性及杀菌活性降低。这些有助于说明缺乏蛋白质经常伴有高比例的感染。

细胞免疫功能降低。营养不良患者淋巴细胞染色体异常增加，淋巴细胞活性降低。结核菌素反应减弱，淋巴细胞转化率明显降低，迟发型超敏反应丧失。

体液免疫功能降低。营养不良的婴儿，血清中免疫球蛋白含量一般是显著的延迟达到正常值。同时，特异性抗体的合成减弱。

1. 蛋白质

蛋白质、氨基酸是构成机体免疫系统的基本物质，与免疫系统的组织发生、器官发育有着极为密切的关系。正常情况下当抗原进入机体后，刺激机体产生不同水平的免疫反应——细胞免疫和体液免疫。无论是生成各种免疫细胞还是合成抗体都需要蛋白质和氨基酸的参与。当人体出现蛋白质营养不良时，免疫器官（如胸腺、肝脏、脾脏、黏膜、白细胞等）的组织结构和功能均会受到不同程度的影响，特别是免疫器官和细胞免疫受损会更严重一些。蛋白质与免疫的关系表现为两个方面：

（1）促进细胞免疫　蛋白质能促进淋巴细胞的增殖、分化和迟发型超敏反应，此外蛋白质能抑制肿瘤生长和脾的增大。蛋白质不足可降低抗原和抗体反应，使补体浓度下降，免疫器官萎缩，T 细胞尤其是辅助性 T 细胞数量减少，吞噬细胞发生机能障碍，NK 细胞对靶细胞的杀伤力下降。

（2）促进体液免疫　抗体均为免疫球蛋白，其合成需要酶参与，而酶是具有生物学活性的蛋白质，机体蛋白质水平低，细胞内酶含量不足将导致合成抗体的速度减慢从而影响体液免疫的效果。

2. 脂类

脂肪酸的缺乏或不足，会使淋巴组织萎缩，降低对抗原的反应，亚油酸和亚麻酸等必需脂肪酸，是维持机体免疫系统最重要的基本营养素和功效成分。

3. 碳水化合物

从真菌和植物中提取的活性多糖，如香菇多糖、灵芝多糖、黄芪多糖、人参多糖等，能明显提高机体的抗病防御能力，强化免疫功能，辅助抑制肿瘤。

功能性低聚糖之类益生素，以及乳酸菌等，能调节肠道菌群，诱导干扰素、促进细胞分裂而产生体液和细胞免疫，起到激活免疫、抗肿瘤的功效。

4. 维生素

（1）维生素A　一些研究结果表明，维生素A从多方面影响机体免疫系统的功能，包括对皮肤/黏膜局部免疫力的增强、提高机体细胞免疫的反应性以及促进机体对细菌、病毒、寄生虫等病原微生物产生特异性的抗体。

（2）维生素E　众所周知，维生素E是一种重要的抗氧化剂，但它同时也是有效的免疫调节剂，能够促进机体免疫器官的发育和免疫细胞的分化，提高机体细胞免疫和体液免疫的功能。

（3）维生素C　维生素C是人体免疫系统所必需的维生素，它可以提高具有吞噬功能的白细胞的活性；还参与机体免疫活性物质（即抗体）的合成过程；还可以促进机体内产生干扰素（一种能够干扰病毒复制的活性物质），因而被认为有抗病毒的作用。

（4）维生素B_6　维生素B_6缺乏时，细胞免疫功能和体液免疫功能均受到明显的影响，包括胸腺萎缩、外围血液淋巴细胞减少、单核巨噬细胞功能异常等。老年免疫功能低下与维生素B_6缺乏密切相关，补充维生素B_6后免疫功能得以明显改善。临床上，患有何杰金氏病或因肾功能不全而进行透析的病人，一般均伴有维生素B_6不足或缺乏，补充维生素B_6后免疫功能可得到相应改善。尽管如此，正常人大剂量补充维生素B_6并不产生显著的免疫增强效果。

（5）其他维生素　维生素B_1、维生素B_{12}、叶酸和生物素等，对机体的免疫功能均可发挥作用。辅酶Q_{10}能支持免疫系统，加强细胞对氧的摄取，从而增强心脏功能。

5. 矿物元素

（1）锌　锌是在免疫功能方面被关注和研究得最多的元素，它的缺乏对免疫系统的影响十分迅速和明显，且涉及的范围比较广泛（包括免疫器官的功能、细胞免疫、体液免疫等多方面），所以应该注重对锌的摄取，维持机体免疫系统的正常发育和功能。

以缺锌小鼠为代表，是研究营养与免疫相互关系的最全面的动物模型。早期及最近的许多研究证明，缺锌可损害人和动物的免疫防御能力，从而导致疾病。锌缺乏使幼鼠体重下降25%，胸腺重量减少50%，脾和周围淋巴细胞的绝对数减少近50%；缺锌损害小鼠骨髓淋巴细胞的生成，使早期的和未成熟的B细胞前体明显减少。由于能参加免疫应答的淋巴细胞总数减少，缺锌小鼠对外来攻击所产生的应答的总强度降低。因此，人们观察到动物或人在缺锌和许多其他营养不良时都伴随有胸腺萎缩和淋巴细胞减少，宿主防御能力下降。

（2）铁　铁作为人体必需的微量元素对机体免疫器官的发育、免疫细胞的形成以及细胞免疫中免疫细胞的杀伤力均有影响。铁是较易缺乏的营养素、特别多见于儿童和孕妇、乳母等人群，尤其是婴幼儿与儿童的免疫系统发育还不完善，很易感染疾病，预防铁缺乏对这一人群的健康有着十分重要的意义。

（3）铜　铜可增强中性粒细胞的吞噬功能，铜缺乏可抑制单核吞噬细胞系统，降低中性粒细胞的杀菌活性，从而增加对微生物的易感性。伴有铜缺乏的家族性Menkes综合征患者，细胞免疫减弱，常因感染肺炎而死亡。

(4) 硒　硒有广泛的免疫调节作用。硒和维生素 E 合用，对增强抗体产生和淋巴细胞转化反应有协同作用。如果两者同时缺乏，对依赖 T 细胞抗体反应的损害会更为明显。

缺硒会影响非特异性免疫，严重抑制中性粒细胞移动能力，减弱杀菌能力。缺硒动物腹腔渗出液中的巨噬细胞明显减少，细胞内谷胱甘肽过氧化酶活力减弱，释放出的过氧化氢数量明显增多。

(二) 增强人体免疫食品开发的方法

人体的免疫力大多取决于遗传基因，但是环境的影响也很大，其中饮食就有很大的影响。科学研究得出，人体免疫系统活力的保持主要靠食物。有些食物的成分能协助刺激免疫系统，增加免疫能力。均衡的营养不仅能满足人体的需要，而且对预防疾病、增强抵抗力有着重要作用，适量的蛋白质、维生素 E、维生素 C、胡萝卜素、锌、硒、钙、镁等物质可增加人体免疫细胞的数量。因此可以由以下三个方面来设计增强人体免疫的功能性食品。

1. 利用传统入药的食品原料

人参、灵芝、黄芪、党参、绞股蓝、刺五加、阿胶、肉桂、薏米、银耳等能促进白细胞数增加。人参、黄芪、白术、甘草等可增强中性白细胞吞噬功能。香菇、甘草、灵芝等可促进单核巨噬细胞数增加。人参、黄芪、白术、党参、地黄、杜仲、猪苓、香菇、云芝、大蒜、茶叶等可提高巨噬细胞吞噬功能。香菇、白术、黄芪、天门冬等能促进 T 淋巴细胞数目增多。五味子、何首乌、猪苓、云芝、金针菇、灵芝、白术、人参、绞股蓝、枸杞、淫羊藿等能促进淋巴细胞转化。何首乌、地黄、茯苓、淫羊藿等能促进抗体生成，影响体液免疫。地黄、黄芪、灵芝、香菇、茯苓、金针菇、何首乌、淫羊藿等对免疫球蛋白的生成有促进作用。

2. 将传统食品与营养强化剂组合

该类食品以传统中医食疗与现代营养学理论结合于一体，是免疫调节功能性食品开发研制的方向之一，可生产出免疫调节作用更强的保健食品。例如有一种增强儿童免疫功能的口服液，选用了枸杞子、莲子、核桃仁、大枣、薏米、鸡肝、鸡蛋、桂圆、山楂、蜂蜜等传统滋补食品为原料进行提取，又补充了钙、铁、锌、维生素 C、维生素 E 等营养强化剂制成。这些原料性味温和，营养丰富，补益平缓，再加上强化剂，口味甜酸可口，具有显著的免疫调节功能。

3. 利用一些免疫功能调节能力强的原料生产保健食品

灵芝、香菇等食用菌中所含的活性多糖可激活单核巨噬细胞的吞噬功能，刺激或恢复 T 淋巴细胞和 B 淋巴细胞，增强淋巴细胞的转化作用，而且增强体液免疫作用。因此可充分利用食用菌原料开发增强免疫功能的保健食品。

(三) 具有增强免疫力功能的物质

人体由于营养素摄入不足造成机体抵抗力下降，会对免疫机制产生不良影响。同时，现在还有不少功能性物质具有较强的免疫功能调节作用，增强人体对疾病的抵抗力。

1. 活性蛋白质

(1) 免疫球蛋白　免疫球蛋白 (Ig) 是一类具有抗体活性或化学结构与抗体相似的球蛋白，普遍存在于哺乳动物的血液、组织液、淋巴液及外分泌液中。免疫球蛋白是构成体液免疫作用的主要物质，与补体结合后可杀死细菌和病毒，因此，在动物体内具有重要的免疫和生理调节作用，是动物体内免疫系统最为关键的组成物质之一。

免疫球蛋白共有 5 种，即 IgA、IgD、IgE、IgG、IgM。其中在体内其主要作用的是 IgG，而在局部免疫中起主要作用的是分泌型 IgA。

在牛初乳和常乳中，免疫球蛋白含量分别为 50mg/mL 和 0.6mg/mL，其中约 80%～86%为 IgG，而人乳免疫球蛋白以 IgA 为主。

应指出，抗体都是免疫球蛋白，而免疫球蛋白并不一定都是抗体。如骨髓瘤患者血清中浓度异常增高的骨髓瘤蛋白，虽在化学结构上与抗体相似，但无抗体活性，没有真正的免疫功能，因此不能成为抗体。

免疫球蛋白在 19 世纪末被首次发现后，它在医学实践中曾发挥了巨大作用，但对其在食品工业中应用的研究则是近二十年的事情。20 世纪 90 年代美国公司陆续生产出了含活性免疫球蛋白的奶粉等，1998 年新西兰健康食品有限公司的两种牛初乳粉和牛初乳片进入中国市场。近年来我国也加大了对免疫球蛋白作为功能性食品添加剂的研究与开发力度。

(2) 乳铁蛋白　乳铁蛋白是一种天然蛋白质的降解物，存在于牛乳和母乳中，是一种铁结合性糖蛋白。乳铁蛋白有以下多种生理功效：

① 刺激肠道中铁的吸收；

② 抑菌作用，抗病毒效应；

③ 调节吞噬细胞功能，调节 NK 细胞与抗体依赖细胞的活性；

④ 调节发炎反应，抑制感染部位炎症；

⑤ 抑制由于铁引起的脂氧化。

乳铁蛋白具有结合并转运铁的能力，到达人体肠道的特殊接受细胞后再释放出铁，这样能增强铁的吸收利用率，降低有效铁的使用量，减少铁的负面影响。

2. 免疫活性肽

人乳或牛乳中的酪蛋白含有刺激免疫的生物活性肽，大豆蛋白和大米蛋白通过酶促反应，可产生具有免疫活性的肽。免疫活性肽能够增强机体免疫力，刺激机体淋巴细胞的增殖，增强巨噬细胞的吞噬功能，提高机体抵御外界病原体感染的能力，降低机体发病率，并具有抗肿瘤功能。此外，抗菌肽、抗血栓转换酶抑制剂等生物活性肽也具有较强的免疫活性。随着研究的进一步深入，相信会有更多种类的免疫活性肽被人们发现并开发应用。由于免疫活性肽是短肽，稳定性强，所以，它不仅可以制成针剂，作为治疗免疫能力低下的药物，而且，可以作为有效成分添加到奶粉、饮料中，增强人体的免疫能力。

3. 活性多糖

活性多糖广泛存在于植物、微生物（细菌和真菌）和海藻中，其是一种新型高效免疫调节剂，能显著提高巨噬细胞的吞噬能力，增强淋巴细胞（T、B 淋巴细胞）的活性，起到抗炎、抗细菌、抗病毒感染、抑制肿瘤、抗衰老的作用。

(1) 植物多糖　植物多糖是从植物中提取的多糖，其具有非常重要与特殊的生理活性，参与了生命科学中细胞的各种活动，具有多种多样的生物学功能，如参与生物体的免疫调节功能，降血糖、降血脂、抗氧化、抗疲劳、抗炎等，人们已成功地从近百种植物中提取出了多糖并广泛地用于医药及保健食品的研究和开发中。

① 茶多糖。茶多糖是茶叶复合多糖的简称，由糖类、果胶、蛋白质等组成，其蛋白部分主要由约 20 种常见的氨基酸组成，多糖部分主要由阿拉伯糖、木糖、岩藻糖、葡萄糖、半乳糖等，矿质元素主要由钙、镁、铁、锰等及少量的微量元素，如稀土元素等组成。

茶多糖具有降血糖、降血脂、增强免疫力、降血压、减慢心率、增加冠状动脉流量、抗凝血、抗血栓和耐缺氧等作用，近年来发现茶多糖还具有辅助治疗糖尿病的功效。

② 枸杞多糖。枸杞多糖是从枸杞中提取而得的一种水溶性多糖。该多糖系蛋白多糖，由阿拉伯糖、葡萄糖、半乳糖、甘露糖、木糖、鼠李糖这 6 种单糖成分组成，经研究表明，枸杞多糖具有调节免疫、延缓衰老的功能，并可改善老年人易疲劳、食欲不振和视力模糊等症状，具有降血脂、抗脂肪肝、抗衰老等作用。

③ 人参多糖。人参多糖可刺激小鼠巨噬细胞的吞噬及促进补体和抗体的生成。人参多糖对特异性免疫与非特异性免疫、细胞免疫与体液免疫都有影响。口服人参多糖可使羊红细胞、免疫小鼠的 B 细胞增加，血清中特异性抗体及 IgG 显著增加。

另外，人参作为糖尿病药在中医药古典籍中早有记载，近年来研究表明，人参多糖是主要的降糖成分。从朝鲜白参、中国红参和日本白参中分离出的 21 种人参多糖，均发现有降血糖的作用。

④ 银杏叶多糖。银杏叶多糖是从银杏叶中分离出来的一种水溶性多糖，其具有增强机体免疫功能的生物活性，用有机溶剂处理银杏叶，从中分离出活性多糖的混合物，经纯化分离得到 1 个中性多糖（GF1），2 个酸性多糖（GF2、GF3）。

⑤ 刺五加多糖。由刺五加根中分离到 7 种多糖，对体外淋巴细胞转化有促进作用，还有促进干扰素生成的能力。

⑥ 黄芪多糖。由黄芪根中分离出一种多糖组分，为葡萄糖与阿拉伯糖的多聚糖。黄芪多糖是增强吞噬细胞吞噬功能的有效成分。

⑦ 波叶大黄多糖。我国学者首次从波叶大黄中得到波叶大黄多糖（RHP），经分离、纯化得到波叶大黄多糖精品 RHP-A 和 RHP-B。RHP-A 和 RHP-B 均含 1-岩藻糖、1-阿拉伯糖、*d*-木糖、*d*-甘露糖、*d*-半乳糖和 *d*-葡萄糖，但其相应的比例不同。

波叶大黄多糖是一类酸性杂多糖，具有促进机体免疫功能、防止心血管疾病、抗肿瘤、抗衰老以及细胞保护作用。

（2）真菌多糖　真菌多糖是从真菌子实体、菌丝体、发酵液中分离出来的，可以控制细胞分裂分化，调节细胞生长衰老的一类活性多糖。在国际上，被称为“生物反应调节物”。

① 真菌多糖的生理功能。具体可细分为以下几个功能。

a. 免疫调节功能。真菌活性多糖可以通过多种途径、多个层面对免疫系统发挥作用。大量免疫试验证明，真菌活性多糖不仅能激活 T 淋巴细胞、B 淋巴细胞、巨噬细胞和自然杀伤细胞等免疫细胞，还能活化补体，促进细胞因子的生成，对免疫系统发挥多方面的作用。

b. 抗肿瘤、抗突变功能。据文献报道，高等真菌已有 50 个属 178 种提取物都具有抑制 S-180 肉瘤及艾氏腹水瘤等细胞生长的生物学效应，可明显促进肝脏蛋白质及核酸的合成及骨髓造血功能，促进体细胞免疫和体液免疫功能。多种真菌多糖表现出较强的抗突变作用。

c. 抗病毒作用。研究证明，真菌多糖对多种病毒，如艾滋病毒、单纯疱疹病毒、巨细胞病毒、流感病毒、囊状胃炎病毒、劳氏肉瘤病毒和反转录病毒等有抑制作用。香菇多糖对水泡性口炎病毒感染引起的小鼠脑炎有治疗作用，对阿伯尔病毒和十二型腺病毒有较强的抑制作用。

d. 抗氧化作用。真菌多糖具有清除自由基、提高抗氧化酶活性和抑制脂质过氧化的活性，可起到保护生物膜和延缓衰老的作用。

此外，真菌多糖还具有抗辐射、抗溃疡等作用。

真菌活性多糖的溶解度、分子量、黏度、旋光度等性质均会影响其生理功能，研究证明，溶解度越大，分子量越大；黏度越低，其活性就越强。

② 真菌活性多糖。主要有以下几种。

a. 香菇多糖。从香菇子实体或菌丝中分离的一种多糖，以β-1,3 葡聚糖为主，有免疫激活和抗肿瘤活性。香菇多糖是 T 细胞特异性免疫佐剂，从活性 T 细胞开始，通过 T 辅助细胞再作用于 B 细胞。香菇多糖还能间接激活巨噬细胞，并可增强 NK 细胞活性，对实体瘤有抑制作用。与化疗或放疗联用可发挥增效减毒作用。临床上已应用香菇多糖治疗慢性病毒性肝炎和作为原发性肝癌等恶性肿瘤的辅助治疗药物，可以缓解症状，提高患者低下的免疫功能以及纠正微量元素的代谢失调等。

b. 银耳多糖。银耳多糖是从银耳子实体中得到的多聚糖。银耳多糖有明显的增强免疫功能，且影响血清蛋白和淋巴细胞核酸的生物合成，可显著增加小鼠腹腔巨噬细胞的吞噬功能。临床用于肿瘤化疗或放疗以及其他原因所致的白细胞减少症，有显著效果。此外也可用于治疗慢性支气管炎。

c. 猴菇菌多糖。猴菇菌多糖为猴头子实体中提取的多聚糖。猴菇菌多糖可明显提高小鼠胸腺巨噬细胞的吞噬功能，提高 NK 细胞活性。

d. 灵芝多糖。灵芝多糖是一种从灵芝孢子粉或灵芝中提取、分离的水溶性多糖。灵芝多糖可使 T 淋巴细胞增多，加强网状内皮系统功能。灵芝多糖对免疫机能低下的老年小鼠，对抗体形成细胞的产生也有促进作用。

e. 茯苓多糖。茯苓多糖是从多孔菌种茯苓中提取的多聚糖，茯苓多糖、羟乙基茯苓多糖、羧甲基茯苓多糖等腹腔注射可明显增强小鼠腹腔巨噬细胞吞噬率和吞噬指数。体内外试验证明，上述多糖可不同程度地使 T 细胞毒性增强，增强动物细胞免疫反应，促进小鼠脾脏 NK 细胞活性。

f. 猪苓多糖。猪苓多糖是从猪苓中得到的葡聚糖。可增强单核巨噬细胞系统的吞噬功能，增加 B 淋巴细胞对抗原刺激的反应，使抗体形成细胞数增加。

g. 云芝多糖。云芝多糖从多孔菌种云芝中提取，它是近年来引人注目的肿瘤免疫药物。国产胞内多糖可明显增强小白鼠对金黄色葡萄球菌、大肠杆菌、绿脓杆菌、宋内痢疾杆菌感染的非特异性抵抗力。

h. 黑木耳多糖。黑木耳多糖是从黑木耳子实体中提取，具有明显促进机体免疫功能的作用，促进巨噬细胞吞噬和淋巴细胞转化等。对组织细胞有保护作用（抗放射和抗炎症等）。

4. 大蒜素

大蒜素是从葱科葱属植物大蒜的鳞茎（大蒜头）中提取的一种有机硫化合物，也存在于洋葱和其他葱科植物中。

（1）性质　淡黄色油状液体。沸点 80～85℃（0.2kPa），相对密度 1.112（20/4℃），折射率 1.561。溶于乙醇、氯仿或乙醚。水中溶解度 2.5%（质量）（10℃），其水溶液 pH 值为 6.5，静置时有油状物沉淀物形成。与乙醇、乙醚及苯可互溶。对热碱不稳定，对酸稳定。存在于百合科植物大蒜的鳞茎中，由存在的大蒜氨酸在大蒜酶作用下转化产生，也存在于葱的鳞茎中。具有强烈的大蒜臭，味辣。

（2）生理功效　大蒜具有抗肿瘤作用，其抗肿瘤作用具有多种多样的机制，但大蒜素能显著提高机体的细胞免疫功能与其抗肿瘤作用有密切关系。大蒜素具有明显增强机体细胞免疫功能的作用。

5. 生物制剂

具有免疫调节作用的生物活性物质，也称为生物反应调节剂。包括各种细胞因子、胸腺肽、转移因子、单克隆抗体及其交联物等。

(1) 各种细胞因子　细胞因子具有广泛的生物学作用，能参与体内许多生理和病理过程的发生与发展。利用基因工程技术，目前已经有几十种细胞因子的基因被克隆并获得有生物学活性的表达。细胞因子作为一类重要和有效的生物反应调节剂，对于免疫缺陷、自身免疫、病毒性感染、肿瘤等疾病的治疗有效。

(2) 胸腺肽　来源于小牛、猪或羊的胸腺组织提取物，是一种可溶性多肽。其可增强T细胞免疫功能，用于治疗先天或获得性T细胞免疫缺陷病、自身免疫性疾病和肿瘤。

此外，超氧化物歧化酶、双歧杆菌和乳酸菌、大蒜素、皂苷、螺旋藻、蜂皇浆等都具有增强机体免疫功能的作用。

6. 冬虫夏草

冬虫夏草又称为虫草或冬虫草，属于麦角菌目麦角菌科虫草属，是真菌冬虫夏草寄生于蝙蝠蛾幼虫体上的子座与幼虫尸体的复合物，体长90～120mm，虫体像三眠老蚕，外表深黄色，背部有皱纹，腹部有八对足。每年7～8月冬虫夏草的子囊孢子在蝙蝠蛾幼虫中寄生，萌发菌丝。受真菌感染的蝙蝠蛾幼虫逐渐蠕动到距地表2～3cm处，于秋冬死去，为冬虫。来年春末夏初，吸收了养分的虫草菌从虫子头部长出来，成为一根紫红色的小草，高2～5cm，称为夏草。一般5～6月份采集的虫草最好。冬虫夏草主要分布在我国青海、西藏、四川、云南、贵州、甘肃海拔3500～5000m的高海拔地区。专业人士根据产地的不同又分为青海草、藏草、川草、滇草等。也有把产自青海、西藏的统称为藏冬虫夏草。一般来讲，青海、西藏两地出产的冬虫夏草内在品质要比其他地方的好。

(1) 主要化学成分　药理学现代研究结果中，青海冬虫夏草含有虫草酸约7%，糖类28.9%，脂肪约8.4%，蛋白质约25%。冬虫夏草中82.2%为不饱和脂肪酸，此外，尚含有维生素B_{12}、麦角脂醇、六碳糖醇、多种生物碱等。

(2) 生理功效　包括以下几个功能。

① 调节免疫系统功能。免疫系统相当于人体中的军队，对内抵御肿瘤，清除老化、坏死的细胞组织，对外抗击病毒、细菌等微生物感染。人体每天都可能出现突变的肿瘤细胞。免疫系统功能正常的人体可以逃脱肿瘤的厄运，免疫系统功能出现问题的人，却可能发展成肿瘤。冬虫夏草对免疫系统的作用像是在调整音量，使其处于最佳状态。它既能增加免疫系统细胞、组织数量，促进抗体产生，增加吞噬、杀伤细胞数量、增强其功能，又可以调低某些免疫细胞的功能。

② 抗肿瘤作用。冬虫夏草提取物在体外具有明确的抑制、杀伤肿瘤细胞的作用。冬虫夏草中含有虫草素，是其发挥抗肿瘤作用的主要成分。

临床上使用虫草素多为辅助治疗恶性肿瘤，症状得到改善的在91.7%以上；主要用于鼻癌、咽癌、肺癌、白血病、脑癌以及其他恶性肿瘤的患者。北冬虫夏草中虫草酸的含量为3.09g，野生的虫草为5.54g，虫草酸是一种D-甘露醇，甘露醇能提高血浆渗透压，导致组织内的水分进入血管内，从而减轻组织水肿，补充血浆。

③ 提高细胞能量、抗疲劳。冬虫夏草能提高人体能量工厂——线粒体的能量，提高机体耐寒能力，减轻疲劳。

④ 调节心脏功能。冬虫夏草可提高心脏耐缺氧能力，降低心脏对氧的消耗，抗心律失常。

⑤ 调节肝脏功能。冬虫夏草可减轻有毒物质对肝脏的损伤，对抗肝纤维化的发生。此外，通过调节免疫功能，增强抗病毒能力，对病毒性肝炎发挥有利作用。

⑥ 调节呼吸系统功能。冬虫夏草具有扩张支气管、平喘、祛痰、防止肺气肿的作用。

⑦ 调节肾脏功能。冬虫夏草能减轻慢性病的肾脏病变，改善肾功能，减轻毒性物质对肾脏的损害。

⑧ 调节造血功能。冬虫夏草能增强骨髓生成血小板、红细胞和白细胞的能力。

⑨ 调节血脂。冬虫夏草可以降低血液中的胆固醇和甘油三酯，提高对人体有利的高密度脂蛋白，减轻动脉粥样硬化。

⑩ 其他。冬虫夏草具有直接抗病毒、调节中枢神经系统功能、调节性功能等作用。冬虫夏草还具有抗疲劳作用，冬虫夏草能调节人体内分泌、加速血液的流动，进一步促进体内的新陈代谢活动趋于正常，并迅速清除乳酸和新陈代谢的产物，使各项血清酶指标迅速恢复正常，达到迅速恢复机体功能的效果。冬虫夏草能对人体起到全面的保健作用。

7. 蜂王浆

蜂王浆，又名蜂乳，是蜜蜂巢中培育幼虫的青年工蜂咽头腺的分泌物，是供给将要变成蜂王的幼虫的食物。

(1) 主要化学成分　蜂乳含有蛋白质、脂肪、糖类、维生素 A、维生素 B_1、维生素 B_2、丰富的叶酸、泛酸及肌醇。还有类似乙酰胆碱样物质，以及多种人体需要的氨基酸和生物激素等。

蜂王浆是一类组分相当复杂的蜂产品，它随着蜜蜂品种、年龄、季节、花粉植物的不同，其化学成分也有所不同。一般来说，其成分为：水分 64.5%～69.5%、粗蛋白 11%～14.5%、碳水化合物 13%～15%、脂类 6.0%、矿物质 0.4%～2%、未确定物质 2.84%～3.0%。

① 蛋白质和氨基酸。蛋白质约占蜂王浆干物质的 50%，其中有 2/3 为清蛋白，1/3 为球蛋白，蜂王浆中的蛋白质有 12 种以上，此外还有许多小肽类。

氨基酸约占蜂王浆干重的 1.8%，人体中所需要的 8 种必需氨基酸，在蜂王浆中都有存在，其中脯氨酸含量最高约占 63%，目前在蜂王浆中已找到 20 种氨基酸。

② 糖类。蜂王浆中含有 20%～30%（干重）的糖类，其中大致含果糖 52%、葡萄糖 45%、蔗糖 1%、麦芽糖 1%、龙胆二糖 1%。

③ 维生素。蜂王浆含有较多的维生素，尤其是 B 族维生素特别丰富。另外主要有：硫胺素（B_1）、核黄素（B_2）、吡哆醇（B_6）、维生素 B_{12}、烟酸、泛酸、叶酸、生物素、肌醇、维生素 C、维生素 D 等，其中泛酸含量最高。

④ 脂肪酸。蜂王浆含有 26 种以上的脂肪酸，已被鉴定的有 12 种，它们是 10-羟基-2-癸烯酸（10-HDA）、癸酸、壬酸、十一烷酸、十二烷酸、十四烷酸（肉豆蔻酸）、肉豆蔻脑酸、十六烷酸（棕榈酸）、十八烷酸、棕榈油酸、花生酸和亚油酸等，其中 10-羟基-2-癸烯酸，含量在 1.4%以上，由于自然界中只有蜂王浆中含有这种物质，所以也把它称之为王浆酸。

蜂王浆含有 9 种固醇类化合物，目前已被鉴定出三种，它们是豆固醇、胆固醇和谷固醇。另外还含有矿物质，铁、铜、镁、锌、钾、钠等。

（2）生物学功能　具体可细化为以下几个主要方面。

① 提高机体免疫力。蜂王浆可增强体质，抵抗外界不良因素的影响，提高机体适应各种不良恶劣环境的能力，减轻对机体的损害。蜂王浆可促进静脉注射的胶体碳粒在小鼠体内的廓清速率，显著增强小鼠腹腔巨噬细胞的吞噬活性。即可刺激T细胞、激发细胞免疫功能，又可激活B细胞，能使人体免疫球蛋白浓度提高2.25倍，其中的IgG浓度可增加5倍，因而能增强体液免疫功能。

② 抗氧化功效。此作用是蜂王浆被大众普遍肯定的作用，它对细胞的修复以及再生具有很强的作用。在蜂王浆中检测出的超氧化物歧化酶（SOD）是抗氧化的主要成分。

③ 降低血脂。蜂王浆含有人体必需的维生素达10种以上，能平衡脂肪代谢和糖代谢，可降低肥胖者的高血脂和高血糖，非常适合肥胖型糖尿病患者。

④ 控制血管扩张、降低血压。这个结论来自于其所含的10-羟基-癸烯酸（王浆酸）以及王浆主要蛋白。

⑤ 辅助降低血糖。此作用主要因其含有的胰岛素样肽类推理得来，胰岛素样肽类是治疗糖尿病的特效药物。

⑥ 保护肝脏。蜂王浆不仅能够杀灭肝炎病毒，并且能抑制病毒在肝脏细胞内复制。蜂胶中的黄酮类等物质有降低转氨酶作用，促进肝细胞再生，防止肝硬化。此类患者，不适合服用含酒精的蜂胶制品，而应服用不含酒精的含量较高的蜂胶软胶囊或浓缩液。

⑦ 抗菌、消炎。蜂王浆有抗菌和对伤口感染具有促进愈合的作用。试验表明，蜂王浆的抗菌谱为大肠杆菌、金黄色葡萄球伤寒杆菌、链球菌、变形杆菌、枯草杆菌、结核杆菌、星状发癣菌和表皮癣菌等。蜂王浆的抗菌消炎作用与pH有关。当pH为4.5时抗菌最强，pH为7时，抗菌性减弱，pH为8时，抗菌性消失。蜂王浆的pH为3.5～4.5之间，因此，在天然的状况下，它的抗菌消炎性最强。

8. 花粉

花粉是被子植物雄蕊花药和裸子植物小孢叶上小孢子囊内的小颗粒状物，是植物有性繁殖的雄性配子体，含有人体生存所需要的各种物质，被誉为“微型营养宝库”。

（1）主要化学成分　蜂花粉以营养全面著称，被称为“全天然营养食品”、“浓缩营养库”。其主要食疗成分是：蛋白质、氨基酸、维生素、微量元素、活性酶、黄酮类化合物、脂类、核酸、芸苔素、植酸等。其中氨基酸含量及比例是最接近联合国粮农组织（FAO）推荐的氨基酸模式，这在天然食品中极其少见。蜂花粉富含蛋白质、氨基酸，其含量超过鸡蛋、牛奶的5～7倍，在营养学上被称为“浓缩营养库”。花粉中的不饱和脂肪酸有几种是人体不能合成的必需脂肪酸。同时也是一种天然维生素的浓缩物，含B族维生素丰富，而且对人体养颜有明显作用的元素也较为丰富。

（2）生物学功能　主要有以下几个方面。

① 增强免疫功能。花粉能明显促进中枢免疫器官骨髓的造血功能，促进胸腺发育，提高胸腺激素的活性，增加外周血中白细胞数量、T细胞数量和巨噬细胞的吞噬活性。

② 抗衰老作用。近年来研究表明，人体内超氧化物歧化酶（SOD）、过氧化脂质（LPO）和脂褐质含量与抗衰老有关，SOD活性的提高，LPO及脂褐质含量的降低，有助于延缓机体衰老，花粉中由于所含营养成分有助于提高SOD的活性，并降低LPO和脂褐质的含量，因而具有增强体质和抗衰老的作用。

③ 对心脑血管系统的保护作用。花粉中含有芸香苷和原花青素，这两种物质能增加毛

细血管的强度，因此，花粉对心脑血管系统具有良好的保护作用，可以有效地预防冠心病患者发生脑中风，对防治毛细管通透性障碍、脑出血、视网膜出血等有良好的效果。荞麦、榛树、胡桃花粉含芸香苷较多，油菜花粉含原花青素较多，这几种花粉对冠心病患者都有较好的功效。研究表明，花粉还能增强心肌的收缩力，对心脏功能具有促进作用。

④ 对消化系统的影响。花粉不但能增加食欲，而且能促进消化系统对食物进行消化吸收，增强消化系统的功能。另外，花粉还含有丰富的营养物质，因此，服用花粉对身体瘦弱者非常有益。

⑤ 对神经系统的作用。花粉能促进脑细胞发育，增强中枢神经系统的功能，对儿童智力发育也有促进作用，国外将花粉用于治疗儿童智力低下已取得良好效果。花粉还可以提高脑细胞的兴奋性，能使疲劳的脑细胞加快恢复，目前被誉为脑力疲劳最好的恢复剂。

花粉对神经系统有良好的调节作用，对因神经系统平衡失调所引起的各种疾患均有较好的治疗作用。人的大脑功能是通过兴奋和抑制作用来实现的，在正常情况下这两个既矛盾又统一的作用相辅相成，处于平衡状态。如果这种平衡受到破坏，就会引起神经系统疾病，轻者神经衰弱、失眠，重者可发展成神经官能症甚至神经病。来自奥地利的一份报告显示，花粉用于治疗神经官能症，可使失眠、注意力不集中、遗忘等症状很快好转。一般服用花粉7～30天，症状可完全消失。

⑥ 对内分泌系统的作用。内分泌系统对机体生长发育和正常生理活动具有重要的调节作用，内分泌腺分泌的激素，通过血液循环被运送到全身，对靶组织器官发挥调节作用。花粉能促进内分泌腺发育，提高内分泌腺的分泌机能。大量研究证明，花粉对妊娠期呕吐反应有良好的止吐作用。

⑦ 增加体力、抗疲劳。花粉能大大提高运动员的耐力和体力，日本运动生理学家对橄榄球运动员进行的试验表明，服用花粉可增强运动员的背肌力和握力，能使肺活量增加，促进疲劳恢复。

⑧ 保护肝脏。肝脏既是营养物质的合成器官，又是解毒器官，肝脏功能好坏对健康十分重要。实验表明，花粉对肝细胞有良好的保护作用，对肝细胞的线粒体和内质网的损伤有一定的修复作用。罗马尼亚学者给111名肝炎患者服用花粉，每日30g，连服1～3个月后，患者自觉症状明显好转，肝功能各项指标明显改善。

⑨ 对造血功能的影响及抗辐射、抗化疗损伤作用。花粉能刺激骨髓细胞造血，对不同原因引起的机体造血功能低下均有保护作用，这可能与花粉含有铁、钴等微量元素有关。花粉可加速机体造血功能复原，这对肿瘤的放疗及其他原因所致造血机能低下和贫血等，都有重要价值。

⑩ 花粉的美容作用。花粉中富含维生素A和维生素E，当两种维生素合用时，可改善皮肤血液循环，增加皮肤营养和氧的供给，起到美容效果。

花粉含有大量有益于维持身体各系统正常功能的营养物质，如氨基酸、蛋白质、微量元素、酶、激素、维生素等，均有益于美容护肤和防衰老。花粉可以内外兼用，起到养颜驻容作用。

复习思考题

1. 什么是免疫应答、体液免疫、细胞免疫？
2. 免疫的功能是什么？
3. 具有增强免疫力功能的物质有哪些？

子情境3　减肥功能性食品开发

经济的发展不仅改善了人们的生活条件，还造就了日益增多的肥胖者，肥胖问题已成为世界性的健康问题。肥胖不仅对人的外观造成不良影响，使人产生心理疾病。更严重的是肥胖还会导致一些可危及生命的疾病。近年来，肥胖症的发病率明显增加，尤其在一些经济发达国家，肥胖者激增。即使在发展中国家，随着饮食条件的逐渐改善，肥胖患者也在不断增多。由于肥胖症能引起代谢和内分泌紊乱，并常伴有糖尿病、动脉粥样硬化、高血脂、高血压等疾患，因而肥胖症已成为当今一个较为普遍的社会医学问题。迄今为止，较为常见的预防和治疗肥胖症的方法有药物疗法、饮食疗法、运动疗法和行为疗法四种。虽然药物都具有减肥作用，但大多有一定的副作用，而且药物治疗的同时，一般还需配合低热量饮食以增加减肥效果。事实上，不仅仅是药物疗法，即使是运动疗法和行为疗法也需结合低热量食品，可见，饮食疗法是最根本、最安全的减肥方法。因此，筛选具有减肥作用的纯天然的食品已成为减肥研究过程中的一个重要课题。

一、肥胖及肥胖症

（一）肥胖及肥胖症定义

肥胖是指一定程度的明显超重与脂肪层过厚，是体内脂肪，尤其是甘油三酯积聚过多而导致的一种体态。由于食物摄入过多或机体代谢的改变而导致体内脂肪积聚过多造成体重过度增长并引起人体病理、生理改变或潜伏。

肥胖症是指机体由于生理生化机能的改变而引起体内脂肪沉积量过多，造成体重增加，导致机体发生一系列病理生理变化的病症。一般成年女性，若身体中脂肪组织超过30%即定为肥胖，成年男性，则脂肪组织超过20%～25%为肥胖。规定正常女性脂肪比例比男性高的原因是，一般正常女性脂肪组织比正常男性高。

常用来评价肥胖与否的指标是体质指数（BMI），评价标准如表1-1所示。

表1-1　中国成人体质指数评价表

评价	体质指数	评价	体质指数
消瘦	≤18.4	超重	24～27.9
正常	18.5～23.9	肥胖	≥28

（二）肥胖的类型

依据肥胖的起因，肥胖可分为单纯性肥胖和继发性肥胖两种。单纯性肥胖是指体内热量的摄入大于消耗，致使脂肪在体内过多积聚，体重超常的病症，这类病人无明显的内分泌紊乱现象，也无代谢性疾病。也称单纯性肥胖，它约占肥胖症的95%以上。而继发性肥胖是由于内分泌或代谢性疾病所引起的。

依据肥胖的体形，将肥胖分为腹部肥胖与臀部肥胖。腹部肥胖称为苹果型，多发生于男性；臀部肥胖，称为梨型，多发生于女性。根据最近的研究认为，腹部肥胖者要比臀部肥胖者更容易发生冠心病、中风与糖尿病。所以，在肥胖者中腰围与臀围的比例非常重要。一般认为，腰围的尺寸必须小于臀围15%，否则是不健康的信号。

（三）肥胖的危害

肥胖虽然不是一种严重的疾病，但长期肥胖所带来的后果是严重的，肥胖是脂肪肝、高蛋白血症、动脉硬化、高血压、冠心病、脑血管病的基础。肥胖者比正常者冠心病的发病率高2～5倍，高血压的发病率高3～6倍，糖尿病的发病率高6～9倍，脑血管病的发病率高2～3倍。肥胖使躯体各脏器处于超负荷状态，可导致肺功能障碍（脂肪堆积、膈肌抬高、肺活量减小）；骨关节病变（压力过重引起腰腿病）；还可以引起代谢异常，出现痛风、胆结石、胰脏疾病及性功能减退等。肥胖者死亡率也较高，而且寿命较短。

1. 易患心血管疾病

肥胖者的脂肪代谢特点主要表现为血浆游离脂肪酸、总胆固醇、甘油三酯和低密度脂蛋白含量增多，高密度脂蛋白含量降低。大量的脂肪组织沉积于人体的脏器、血管等部位，影响心脑血管、肝胆消化系统和呼吸系统等的功能活动，进而引发高脂血、高血压、动脉粥样硬化、心肌梗死等疾病。随着肥胖程度的加重，体循环和肺循环的血流量增加，心肌需氧量也增加，心肌负荷大幅度增加，导致心力衰竭。

2. 易患糖尿病

医学研究证明，胖人比瘦人体内的脂肪细胞个头大、数量多，还特别爱储存在腹部。脂肪组织是一个代谢十分活跃的内分泌器官，能分泌很多种影响代谢的活性物质。体内脂肪太多，特别是内脏脂肪太多会引起内分泌功能失调，妨碍人体胰岛素的产生和使用，使身体对胰岛素的敏感性降低。胰岛素是体内惟一一种能降低血糖的蛋白质激素，胰岛素敏感性下降，也就意味着它降低血糖的作用变弱，不能将高血糖调整到正常状态。

据世界卫生组织统计，目前全世界约有糖尿病人1.7亿，到2025年将增加到3亿人。肥胖是糖尿病的主要危险因素，又是一种独立的疾病。体重每增加1千克患病的危险至少增加5%。

需要强调的是，肥胖与Ⅱ型糖尿病（非胰岛素依赖型糖尿病）关系更为密切。肥胖与Ⅱ型糖尿病是独立的两种疾病，肥胖患者并不一定都发生Ⅱ型糖尿病，Ⅱ型糖尿病患者发病时也并不一定都呈肥胖状态，但流行病学证据显示，肥胖程度越严重，Ⅱ型糖尿病的发病几率越高。

研究指出，约50%的肥胖者将来会罹患糖尿病，肥胖者发生Ⅱ型糖尿病的危险性是正常人的3倍，80%的Ⅱ型糖尿病患者在确诊时超重，肥胖可以使Ⅱ型糖尿病患者的期望寿命缩短多达8年。

肥胖者体内的微量元素，如血清铁、锌的水平都较正常人低，而这些微量元素又与免疫活性物质有着密切的关系，因此，肥胖者的免疫功能下降，肿瘤发病率上升。有人曾对中度肥胖者进行调查分析，结果男性患癌症的概率比正常人高33%，主要为结肠癌、直肠癌和前列腺癌；女性患癌症的概率比正常人高55%，主要为子宫癌、卵巢癌、宫颈癌、乳腺癌等。女性乳腺癌与子宫癌的发生均与肥胖而导致的体内雌激素水平异常升高密切相关。如果膳食合理、营养恰当而能保持较标准的体重时，癌症的发病率降低。可见，肥胖的确能增大患癌的概率。

3. 易患脂肪肝

正常情况下，肝脏里只含有少量脂肪，若脂肪含量超过30%，就称为轻度脂肪肝；超过50%，则为中度脂肪肝；超过75%，则为重度脂肪肝。

肥胖是引起脂肪肝的重要因素之一，尤其是腹部肥胖。腹部的脂肪比较容易分解，并可通过门静脉直接进入肝脏。大量脂肪以甘油三酯的形式涌入肝脏等待处理，超过肝脏的负荷能力时，多余的甘油三酯则沉积于肝细胞内，从而导致脂肪肝。

研究发现，肝脏内脂肪堆积的程度与肥胖程度存有明显的关系，肥胖程度越高，肝脏内堆积的脂肪就越多。另外，超重者当中有41.5%存在脂肪肝，而体重正常的人中只有11.3%。

由肥胖引起的轻、中度脂肪肝，通过控制饮食、增加运动和减少体重等方式可以逐渐恢复正常。但由于脂肪肝在这一时期往往没有明显症状，不易被人察觉或不被给予重视，很多人因此失去治疗的良机。若对脂肪肝采取置之不理态度，不采取控制措施，等到发展为重度脂肪肝时就会引发肝纤维化、脂肪性肝炎，甚至导致肝硬化，一旦达到这种程度就很难治愈了。因此，定期进行体检，并采取控制体重、经常运动等措施对防治脂肪肝是十分必要的。

(四) 肥胖症的病因

肥胖症的发生受多种因素的影响，主要因素有：饮食、遗传、劳作、运动、精神以及其他疾病等。

1. 能量摄入过多，能量消耗减少

正常情况下，人体能量的摄入与消耗保持着相对的平衡，人体的体重也保持相对稳定。一旦平衡遭到破坏，摄入的能量多于消耗的能量，则多余的能量在体内以脂肪的形式储存起来，日积月累，最终发生肥胖，即单纯性肥胖。对于正常人，可通过非颤抖性生热作用散发掉多余的能量，保持体重的稳定性。但肥胖者的食物生热作用的能力明显减弱，这可能与其体内棕色脂肪的量不足或棕色脂肪功能障碍有关。因为棕色脂肪细胞的线粒体能氧化局部储存的脂肪，生产热量。当然，并非所有的肥胖者都有这种代谢障碍，大部分患者因摄食过多、活动量较少，热量不能按照自然预期的时间被使用完，它就会转化成脂肪堆积起来，增加额外的体重，造成肥胖。

2. 遗传因素

肥胖症有一定的遗传倾向，往往父母肥胖，子女也容易发生肥胖。据调查，肥胖者的家族中有肥胖病史者占34%，父母都肥胖者，其子女70%肥胖，父母一方肥胖者，其子女40%肥胖，父母体格正常或体瘦者，其子女肥胖仅占10%。有人还观察过多对同卵孪生儿及异卵孪生儿，发现虽然每对孪生儿从小就生活在不同的环境中，但体重相差大于5.4千克者，在异卵孪生儿中占51.5%，而在同卵孪生儿中仅占2%，表示肥胖症的发生有着明显的遗传因素。尽管一些资料已经显示了肥胖的遗传性，但仍有些学者认为，家族肥胖的原因并非单一的遗传因素所致，而与其饮食结构有关。

3. 精神因素

当精神过度紧张时，食欲受抑制；当迷走神经兴奋而胰岛素分泌增多时，食欲常亢进。实验证明，下丘脑可以调节食欲中枢，它们在肥胖发生中起重要作用。

二、减肥功能性食品的开发

(一) 肥胖人群的饮食原则

1. 限制总热量

根据肥胖的程度分轻（超过标准体重10%～20%）、中（超过标准体重20%～30%）、重（超过标准体重30%以上）3种类型，分别作不同的热量限制。若以正常生理需要热量每日为10080kJ为例，轻型肥胖者热量限制到80%（8064kJ），中型肥胖者热量限制到60%（6048kJ），重型肥胖者热量限制到40%～60%（4032～6048kJ）。重型者限制热量过多，容易感到疲劳、乏力、精神不振等，应根据情况决定。

2. 限制脂肪

肥胖者皮下脂肪过多，易引起脂肪肝、肝硬化、高脂血症、冠心病等，因此每日脂肪摄入量应控制在30～50g，应以植物油为主，严格限制动物油。

3. 限制碳水化合物

碳水化合物在体内可转化为脂肪，所以要限制碳水化合物的摄入量，尤其是少用或忌用含单糖、双糖较多的食物。一般认为，碳水化合物所供给热量为总热能的45%～60%，主食每日控制在150～250g。但是碳水化合物有将脂肪氧化为二氧化碳和水的作用，如果摄入量过低，脂肪氧化不彻底而生成酮体，不利于健康，所以碳水化合物进食量减少要适度。

4. 供给优质的蛋白质

蛋白质具有特殊动力作用，其需要量应略高于正常人，因此肥胖人每日蛋白质需要量80～100g。应选择生理价值高的食物，如牛奶、鸡蛋、鱼、鸡、瘦牛肉等。

5. 供给丰富多样的无机盐、维生素

无机盐和维生素供给应丰富多样，满足身体的生理需要，必要时，补充维生素和钙剂，以防缺乏。食盐具有亲水性，可增加水分在体内的潴留，不利于肥胖症的控制，每日食盐量以3～6g为宜。

6. 供给充足的膳食纤维

膳食纤维可延缓胃排空时间，增加饱腹感，从而减少食物和热量摄入量，有利于减轻体重和控制肥胖，并能促进肠道蠕动，防止便秘。谷物中麦麸、米糠含膳食纤维较丰富，螺旋藻、食用菌中也很丰富。

7. 限制含嘌呤的食物

嘌呤能增进食欲，加重肝、肾、心的中间代谢负担，膳食中应加以限制。动物内脏、豆类、鸡汤、肉汤等高嘌呤食物应该避免。

（二）减肥功能性食品的开发原理

1. 限制热量摄入

对减肥食品的研究，人们首先是从低热能的摄入方面着手的，因为肥胖症的发生主要是由于能量的正平衡引起的，而减肥的基本原则就是要合理地限制热量的摄入量，增加其消耗，或者二者兼而有之。因此，一般而言，减肥和美食两者不可兼得。正常人每天大约要摄入10MJ能量的食物，如果低于4.2MJ，其体重就会下降。激进的能量控制法便是采用低能量膳食，其能量的摄入量每天约为3.4MJ。在所开发的低能量食品中，三大供能营养素的搭配比例为：碳水化合物40%～55%、蛋白质20%～30%、脂肪25%～30%。为了单纯地追求低能量，有些减肥食品仅由氨基酸、维生素与微量元素组成，没有碳水化合物，也不含脂肪。这类减肥食品对身体极为有害，因为体内的碳水化合物含量很低，减肥过程中体内脂肪的分解必须要有葡萄糖的参与，如果没有碳水化合物的补充，则肌肉中的蛋白质会通过糖原异生作用产生葡萄糖来帮助脂肪分解，使体内肌肉含量下降。因此，在采用低能量食品进行减肥时，一定要注意碳水化合物、脂肪、蛋白质这三大营养素的平衡性，三者缺一不可。但限制热量的摄入，会出现饥饿感等问题，所以人们首先考虑到的减肥食品便是富含膳食纤维的食品，如魔芋，其主要成分为甘露聚糖、蛋白质、果胶及淀粉等，它是一种高纤维、低脂肪、低热量的天然保健食品。魔芋中含有60%左右的甘露聚糖，其吸水性很强，其吸水后体积膨胀，可填充胃肠，消除饥饿感。魔芋能延缓营养素的消化吸收，降低对单糖的吸收，从而使脂肪酸在体内的合成下降。又因其所含热量极低，所以可控制体重的增长，达到减肥的目的。

2. 加速脂肪动员

减肥食品的开发还需要从加速脂肪动员方面入手。脂肪组织是脂肪储存的主要场所，以皮下、肾周、肠系膜、大网膜等处储存最多，称为脂库。脂肪组织中甘油三酯的水解和形成是两个紧密联系的过程，称为甘油三酯—脂肪酸循环。脂肪细胞内，甘油三酯可水解产生脂肪酸和甘油，而脂肪酸又可与 *a*-磷酸甘油酯化，再形成甘油三酯。脂肪细胞中的甘油三酯在激素敏感性脂肪酶的催化下水解为脂肪酸和甘油，并释放出供全身各组织氧化利用的脂肪酸，这一过程即为脂肪动员。减肥的目的就是要进行脂肪动员，使脂肪细胞中甘油三酯的水解大于合成。人体内各组织细胞除大脑、神经系统、成熟红细胞外，几乎都有氧化利用甘油三酯及其代谢产物的能力，而且主要是利用由脂肪组织中动员出来的脂肪酸。

脂肪的动员，首先可以通过细胞对葡萄糖的可获得性来调节。当葡萄糖的可获得性较低时，葡萄糖进入细胞的通透性降低，从而限制了组织利用葡萄糖，而优先利用脂肪酸。实现了限制脂肪酸再酯化的作用，减少了脂肪含量。

调节脂肪动员的一个主要因素是甘油三酯水解的限速因子—激素敏感性脂肪酶的水平。激素敏感性脂肪酶受多种激素调节，胰高血糖素、促甲状腺激素等都可激活脂肪细胞膜上的腺苷酸环化酶，导致环磷酸腺苷（cAMP）的浓度增高，cAMP-蛋白激酶系统又可使激素敏感性脂肪酶磷酸化而激活此酶，使得甘油三酯的水解速率加快，即加速了脂肪动员。因而激素敏感性脂肪酶活力的改变可以作为某一保健食品是否具有减肥功效的评价指标之一。

另外，腺苷是ATP水解的产物，人体在运动时会产生大量的腺苷，当它们与细胞表面的腺苷 A_1 受体相结合后，可降低细胞腺苷酸环化酶的活性，导致cAMP浓度下降，从而降低了激素敏感性脂肪酶的活性，导致脂肪动员受阻。若使用腺苷受体阻断剂阻断腺苷与 A_1 受体的结合，就会提高cAMP的浓度，激活激素敏感性脂肪酶，加速脂肪动员。因此，筛选出含有腺苷受体阻断剂的纯天然食品，对于开发新型减肥食品具有极为重要的意义。

有关减肥食品的研究，不能仅仅停留在高营养、高膳食纤维、低热能或微热能方面，还需要从提高激素敏感性脂肪酶活性，加速脂肪动员，促进脂肪酸进入线粒体氧化分解及提高 Na^+，K^+-ATP酶活性，促进棕色脂肪线粒体活性以增加产热等方面入手，进行深入的研究，以期开发出更有效的减肥食品。

（三）减肥功能性食品开发的方法

减肥功能性食品的开发应从以下3个方面进行。

1. 以调理饮食为主，开发减肥专用食品

根据减肥食品低热量、低脂肪、高蛋白质、高膳食纤维的要求，利用燕麦、荞麦、大豆、乳清、麦胚粉、魔芋、山药、甘薯、螺旋藻等具有减肥作用的原料生产肥胖患者的日常饮食，通过饮食达到减肥效果。燕麦具有可溶性膳食纤维，魔芋含有葡甘聚糖，大豆含有优质蛋白质、大豆皂甙和低聚糖、麦胚粉含有膳食纤维和丰富的维生素E，可满足肥胖者的营养需求和减肥。而甘薯、山药等含有丰富的黏液蛋白，可减少皮下脂肪的积累。螺旋藻在德国作为减肥食品广为普及，可添加到减肥食品中。在这类食品中，可补充木糖醇或低聚糖等，强化减肥效果。目前市面上有些食品，如康美神维乐粉、雅莱减肥饼干等都属于这一类。

2. 用药食两用中草药开发减肥食品

食品和药食两用植物中可作为减肥食品的原料有很多，这些药食两用品有的具有清热利湿作用，如茶、苦丁茶、荷叶等；有的可以降低血脂；有的具有补充营养、促进脂肪分解等作用。从现代营养学角度看，这些原料含有丰富的膳食纤维、黏液蛋白、植物多糖、黄酮类、皂甙类以及苦味素等，对人体代谢具有调节功能，能抑制糖类、脂肪的吸收，加速脂肪的代谢，达到减肥效果。

这些原料一般经过加工，提高功效成分的含量或提取其中主要成分，然后制成胶囊或口服液，每天定时食用。这种减肥食品与第一类食品配合应用，效果会更好一些。目前市面上这类减肥食品不少，基本上都是选用上述原料配制的，这是我国特有的食品，应进一步加大开发力度。

3. 含有特殊功效成分的减肥食品

随着科学的发展，逐渐发现一些对肥胖症有明显效果的化学物质，其中有的可用于功能性食品中。

减肥食品不得加入药物。不少药物具有明显减肥效果，在中医减肥验方中，一般都含有中药。作为减肥食品，不能够生搬中药处方，因为许多中药都有毒副作用，应该尽量选用食品和药食两用原料，去除不准使用于食品的原料，重新组方。

一些西药对减肥有效果，如芬氟拉明类，但对人体有明显副作用。另外，二乙胺苯酮、氯苯咪吲哚、三碘甲状腺原氨酸、苯乙双胍等减肥药都不得用于减肥食品。

(四) 具有减肥作用的物质

1. 膳食纤维

(1) 膳食纤维的定义　膳食纤维是指那些不被人体消化吸收的多糖类碳水化合物与木质素的总称。通常将存在于膳食中的非淀粉类多糖与木质素部分称为膳食纤维。

虽然膳食纤维在人体口腔、胃、小肠内不被消化吸收，但人体大肠内的某些微生物仍能降解它的部分组成成分。从这个意义上说，膳食纤维的净能量并不严格等于零。而且，膳食纤维被大肠内微生物降解后的某些成分，被认为是其生理功效的一个起因。

(2) 膳食纤维的化学组成　主要有如下四种物质。

① 纤维素。纤维素是吡喃葡萄糖经 $\beta(1\rightarrow4)$ 糖苷键连接而成的直链线性多糖，聚合度大约是数千，它是细胞壁的主要结构物质。

通常所说的“非纤维素多糖”，泛指果胶类物质、β-葡聚糖和半纤维素等物质。

② 半纤维素。半纤维素的种类很多，绝大部分不溶于水。组成谷物和豆类膳食纤维中的半纤维素，主要有阿拉伯木聚糖、木糖葡聚糖、半乳糖甘露聚糖和 $\beta(1\rightarrow3,1\rightarrow4)$ 葡聚糖等。另外，一些水溶性胶也属于半纤维素。

③ 果胶及果胶类物质。果胶主链是经 $\alpha(1\rightarrow4)$ 糖苷键连接而成的聚半乳糖醛酸，主链中连接有 $(1\rightarrow2)$ 鼠李糖，部分半乳糖醛酸经常被甲酯化。

果胶类物质主要有阿拉伯聚糖、半乳聚糖和阿拉伯半乳聚糖等。果胶或果胶类物质均能溶于水形成凝胶，对维持膳食纤维的结构有重要作用。

④ 木质素。木质素是由松柏醇、芥子醇和对羟基肉桂醇3种单体组成的大分子化合物，没有生理活性。天然存在的木质素，大多与碳水化合物紧密结合在一起，很难将之分离。

（3）膳食纤维的物化特性　主要表现为如下几个方面。

① 高持水力。膳食纤维化学结构中含有很多亲水基团，具有很强的持水力。不同品种的膳食纤维，其化学组成、结构及物理特性不同，持水力也不同。

膳食纤维的高持水力对调节肠道功能有重要影响，它有利于增加粪便的含水量及体积，促进粪便的排泄。膳食纤维持水力的大小及其束缚水的存在形式，会影响其生理功效的发挥。后者的影响似乎更大些。

② 吸附作用。膳食纤维分子表面带有很多活性基团，可以吸附或螯合胆固醇、胆汁酸、肠道内的有毒物质（内源性毒素）、有毒化学药品（外源性毒素）等。其中研究最多的，是膳食纤维与胆汁酸的吸附作用，它可能是静电力、氢键力或疏水键间的相互作用，其中氢键力结合是主要的。这种作用，被认为是膳食纤维降血脂功效的机理之一。

③ 阳离子交换作用。膳食纤维分子结构中的羧基、羟基和氨基等侧链基团，可产生类似弱酸性阳离子交换树脂的作用，可与阳离子，尤其是有机阳离子进行可逆的交换，从而影响消化道的pH、渗透压等，形成一个更缓冲的环境而有利于消化吸收。当然，这种作用也必然会影响到机体对某些矿物元素的吸收，而这些影响并不都是积极的。

④ 无能量填充剂。膳食纤维体积较大，缚水膨胀后体积更大，在胃肠道中会起填充剂的容积作用，易引起饱腹感。同时，它还会影响可利用碳水化合物等在肠道中的消化吸收，使其不易产生饥饿感。所以，膳食纤维对预防肥胖症十分有利。

⑤ 发酵作用。膳食纤维虽不能被人体消化道内的酶所降解，但却能被大肠内的微生物所发酵降解，产生乙酸、丙酸和丁酸等短链脂肪酸，使大肠内pH降低，调节肠道菌群，诱导产生大量的好气有益菌，抑制厌气腐败菌。

由于好气菌群产生的致癌物质较厌气菌群少，即使产生也能很快随膳食纤维排出体外，这是膳食纤维能预防结肠癌的一个重要原因。另外，由于菌落细胞是粪便的一个重要组成部分，因此膳食纤维的发酵作用也会影响粪便的排泄量。

（4）膳食纤维的生理功效　对于不同品种的膳食纤维，由于其内部化学组成、结构以及物化特性的不同，在对机体健康的作用及影响方面也有差异，并不是所有的膳食纤维，都具备下列所有的生理功效。

① 低（无）能量，预防肥胖症。膳食纤维的高持水性和缚水后体积的膨胀性，对胃肠道产生容积作用，以及引起胃排空的减慢，更快产生饱腹感且不易感到饥饿，对于预防肥胖症有益处。

② 调节血糖水平。膳食纤维的摄取，有助于延缓和降低餐后血糖和血清胰岛素水平的升高，改善葡萄糖耐量曲线，维持餐后血糖水平的平衡与稳定。这一点对于糖尿病患者来说尤为有利，因为改善机体血糖情况，避免血糖水平的剧烈波动，使之稳定在正常水平或接近正常水平，是十分重要的。

膳食纤维稳定餐后血糖水平的作用，其机理主要在于延缓和降低机体对葡萄糖的吸收速率和数量。对于Ⅱ型（非胰岛素依赖型）糖尿病人，有必要提高日常膳食纤维的摄入量，以避免疾病症状的进一步恶化。但对于Ⅰ型（胰岛素依赖型）糖尿病人，膳食纤维的调节作用相对较小。

③ 降血脂。膳食纤维可有效降低血清总胆固醇和低密度脂蛋白胆固醇水平，但对血清

甘油三酯和高密度脂蛋白胆固醇水平的影响，缺乏统一的试验结果。大多数试验显示，膳食纤维对高密度脂蛋白胆固醇和血清甘油三酯无明显影响。低密度脂蛋白胆固醇也被称为致动脉硬化因子，高密度脂蛋白胆固醇也被称为抗动脉硬化因子。前者水平的降低和后者水平的升高，均显示血脂情况的改善。

④ 抑制有毒发酵产物、润肠通便、预防结肠癌。食物经消化吸收后所剩残渣到达结肠后，在被微生物发酵过程中，可能产生许多有毒的代谢产物，包括氨（肝毒素）、胺（肝毒素）、亚硝胺（致癌物）、苯酚与甲苯酚（促癌物）、吲哚与3-甲基吲哚（致癌物）、次级胆汁酸（致癌物或结肠癌促进物）等。膳食纤维对这些有毒发酵产物具有吸附螯合作用，并促进其排出体外，预防大肠癌变。

膳食纤维可促进肠道蠕动，缩短了粪便在肠道内的停留时间，加快粪便的排出，使肠道内的致癌物质得到稀释。因此，致癌物质对肠壁细胞的刺激减少，也有利于预防结肠癌。

⑤ 调节肠道菌群。膳食纤维被结肠内某些细菌酵解，产生短链脂肪酸，使结肠内 pH 下降，影响结肠内微生物的生长和增殖，促进肠道有益菌的生长和增殖，而抑制了肠道内有害腐败菌的生长。由于水溶性纤维易被肠道菌群作用，调节肠道菌群效果更明显。

某些品种的水溶性膳食纤维，如菊粉，同时是双歧杆菌的有效增殖因子。

2. 脂肪代谢调节肽

由乳、鱼肉、大豆、明胶等蛋白质混合物酶解，分解物经灭酶、灭菌、过滤后精制而制得，肽长 3～8 个氨基酸碱基，主要由“缬-缬-酪-脯”、“缬-酪-脯”、“缬-酪-亮”等氨基酸组成，如大豆肽。

（1）性状　多为粉状，易溶于水（10%以上），水溶液可作加热、灭菌处理（121℃，30min）而性能不变，吸湿性高。

（2）生理功能　调节血清三甘油酯作用。经多种动物试验及人体试验，当有脂肪同时进食时，有抑制血清三甘油酯上升的作用。

① 抑制脂肪的吸收。当同时食用油脂时，可抑制脂肪的吸收和血清三甘油酯上升。其作用机理与阻碍体内脂肪分解酶的作用有关，因此，对其他营养成分和脂溶性维生素的吸收没有影响。

② 阻碍脂质合成。当同时摄入高糖食物后，由于脂肪合成受阻，抑制了脂肪组织和体重的增加。

③ 促进脂肪代谢。当与高脂肪食物同时摄入时，能抑制血液、脂肪组织和肝组织中脂肪含量的增加，同时也抑制了体重的增加，有效防止了肥胖。

3. 魔芋精粉和葡甘露聚糖

由魔芋属的各种植物块根干燥后经去皮、切片、烘干、粉碎、过筛所得细粉，称“魔芋粉”，用氢氧化钠溶解，过滤，用盐酸中和后浓缩，用乙醇沉淀，离心后再用丙酮干燥而得精品，称“魔芋精粉”。以魔芋精粉为原料，用碱性甘露聚糖酶酶解转化后，用超滤膜分离，精制，可得甘露低聚糖，转化率达70%以上。魔芋精粉的酶解精制品称葡甘露聚糖。

（1）性状　白色或奶油至淡棕黄色粉末。可分散于 pH 为 4.0～7.0 的热水或冷水中并形成高黏度溶液。加热和机械搅拌可提高溶解度。如在溶液中加中等量的碱，可形成即使强烈加热也不熔融的热稳定凝胶。其基本无臭、无味。其水溶液有很强的拖尾（拉丝）现象，绸度很高。对纤维物质有一定分解能力。溶于水，不溶于乙醇和油脂。有很强的亲水性，可吸收本身重量数十倍的水分，经膨润后的溶液有很高的黏度。

（2）生理功能　主要具有减肥作用。

能明显降低体重、脂肪细胞大小。有学者用魔芋精粉饲养大鼠试验（每组 9 只），按体重小剂量组为 1.9mg/g，大剂量组为 19mg/g，同时给予高脂肪、高营养饲料，共饲养 45 天后，进行比较。与对照相比，大、小剂量组的体重均明显降低，但大、小剂量组之间差异不大。在高倍显微镜下，每个视野中所见脂肪细胞数明显多于对照组，而细胞体积则明显小于对照组，这说明魔芋精粉能使脂肪细胞中的脂肪含量减少，使细胞挤在一起，因此，同样视野中的细胞数得以增多。这说明魔芋精粉确能减少脂肪堆积的作用，但达到一定量后，加大剂量的效果不大。

据报道，通过对糖尿病患者进行试验，一组共 43 人，每天给予葡甘露聚糖 3.9g，另一组每天给予 7.8g，试验 8 周后观察他们的肥胖程度与体重变化之间的关系。结果得出，肥胖程度与体重减少之间有直接的相关性，凡肥胖程度越高，食用葡甘露聚糖后的体重减少越多。体重减少是由于摄入葡甘露聚糖后脂肪的吸收受到抑制。

4. 乌龙茶提取物

乌龙茶提取物由茶树的叶子经半发酵法制成乌龙茶叶，用室温至热的水、酸性水溶液、乙醇水溶液、乙醇、甲醇水溶液、甲醇、丙酮、乙酸乙酯或甘油水溶液等提取后脱溶浓缩、冷冻干燥而得。它的功效成分主要为各种茶黄素、儿茶素以及它们的衍生物。此外，还含有氨基酸、维生素 C、维生素 E、茶皂素、黄酮、黄酮醇等许多复杂物质。

（1）性状　淡褐色至深褐色粉末，有特别香味和涩味。易溶于水和含水乙醇，不溶于氯仿和石油醚，pH 为 4.6～7.0，也有用糊精稀释成 50%的成品。

以抑制形成不溶性龋齿菌斑的葡聚糖转苷基酶的活性为标准，乌龙茶提取物的耐热性、pH 值稳定性和对光的稳定性均良好：pH2.5～8、100℃加热 1h，该酶活性保持 100%；在 pH2.5～8、37℃保存 1 个月，该酶活性保持 100%；在 pH2.5～8、1200lx（勒克司）照射 1 个月，该酶活性保持不变。

（2）生理功能　具有减肥作用。乌龙茶中可水解单宁类在儿茶酚氧化酶催化下形成邻醌类发酵聚合物和缩聚物，对甘油三酯和胆固醇有一定结合能力，结合后随粪便排出，而当肠内甘油三酯不足时，就会动用体内脂肪和血脂经一系列变化而与之结合，从而达到减脂的目的。

5. L-肉碱

L-肉碱由酵母、曲霉、青霉等微生物的发酵培养液分离提取而得，含量为 0.3～0.4mg/g 干菌体。也可由反式巴豆甜菜碱经酶法水解而得，或由 γ-丁基甜菜碱经酶法羟化而得。

肉碱有 L 型、D 型和 DL 型，只有 L-肉碱才具有生理价值。D-肉碱和 DL-肉碱完全无活性，且能抑制 L-肉碱的利用，不得含有或使用，美国 FDA1993 年禁用。由于 L-肉碱具有多种营养和生理功能，已被视作为人体的必需营养素。人体正常所需的 L-肉碱，通过膳食（肉类和乳品中较多）摄入，部分由人体的肝脏和肾脏以赖氨酸和蛋氨酸为原料，在维生素 C、烟酸、维生素 B_6 和铁等的配合协助下自身合成（内源性 L-肉碱），但当有特定要求时，就不足以满足所需。

（1）性状　白色晶体或透明细粉，略带有特殊腥味。易溶于水（250g/100mL）、乙醇和碱，几乎不溶于丙酮和乙酸盐。熔点 210～212℃（分解），有很强吸湿性。作为商品有盐酸盐、酒石酸盐和柠檬酸镁盐等。天然品存在于肉类、肝脏、人乳等。正常成人体内约有 L-肉碱 20g，主要存在于骨骼肌、肝脏和心肌等。蔬菜、水果几乎不含肉碱，因此，素食者更应该补充。

（2）生理功能　具有减肥作用。为动物体内有关能量代谢的重要物质，在细胞线粒体内使脂肪进行氧化并转变为能量，以达到减少体内中的脂肪积累，并使之转变成能量。

此外，荞麦中蛋白质的生物效价比大米、小麦要高；脂肪含量2%～3%，以油酸和亚油酸居多；各种维生素和微量元素也比较丰富；它还含有较多的芦丁、黄酮类物质，具有维持毛细血管弹性，降低毛细血管的渗透功能。常食荞麦面条、高饼等面食有明显降脂、降糖、减肥之功效。而红薯中蛋白质、脂肪、碳水化合物的含量低于粮谷，但其营养成分含量适当，营养价值优于谷类，它含有丰富的胡萝卜素和B族维生素以及维生素C。红薯中含有大量的黏液蛋白质，具有防止动脉粥样硬化、降低血压、减肥、抗衰老作用。红薯中还含有丰富的胶原维生素，有阻碍体内剩余的碳水化合物转变为脂肪的特殊作用。这种胶原膳食纤维素在肠道中不被吸收，吸水后使大便软化，便于排泄，预防肠癌。胶原纤维与胆汁结合后，能降低血清胆固醇，逐步促进体内脂肪的消除。

复习思考题

1. 何为肥胖症？肥胖症的类型有哪些？
2. 肥胖症的病因及危害是什么？
3. 具有减肥功能的物质有哪些？

子情境4　延缓衰老功能性食品开发

任何生命过程，都遵循着一条共同的规律，即经历不同的生长、发育直至衰老最终死亡。衰老为生命周期的后期阶段，衰老是不可抗拒的，但减缓衰老的进程是可以实现的，抗衰老功能性食品是指具有延缓组织器官功能随年龄增长而减退，或细胞组织形态结构随年龄增长而老化的工业化食品。

目前，世界人口正在向老年化发展，有55个国家和地区已进入老年型社会。据世界卫生组织在2000年的报告称全球平均期望寿命已达66岁，65岁以上人口达5.8亿，占总人口的6%。在美国，65岁以上的老年人已超过3200万，占人口的13.3%。而我国60岁以上的老人已超过1.5亿，占总人口的11.5%。在我国经济比较发达的地区，如上海、北京、天津、无锡等地已相继步入老年型社会。据预测，到2010年，全球老年人口将接近12亿。2020年我国老年人将达到2.8亿，约占总人口的20%，将成为“超老年型”国家。在发达国家，80岁以上老人占65岁以上老人的47%，高龄化社会的到来会带来一系列的社会问题。因此，如何延缓人的衰老进程，预防老年病发生，具有十分重要的经济意义和社会意义。随着高龄化社会的形成，世界各国以极大的热情投入这方面的研究，前景十分广阔。

一、衰老的定义及影响因素

（一）衰老的定义和表现

衰老是生物随着时间的推移，自发的必然过程，它是复杂的自然现象，表现为结构和机能衰退，适应性和抵抗力减退。这些变化对生物体带来的是不利的影响，导致其适应能力、储备能力日趋下降，这一变化过程会不断发生和发展。

衰老又可理解为机体的老年期变化，其内涵包括四个方面：

① 指进入成熟期以后所发生的变化。

② 指各细胞、组织、器官的衰老速度不尽一致，但都呈现慢性退行性改变。

③ 指这些变化都直接或间接地对机体带来诸多不利的影响。

④ 指衰老是进行性的，即随年龄的增长其程度日益严重，是不可逆变化。

延缓衰老（或抗衰老）是指人们寻找各种手段或措施，使衰老的进程得到延缓。老年人的生理特点是：

① 代谢机能降低，基础代谢约降低了20%。

② 脑、心、肺、肾和肝等重要器官的生理功能下降。

③ 合成与分解代谢失去平衡，分解代谢超过合成代谢。

④ 表现出衰老现象，如血压升高、头发变白脱落以及老年斑与皮肤皱纹的出现等。

⑤ 伴随而来的是各种老年病，如糖尿病、动脉硬化、冠心病和恶性肿瘤等。

身体各部位的衰退将以不同的速度出现在不同的人身上，这主要取决于人的遗传、病史、饮食和一生中的医疗保健状况。

（二）影响衰老的因素

1. 内在因素

（1）遗传因素　遗传是决定生物体衰老过程和寿命长短的根本因素。不同生物的寿命是不同的，这是由遗传基因决定的。同一种生物应有的自然寿命基本一致，但由于遗传基因的不同，不同个体间的自然寿命仍有一些差别。在没有其他因素影响的前提下，父母长寿，其子女长寿的可能性就大。

（2）神经-内分泌因素　人体是一个有机的整体，各器官间、各系统间主要靠神经-内分泌来调控。如果神经-内分泌机能不正常，则妨碍生命的过程。例如，甲状腺功能亢进的病人，基础代谢增高，容易早衰。

（3）免疫因素　免疫系统的功能状态与衰老有很大关系。青春期以后，胸腺随着年龄增长而逐渐萎缩，进入老年，胸腺组织大部分被脂肪组织所取代，但仍残留一定的功能。

（4）酶因素　酶是机体代谢过程的催化剂。一些研究表明，老年人随着年龄的增高，许多主要的酶活性减弱，代谢反应也随之减低。

2. 外在因素

（1）环境因素　影响人衰老的环境因素，包括空气、水土、污染、放射性物质、噪声、饮食等诸多方面，其中饮食营养占有相当主要地位。

（2）社会因素　经济条件、意识形态、职业工作、社会制度都属社会因素的范畴。

（3）生活方式　如吸烟、酗酒、吸毒、生活规律等。

二、抗衰老功能性食品开发

（一）抗衰老功能性食品开发的原理

抗衰老功能性食品，就是能让人们更健康地吃到大自然所赐予最高寿命的食品。现代具有应用前景的抗衰老功能性食品，其开发原理包括以下几个方面：

（1）调节生物钟，如利用抗衰老功能成分来增加细胞的分裂次数，或通过降低体温来延长细胞的分裂周期等。

（2）利用McCay效应探讨限制延长寿命的条件、方案与机理，为完善人类的补食品与营养提供科学的依据。

(3) 增强免疫抗衰老，控制免疫系统并维持其正常的生命活动，如使用免疫激剂、移注T细胞、进行胸腺移植或注入胸腺素，激发已衰竭的免疫力。

(4) 应用微量元素抗衰老。一般认为凡具有抗氧化作用的微量元素（如硒、锰、锌等），都具有抗衰老效应，但目前对微量元素抗衰老机理还存在许多疑难问题。

(5) 应用抗衰老功效成分，如维生素E、超氧化物歧化酶等。

(6) 控制大脑的衰老中心。大脑中所含的部分重要神经介质的合成，与某些氨基酸关系密切。若能控制人类食物中的某些氨基酸，就有可能控制大脑的衰老，从而达到延缓衰老的目的。

（二）膳食营养与衰老

衰老是不以人的意志为转移的自然规律，但通过采取适当措施可以使生命活动在一定限度内得到延续。膳食营养对人体细胞的结构和功能起着重要作用，能够影响人的衰老和寿命。老年期的特殊营养需求可概括为“四足四低”，即足够的蛋白质、足够的膳食纤维、足量的维生素与足量的矿物元素，以及低糖、低脂肪、低胆固醇与低钠盐等。

1. 能量

能量是生命活动的动力，动物实验结果表明，适当的限制能量（限食），即使试验组动物的进食量相当于自由进食组的50%～60%，同时补充必需的营养素以免造成营养缺乏。这样可以延长动物寿命。老年人基础代谢降低，活动量减少，因而对热能的需要随着年龄的增长而降低。我国营养学会建议50～59岁基础代谢的热能供给量可比成年人减少10%，60～69岁减少20%，70岁以后减少30%。适当减少能量的供给，还可以避免体内脂肪的堆积，减少高脂血症、冠心病、糖尿病等老年病的发生，推迟衰老过程，延长寿命。

美国开展的如何能将膳食中的能量减少1/3，同时增加膳食中蛋白质、维生素、矿物元素的比例以延长寿命的实验研究，可望使人类的寿命延长1/3。

2. 蛋白质

研究结果显示，低能量或低蛋白食品甚至于缺少某一必需氨基酸的食品能延长寿命，可能是遗传物质与蛋白质合成过程的变化。大量的试验表明，在各种不同分化类型的细胞中，当氨基酸与能量不足时，RNA与蛋白质的合成率显著降低，这类大分子的生存率因此增加。当这些营养因子起作用使生物大分子的合成与分解率降低时，细胞能更经济地使用从遗传物质中取得的信息，这样就降低了DNA损伤的水平，同时增加细胞也就是使机体的寿命得以延长。

膳食中蛋白质的供给量以年龄不同而异。老年人肠胃功能减弱导致对蛋白利用率的降低，体内蛋白合成代谢减缓而分解代谢却占优势，因此易出现负氮平衡，需增加摄入量。需要各种生物价高、氨基酸配比合理的优质蛋白质，而胆固醇与饱和脂肪酸含量很高的部分动物蛋白应予避免。蛋白质的需求量应占每日总能量的15%～20%以上，以1.2g/(kg·d)为宜，其中优质蛋白应占一半以上。

3. 脂类

老年人的脂类合成、降解和排泄能力比成年人低，容易在体内组织和血液中堆积而引起高血脂和一系列心血管疾病，老年人的脂肪摄入量应比正常成人略低，控制在总能量的20%～25%为宜，且应以植物油为主，动物脂为辅。因植物油中含有较多的不饱和脂肪酸，能使血浆胆固醇转移到组织中，从而降低胆固醇的吸收。动物食品中富含胆固醇，如动物内脏、鸡蛋黄、奶油等，一般老年人每日摄入胆固醇不要超过300mg。

4. 碳水化合物

碳水化合物是机体能量的主要来源，正常情况下，其摄入量占总能量的60%左右比较适宜，老年人宜用不同种类的碳水化合物，但多糖比例可适当多些，果糖在体内转变成脂肪的可能性较小，所以也可用含果糖多的蜂蜜、果酱代替蔗糖食用。

老年人肠胃功能下降，肠内有益菌群数减少，老年性便秘现象经常出现，因此需增加膳食纤维的摄入量。膳食纤维数量的不足，与心血管及肠道代谢方面的很多疾病，包括动脉硬化、冠心病、糖尿病及恶性肿瘤等有直接的关系。这些疾病多属老年病范畴，由此可见膳食纤维对老年人的重要性。因此，老年人可多吃些粗杂粮、蔬菜和水果，以补充膳食纤维。

5. 维生素

膳食中富含维生素有利于延长寿命，缺乏则容易导致代谢失常、机能紊乱。

(1) 维生素E　研究指出，体内代谢形成的过氧化物可以导致人体衰老。随着年龄的增长，体内抗氧化剂的活性逐渐下降，过氧化物因不能有效地被清除而在体内逐渐增多。维生素E的抗氧化作用很强，能抑制脂质过氧化物的产生，有利于延长寿命。若维生素E供给不足，组织细胞中的脂褐质增加。

(2) 维生素A　维生素A参与体内多种生化代谢，能维护上皮组织的完整性，增强对疾病的抵抗力，预防一些癌症的发生，对老年人更为重要，动物食品如肝、肾、蛋黄、奶类含有较多的维生素A，尤其是肝脏中含量最为丰富。但是，动物性食品中胆固醇含量也较多，故老年人更适宜从蔬菜食品中获取胡萝卜素，以增加体内维生素A的来源。

(3) 维生素C　维生素C是一种活性很强的氧化剂，在机体参与多种重要的生理氧化反应，也参与细胞间质的形成，维护血管、肌肉、骨骼、牙齿的生理功能，具有抗感染和防病的作用。调查显示，老年人血浆中维生素C含量比一般人群低，因此增加维生素C的摄入对老年人健康和预防疾病均有益处。

6. 矿物元素

(1) 钙　钙对维持心肌、骨骼肌、平滑肌的兴奋性以及泌尿系统的正常活动，提高机体免疫力，防止龋齿和骨质疏松等均有重要作用，钙的吸收随年龄的增长而降低，钙的吸收也与维生素D、激素水平以及膳食中磷的比例有关。老年人应适当补充钙质，多吃一些富含钙质的食物，如骨汤、牛奶、虾皮等。

(2) 铁　老年人造血功能衰退，对铁的消化吸收能力下降，缺铁性贫血比较常见，因此铁的供给要充足，尽量选用富含血红素铁、吸收率高的食物，如瘦肉、猪肝等。

(3) 硒　硒具有还原性，是谷胱甘肽过氧化物酶的组成成分，在人体中发挥着抗氧化作用。磷脂是构成细胞膜的重要成分，其中含有丰富的不饱和脂肪酸，硒能使细胞膜中的不饱和脂肪酸免受过氧化氢和其他过氧化物的破坏而起到保护作用。硒还可以增加血中的抗体含量，提高机体免疫力，对防治克山病、冠心病有一定作用。

(三) 影响衰老的非营养因素

(1) 老人易受长期养成的饮食习惯所支配，喜欢接受年轻时吃惯的食品，对新鲜食品不易接受。

(2) 老人牙齿逐渐脱落，咀嚼功能衰退，要求食品质构松软不需强力咀嚼。

(3) 老人味觉与嗅觉功能减退导致对食品风味的敏感性降低，因此需对食品的风味配料作精细的调整。

(4) 老人所拥有的经济状况对其选择食品影响很大，多数人不敢问津价格牟贵的食品。

因此，在开发老年食品时，既要充分考虑老年人特殊的营养需求，保证供给足够的营养素，又要体谅到老年人营养以外的特殊要求，所设计的食品在外观、口感、色香味及价格等方面都要符合老年人的特殊要求。只有符合上述要求的产品，才会被老年消费者所广泛接受，才拥有广阔的市场前景与较强的竞争力。

(四) 具有抗衰老的物质

1. 生育酚 (维生素 E)

(1) 理化性质　生育酚共有 α、β、γ、δ、ε、ζ、η 七种同系物。其中生物学效价 α-生育酚>β-生育酚>γ-生育酚>δ-生育酚，而抗氧化能力则 α-生育酚<β-生育酚<γ-生育酚<δ-生育酚。商品分两种，含量高的称高 α-生育酚型，宜作为营养增补剂用，而低 α-生育酚型作为抗氧化剂用。

天然生育酚的营养生理活性和安全性均高于合成品。近年来，国外掀起了一股天然维生素 E 热，作为抗氧化、防病保健、延年益寿的首选品，年消费量约递增 10%。

维生素 E 是一种黄色至红色接近无臭的澄清黏性油，可有少量微晶体蜡状物质。相对密度为 0.947～0.955g/m^3。具有对热稳定的抗氧化性，即使加热到 120℃也不分解，对酸稳定，对紫外线和氧化剂等不稳定。能抑制食物中亚硝胺的形成和稳定维生素 A 等作用。在空气中及在光照下缓慢地氧化和变黑。维生素 E 一般无毒性，不溶于水，溶于乙醇，可与丙酮、氯仿、乙醚和植物油混溶。其天然品广泛存在于小麦胚芽 (0.2%～0.3%)、玉米油 (0.1%)、大豆油、棉籽油、葵花子油、蛋、肝、绿色蔬菜中。

(2) 生理功能　维生素 E 具有延缓衰老的功能。对于维生素 E 的抗衰老作用，目前普遍认为维生素 E 的抗氧化作用是其决定性因素。由于维生素 E 具有消除自由基的能力，可中断高速运转的自由基连锁反应，抑制不饱和脂肪酸过度氧化脂质的形成，所以，在抑制生物膜中多不饱和脂肪酸过氧化时，可减轻细胞膜结构损伤，维护细胞功能的正常运行。

① 自由基清除剂。维生素 E 等天然抗氧化剂通过消除自由基的抗氧化作用阻断过氧化脂质的形成，以减轻和修复细胞膜结构损伤，这是维生素 E 具有抗衰老作用的一个原因。

② 抗衰老作用。维生素 E 的抗衰老作用，也与其可改善机体免疫功能有关。维生素 E 提高机体免疫功能又与过氧化脂质形成量减少的变化相一致。

③ 提高机体免疫力。在构成免疫系统的白细胞中，多核白细胞及淋巴细胞中的 α-生育酚数量为红细胞的 30 倍。缺乏维生素 E 会引起吞噬功能抑制，脾组织杀菌能力下降。动物试验表明，补充维生素 E 可增加胸腺质量、脾脏抗体细胞的数量及血清溶菌酶的活性，增强淋巴细胞在植物血球凝集素刺激下的转移酶活性。

④ 抗肿瘤作用。流行病学研究表明，维生素 E 含量低的人患肺癌的危险性比正常含量的人高 2.5 倍，肺癌患者血液中维生素 E 含量比正常人低 12%。维生素 E 的摄取与乳腺癌发生呈负相关。

大量动物试验表明，维生素 E 可预防癌症，如咽喉癌、子宫癌和乳腺癌等，维生素 E 能降低一些强致癌剂的致癌作用，诸如可降低巴巴豆油引起的皮肤癌、苯并芘引起的肉瘤和 1,2-二甲基肼引起的肠癌等。维生素 E 还能减少放射性元素引起的细胞损伤以及可能引发的肿瘤病变。此外，还能减轻抗癌化疗的毒副作用。

⑤ 保护心血管系统。维生素 E 防治心脑血管疾病的原因仍在于它的自由基清除作用，自由基供给动脉血管壁和血清中不饱和脂肪酸产生过氧化脂质是造成心血管疾病的一个重要起因，维生素 E 因能阻断自由基的连锁反应，自然会起到有效地防治效果。

此外，维生素 E 还有降低胆固醇水平的作用，能使体内维生素 A 含量增加，防止维生素 C、含硫酶和 ATP 的氧化，从而可保证这些必需营养物质在体内的特定功能。

2. 超氧化歧化酶（SOD）

（1）结构特点　超氧化歧化酶在生物界中分布极广，几乎从人体到细菌，从植物到动物都存在。国内外研究者已从细菌、藻类、霉菌、昆虫、鱼类、高等植物和哺乳动物等生物体内分离得到 SOD。

按照 SOD 分子中金属辅基不同，至少可分三种类型：

① Cu・Zn-SOD：分子中含有 Cu 和 Zn，呈蓝绿色，相对分子质量为 3.2×10^4，主要存在于肝脏、菠菜、豌豆等中。

② Mn-SOD：分子中含有锰，呈粉红色，相对分子质量为 $(4.4\sim8.0)\times10^4$，主要存在于银杏、柠檬、番茄等中。

③ Fe-SOD：分子中含有铁，呈黄褐色，相对分子质量为 4.05×10^4，主要存在于银杏、柠檬、番茄等中。

（2）性质　超氧化歧化酶因原料不同而可能有黄褐色、红色或蓝绿色，可以是深褐色液体或粉末、粒状及块状。对热较敏感（75℃，5min 以上失活），在 pH5.3～9.5 范围内其催化反应速度不受影响，最适 pH8.5，温度 25℃。溶于水，不溶于乙醇，有吸湿性，有捕捉活性氧的能力。广泛存在于动物、植物和微生物中。

（3）生理功能　SOD 具有良好的抗衰老、抗疾病、抗辐射和保健强身的效果。作为能催化超氧阴离子（重要的机体衰老原因之一）歧化的自由基清除剂，具有延缓衰老的作用。随着机体的老化，SOD 的含量会逐步下降。适时的补充外源性 SOD 可清除机体内过量的超氧阴离子自由基，延缓由于自由基侵害而出现的多种衰老现象。

自由基损伤可以导致多种疾病，SOD 是超氧阴离子自由基 $O_2^-\cdot$ 的专一清除剂，故 SOD 能治疗由氧自由基引发的多种疾病。SOD 能调节机体免疫功能，增强耐缺氧和抗疲劳能力，并能减轻肿瘤患者在放疗、化疗过程中的严重毒副作用，如骨髓抑制、白细胞减少、皮肤放射损伤等。此外，SOD 可促进婴幼儿生长发育。能通过除去诱发脂质过氧化作用的氧自由基，防止脂质过氧化，故有美容、增白的作用。

3. 姜黄素

（1）理化性质　由姜黄素（约占 70%）、脱甲氧基姜黄素（约占 15%）、双脱甲氧基姜黄素（约占 10%）和四氢姜黄素（约占 5%）等组成。其为橙黄色结晶性粉末，有特殊臭，熔点 179～182℃，不溶于水和乙醚，溶于乙醇、冰醋酸、丙二醇。碱性条件下呈红褐色，酸性则呈浅黄色。与金属离子、尤其是铁离子形成螯合物，导致变色。约 5mg/kg 铁离子就开始影响色素，10mg/kg 以上时变为红褐色。耐光性、耐铁离子较差，耐热性较好。每分子均有两个多电子的酚结构，具有很强的抗氧化能力，能捕获和消除自由基。

（2）生理功能　具有延缓衰老的作用。姜黄素具有很强的抗氧化作用，以消除体内有害的自由基，对 OH 自由基的消除率可达 69%。姜黄素能提高大鼠肝组织均浆中多种抗氧化酶的活性，能使 SOD、过氧化氢酶和谷胱甘肽过氧化酶的活性分别提高约 20%。有研究表明，姜黄素对大鼠胸、心、肾、脾等组织都有明显的抗氧化作用，使过氧化脂质含量降低，从而延缓组织的老化。

4. 茶多酚

(1) 理化性质　茶叶中一般含有20%～30%的多酚类化合物，共约30余种，包括儿茶素、黄酮及其衍生物、花青素类、酚酸和缩酚酸类，其中儿茶素类约占总量的60%～80%，其抽提混合物称茶多酚。以绿茶及其副产物为原料提取的多酚类物质中，茶多酚含量大于95%，其中儿茶素占70%～80%，黄酮化合物占4%～10%，没食子酸占0.3%～0.5%，氨基酸占0.2%～0.5%，总糖量0.5%～1.0%。叶绿素以脱镁叶绿素为主，含量为0.01%～0.05%。主要包括以下各种形式的儿茶素：儿茶酚、没食子酸儿茶素、儿茶素没食子酸酯和没食子儿茶素没食子酸酯，它们在B环和C环上的酸性羟基具有很强的供氢能力，能中断自动氧化成氢过氧化物的连锁反应，从而阻断氧化过程。

茶多酚纯品淡黄至茶褐色略带茶香的水溶液、灰白色粉状固体或结晶，具涩味。易溶于水、乙醇、乙酸乙酯，微溶于油脂。对热、酸较稳定，2%溶液加热至120℃并保持30min，无明显改变，在160℃油脂中30min降解20%，2%溶液在37℃下保持3天后，在pH值2～7范围内稳定，pH大于7和光照下易氧化聚合。2%茶多酚在2%、5%和10%食盐溶液中于pH6.5、室温下保存3天，其含量无变化。其遇铁变绿黑色络合物，略带吸湿性，水溶液pH3～4，在碱性条件下易氧化褐变。

(2) 生理功能

① 清除自由基、延缓衰老。茶多酚具有延缓衰老的功能。其（尤其是其中的没食子儿茶素没食子酸酯）具有很强的供氢能力，可与体内多余的自由基相作用而使氧自由基消除，对O_2^-·和OH·的最大消除率达98%和99%。其抗氧化能力比维生素E强18倍。

② 增强免疫功能、抑制肿瘤。茶多酚能阻断体内亚硝酸盐的合成，对各类诱变肿瘤的化学物质损伤细胞DNA或染色体的作用有对抗性。因此在一定程度上有辅助抑制肿瘤形成的作用和直接杀伤癌细胞的功能，茶多酚的抗肿瘤作用可能是通过增强机体的免疫能力和杀伤肿瘤细胞来抑制体内肿瘤细胞的生长。中国吸烟者的比例在全世界相当高，抽烟的量也较大，但患肺癌的比例并不算高，这与中国抽烟者的一个习惯，即“一支烟、一杯茶”有关。在抽烟时，同时喝茶，茶中的茶多酚能拮抗烟中所产生的自由基。

③ 抑菌及抗病毒作用。茶多酚有抑制细菌生长的作用，因而能防止食物腐败变质，不同茶类中以绿茶杀菌活性最强，且茶的品质越高，其杀菌活性也越强，其主要是因为茶叶中的茶多酚等抗菌成分有凝固蛋白质和收敛作用，能与菌体蛋白质结合而引起细菌死亡。研究表明，茶叶中的儿茶素对伤寒杆菌、副伤寒杆菌、霍乱弧菌、金黄色葡萄球菌、溶血性链球菌和痢疾杆菌等病原菌均具有明显的抑制作用。

茶多酚对人的轮状病毒有抑制作用。日本研究发现，绿茶所含的茶多酚可有效抑制艾滋病病毒的增殖，对艾滋病毒作用于RNA的化学反应具有相当强的阻断作用。

5. 谷胱甘肽（还原型）

(1) 理化性状　谷胱甘肽由谷氨酸、半胱氨酸和甘氨酸通过肽键缩合而成的活性三肽化合物。其为白色结晶，溶于水、稀乙醇液。熔点195℃。谷胱甘肽经氧化脱氢，使两分子谷胱甘肽结合成氧化性谷胱甘肽（GSSG；相对分子量612.64），无生理功能，GSSG经还原后仍为还原型谷胱甘肽。只有还原型谷胱甘肽才能发挥生理作用，其天然品广泛存在于动物肝脏、血液、酵母、小麦胚芽等中。

(2) 生理功能　谷胱甘肽具有延缓衰老的作用，主要是因为它能抗氧化和消除体内的自由基。对放射线、放射性药物或者由于肿瘤药物所引起的白细胞减少等症状能起到保护作用。能够纠正乙酰胆碱、胆碱酯酶的不平衡，起到抗过敏作用；可防止皮肤老化及色素沉着，减少黑色素的形成，改善皮肤抗氧化能力并使皮肤产生光泽。

6. 灵芝

灵芝的子实体中含有蛋白质、多种氨基酸、多糖类、脂肪类、萜类、麦角甾醇、有机酸类、树脂、甘露醇、生物碱、内酯、香豆精、甾体皂甙、蒽酮类、多肽类、腺嘌呤、乌嘧啶、多种酶和多种微量元素等物质。研究表明，灵芝可以明显地延长家蚕的寿命，也可以明显地延长果蝇的平均寿命，但对其最高寿命没有明显影响。用致死量的 Co^{60} 照射动物，照射前给予灵芝制剂，可以明显降低小鼠的死亡率。照射后给药，虽不能对抗 Co^{60} 的致死作用，但可以使动物的平均存活时间延长。因此说明，灵芝具有抗衰老作用。

7. 阿胶

阿胶为驴皮去毛后熬制而成的胶块，含有明胶朊、骨胶原、钙、硫等。试验证明，阿胶对骨髓造血功能有一定作用，能迅速恢复失血性贫血的血红蛋白和红细胞，具有补血作用；阿胶能够促进肌细胞的再生，有抗衰老作用；阿胶可以增强机体的免疫功能，使肿瘤生长减慢，症状改善，延长寿命；阿胶能够对抗出血性休克，使其血压逐渐恢复至正常水平，因而能延长存活时间，此外，阿胶能够降低氧耗，耐疲劳。故阿胶对人体，特别是老年人脏器功能衰退、免疫功能低下、骨髓造血功能障碍或各种原因出血引起的贫血、休克以及对环境的适应能力减退等都有一定的保护作用，无疑有助于老年保健和延年益寿。

8. 人参

人参主要成分是人参皂甙、人参酸等。人参能提高细胞寿命，还可以促进淋巴细胞体外的有丝分裂，延长人羊膜细胞生存期。人参含有的麦芽醇具有抗氧化活性，它可与机体内的自由基相结合从而减少脂褐素在体内的沉积，延缓衰老。

此外，大枣、黑芝麻、大豆、玉米、灵芝、松树皮提取物、中国鳖、葡萄籽提取物、肉苁蓉等都具有延缓衰老的作用。

复习思考题

1. 影响衰老的因素有哪些？
2. 具有延缓衰老功能的物质有哪些？

子情境 5　美容功能性食品开发

皮肤是人体最大的器官，具有保护作用，使身体免受细菌、化学成分及外来物质的侵犯。皮肤能呼吸，内含丰富的血管、皮脂腺导管、神经和毛囊等。健康的皮肤红润、细腻、有光泽，富有弹性。

随着年龄的增长，皮肤中的胶原蛋白、弹性蛋白、黏多糖等含量均有不同程度的降低，供应皮肤营养的血管萎缩，血流量减少，血管壁弹性降低，皮肤表皮逐渐变薄、隆起，皮下脂肪减少，导致皱纹、黄褐斑及老年斑等现象发生。皮肤状态是衡量一个人美不美的重要标志之一。美容功能性食品，是通过提供皮肤足够的营养成分和活性物质，延缓皮肤衰老，达到美容的目的。

一、皮肤的结构与功能

(一) 皮肤的结构

1. 表皮

表皮位于皮肤的最表层，属角化的复层鳞状上皮。表皮分为基底层、棘层、颗粒层、透明层和角质层。

2. 真皮

真皮位于表皮下方，1～2mm 厚，由胶原纤维、网状纤维和弹力纤维等组成。

3. 皮下组织

皮下组织由真皮下层延续而来，使皮肤与深层组织相连，保护神经、血管和汗腺等组织免受机械性损伤。

4. 皮肤附属器官

皮肤的附属器官，包括乳腺、汗腺、皮脂腺、毛发和指（趾）甲等。

5. 皮肤的血管、淋巴管和神经

皮肤内小动脉先在真皮网状层内分支，形成真皮下血管丛，供汗腺、汗管和皮脂腺的营养。皮肤内淋巴管较少，淋巴液循环于表皮细胞间隙和真皮胶原纤维之间，淋巴管参与皮肤免疫调节。

(二) 皮肤的类型及色泽

1. 皮肤的类型

皮肤主要分为中性皮肤、干性皮肤、油性皮肤、混合性皮肤和脱水性皮肤等几种类型。

(1) 中性皮肤　中性皮肤是最理想的皮肤，皮肤的油脂、水分含量和酸碱度处于均衡状态，既不油腻又不干燥。皮肤红润有光泽，细腻、柔软且富于弹性，毛孔细小不明显，无任何瑕疵。

(2) 干性皮肤　干性皮肤分缺水型、缺油型两种，皮肤干燥无光泽，缺乏弹性，毛孔不明显，易长皱纹，但不易长痤疮、面疱等。这种皮肤主要是由于缺水、油脂分泌不足以及衰老等因素造成的。皮肤较白的女性中，约有 85%为干性皮肤。

(3) 油性皮肤　油性皮肤分为普通油性皮肤、超油性皮肤两种，是由于皮脂腺分泌过多皮脂而致。这种皮肤毛孔粗糙，偏碱性，弹性好，不易衰老，但易长粉刺，易吸收紫外线而使皮肤变黑。

(4) 混合型皮肤　混合型皮肤是指一部分皮肤呈一种特征，而另一部分皮肤又呈另外一种特征。通常是，前额、鼻部和下巴的皮肤呈油性，眼眶周围、两颊和颈部呈中性或干性。

(5) 脱水性皮肤　脱水性皮肤分为干性脱水、油性缺水两种，皮肤因严重缺水而丧失润湿性。干性脱水皮肤水分散失严重，对物理、化学和气候变化等因素影响敏感；油性缺水皮肤毛孔粗糙，颌部下层脂肪浸润。

皮肤的类型不是绝对的，年龄、气候、环境等因素都可以影响皮肤的状况。皮肤会随年龄的增长而发生变化。幼年时，皮肤多为中性，随着青春期的到来，不同人的皮肤便呈现出不同的类型。一般情况下，夏天皮肤趋向于油性，冬天皮肤则趋向于干性，这是因为温度的高低会影响油脂的分泌。

2. 皮肤的色泽

机体正常的肤色，是由氧化血红蛋白、还原血红蛋白、胡萝卜素和黑色素等4种色素引起的，通常取决于表皮黑色素含量和分布、真皮血液循环情况以及角质层厚度等。

黑色素由表皮基底层细胞产生，来源于酪氨酸。在黑色素细胞内，黑素体上的酪氨酸经酪氨酸酶催化合成，再与蛋白质结合形成黑色素颗粒，并储存于皮肤中。人体皮肤中约有400万个黑色素细胞，其中生发层平均每10个细胞中就有一个黑色素细胞。肤色还与日照程度、气候和地理位置有关，阳光中紫外线能够促进黑色素生成。另外，黑色素代谢异常，如后天色素代谢失调而使黑色素细胞受到破坏，就会出现白癜风。

健康皮肤偏酸性，介于pH5～5.6之间，这层酸性膜具有杀菌、消毒和抵抗传染病等功能。油性皮肤pH介于5.7～6.5，该pH范围利于微生物生长，因此易长痤疮、暗疮等。

影响皮肤pH的因素很多，包括内分泌、消化、阳光、环境、营养和卫生等。

（三）皮肤的作用

皮肤是人体的重要组成部分，它覆盖全身，参与机体各种生理活动，保护体内组织以及免受外界机械性、物理性、化学性和生理性的侵害。皮肤的功能正常，对于人体健康至关重要。

1. 保护和感觉作用

皮肤对致病性微生物的侵袭发挥防御作用；对光、电、热来说是不良导体，能够阻止或延缓水分、物理性或化学性物质的进入和刺激；皮肤能缓冲外来压力，保护深层组织和器官。另外，黑色素也是防御紫外线的天然屏障。皮肤含有丰富的神经纤维网和各种神经末梢，感受各种外界刺激，产生痛、痒、麻、冷、热等感觉。

2. 调节体温作用

皮肤在保持体温恒定方面，发挥重要作用。皮肤通过毛细血管的扩张或收缩，增加或减少热量的散失来调节体温，以适应外界环境气温的变化。

3. 吸收作用

正常皮肤通过毛囊口选择性地吸收一些物质如脂类、醇类等进入血液循环。固体物质或水溶性物质，通常很难通过皮肤吸收。

4. 代谢作用

皮肤参与全身代谢过程，维持机体内外生理的动态平衡。整个机体中有10%～20%的水分储存于皮肤中，这些水分不仅保证皮肤的新陈代谢，而且对全身的水分代谢都有重要的调节作用。此外，皮肤还储存着大量的脂肪、蛋白质、碳水化合物等，供机体代谢所用。皮肤含有脱氢胆固醇，经阳光中紫外线照射后，可转变为维生素D。

5. 免疫作用

皮肤是测定免疫状况和接受免疫的重要器官之一，皮肤的免疫作用是机体抵抗外界抗原物质的天然屏障。当皮肤生理功能衰退或处于病理状态的情况下，会引起感染发炎、红肿和各种皮肤病。

6. 分泌与排泄作用

皮脂腺的分泌，不仅能润湿皮肤和毛发、保护角质层、防止水和化学物质的渗入，还起到抑菌、排除体内某些代谢产物的作用。汗腺的排泄可以调节体温，维持皮肤表面酸碱度，协助肾脏排泄代谢废物。

(四) 常见的三种皮肤瑕疵

虽然每个人的皮肤不同，但拥有润泽、光滑、细腻、柔软而富于弹性的健康皮肤却是人们的共同愿望。然而现实中由于各种原因，人们面部常常会有这样或那样的皮肤疾患，影响人的容貌，甚至会造成内心的痛苦。最常见的影响容颜的皮肤病有以下几种。

1. 痤疮

痤疮是一种好发于青年人的慢性毛囊炎症，所以又称为青春痘，主要发生在面部，发病初期在毛囊口处形成圆形小丘疹，内含淡黄色皮脂栓，即粉刺。

2. 黄褐斑

黄褐斑又称肝斑，多见于中年女性。其面颊部、上唇部会出现大小不等、形状不规则的淡褐色的色斑，这种色斑表面光滑、不高出表皮，表面没有炎症，也无脱屑现象。有时皮肤损伤也可以融合成此类色斑。此种斑往往在左右脸颊对称，有的横跨鼻子，好似蝴蝶，故而也称蝴蝶斑。

3. 老年斑

随着增龄，表皮基底层的色素细胞分泌增加，且出现不规则色素细胞局部聚集现象，色素增多，主要长于暴露于阳光的部位，如颜面、手背和前臂伸出面，直径一般 0.5cm，可稍高于皮肤表面，称为老年性色素斑，又称老年斑。有的研究者发现老年斑中有胆固醇等脂类沉积。实际上衰老机体细胞中普遍会出现这种“衰老色素”，也称为脂褐素。

(五) 影响皮肤健美的因素

皮肤，特别是面部的皮肤，在显示人们的美貌和健康状况中起着十分重要的作用。可以说，面部皮肤的状态直接体现了一个人的健康和美学修养水平。皮肤的健美涉及人体的各个方面，也受到遗传、健康状况、营养水平、生活与工作环境等多种因素的影响。遗传因素属先天因素，一般较难改变，而健康、营养等因素可通过人们的努力，影响皮肤的健美。

1. 健康因素

人的皮肤是人体健康状况的晴雨表。当身体健康状况良好时，皮肤光亮、红润；当身体处于非正常状况时，皮肤就会灰暗无光，甚至出现各种缺陷。

人体的健康因素又分为精神因素和体质因素两种。

(1) 精神因素　影响皮肤健美及导致皮肤疾患的内因较多，但精神因素为首要因素。

传统中医学认为人的喜、怒、忧、思、悲、恐、惊这七种感情上的改变，都会引起皮肤状况的改变和皮肤疾病。

精神虽然看似抽象，但却严重影响皮肤的健康。

(2) 体质因素　身体其他器官的健康状况也直接影响皮肤的健康。肝脏是人体最大的“化工厂”，它不仅与糖、蛋白质、脂类、维生素和激素的代谢有密切关系，而且在胆汁酸、胆色素代谢和生物转化中也发挥重要作用。肝脏具有储存、化解毒素、调整激素平衡的功能。当肝脏功能发生障碍，如患慢性肝炎时，表现在皮肤方面就是容易发生日光过敏，出现皮肤干裂、痤疮、肝斑等现象。

胃是机体重要的消化器官，当胃酸分泌减少时，皮肤的酸度就会降低，油脂分泌增强，颜面皮肤化倾向于油性。当胃肠功能减弱时，糖类分解不佳，鼻和脸颊部毛细血管扩张，易造成局部发红。此外，一些其他慢性消耗性疾病，如肾炎、结核病、贫血、内分泌紊乱及肾上腺和卵巢、子宫等发生异常情况时，也会出现日光性皮炎等皮肤疾病。因此要保持皮肤的健美，关键是保持身体机能的健康。

2. 年龄因素

随着年龄的增加，皮肤的代谢也会发生异常。皮肤的细胞膜会随胆固醇的积聚增加而硬化，还会因膜脂质的过氧化作用产生脂褐素。脂褐素的堆积以及内分泌失调引起的黑色素的增加都会使皮肤出现老年斑。老年人由于皮肤的三个层面厚度减少，皮脂腺与毛囊萎缩，皮肤表面变薄，同时皮脂分泌降低，都会使皮肤保持水分能力减退，使皮肤干燥甚至皲裂。

3. 生活习惯

正常的生活规律和良好的生活习惯，是保证皮肤健康的重要因素。起居要有规律，如睡眠时间长期不足，将造成皮肤细胞再生能力下降，皮肤粗糙，眼圈发黑。香烟中的尼古丁易造成皮肤微血管收缩，血液循环能力降低，皮肤无法吸收充足的氧气和营养，变得松弛、干燥、无光泽。长期酗酒者，皮肤微血管管壁弹性变差，皮肤失去弹性。

4. 环境因素

影响皮肤健美、加速其老化的另一个重要原因是环境因素：如温度、湿度、阳光、尘埃、气候季节的变化等。

(1) 温度　皮肤对体温有调节作用，当环境温度升高时，汗腺排汗量增加，大量的汗液会带出部分皮脂，使皮肤干燥。这对干性皮肤的人是不利的。所以干性皮肤的人在高温环境下应注意及时补充水分。当环境温度降低时，容易造成皮肤毛细血管的收缩，血液循环不畅，同时皮肤收缩、皮脂的分泌减少，皮肤会变得干燥、无光泽。因此，在寒冷的环境中应注意保暖。

(2) 湿度　皮肤表皮细胞中微量的代谢产物使皮肤具有一定的保湿性，能防止皮肤过于干燥，保持皮肤的柔软。但是如果长期处于干燥环境，皮肤表面水分散失过多又得不到及时补充的话，皮肤的老化就会加速，皱纹会增多，皮肤干燥无光泽。我国南方气候要比北方湿润，所以一般来说南方人的皮肤比北方人好，但环境湿度过大，则会造成皮肤的角质湿润、膨胀，使皮肤变得粗糙。因此，适宜的湿度才有益于皮肤的健美。

(3) 阳光　阳光是生命的源泉。没有阳光就没有人体包括皮肤的健康。阳光可以促进皮肤的新陈代谢，皮肤在阳光下可以合成维生素 D，帮助钙的吸收；阳光中的紫外线可以杀死皮肤表面的细菌，使皮肤保持健康。但同时，阳光也会对皮肤产生一定的伤害。因为紫外线由于波长短，可以穿透角质层、颗粒层直到生发层的基底细胞上，使其中的成黑色素细胞产生黑色素作用加快。所以，皮肤曝晒过多，不仅会患日光性皮炎，皮肤出现发红、脱皮、疼痛现象，还能使色素沉着，形成黄褐斑，甚至局部免疫能力下降，严重时会有皮肤的病变。例如长期受紫外线照射的登山队员和日光浴者，皮肤恶性肿瘤的发生率超过正常人的几倍到几十倍。这是由于过量的紫外线可以使细胞内的遗传物质 DNA 发生突变，从而导致细胞的形态、结构和功能发生改变，因此，日晒也应适度。

(4) 尘埃　悬浮于空气中的尘埃容易附着在人的脸、手等暴露的部位。皮肤有呼吸功能，如果尘埃阻塞了皮肤毛孔，就会使它无法正常呼吸，影响其新陈代谢，发生皮肤病，加之尘埃中不乏这一些细菌，细菌若侵入毛孔，则会造成痤疮等皮肤疾病。

(5) 季节　一年四季的变化，使皮肤所处的外界环境也随之改变。春季万物复苏、阳光明媚，气温逐渐上升，但是北方往往风沙较大、气候干燥，因此需要给皮肤补充水分和油分。夏季气候炎热，皮肤的新陈代谢旺盛，排汗多，阳光也强烈，此季节应多喝水以补充皮肤水分，同时注意防晒。秋季，皮肤随气候的变化会表现出三种不同的状态：由于夏季紫外线的照射，皮肤会出现黑斑或雀斑，这些色素沉积在初秋时可加重；在进入仲秋时，秋风一起，皮肤就会感到干涩，尤其干性皮肤的人，甚至感到皮肤紧缩发疼；晚秋时皮下脂肪层会增厚，皮肤会有绷紧的感觉。

二、美容功能性食品开发

（一）膳食营养与美容

人类的生存与健康依赖于各类营养成分：碳水化合物、脂肪、蛋白质、矿物质、维生素、水分和膳食纤维。皮肤是全身最大的器官，自然这七类营养成分是影响皮肤健美的因素。

1. 碳水化合物

碳水化合物是机体能量的来源，当它供应不足时，人体会产生疲劳、乏力等症状。当它供应过剩时，会转化为脂肪储存于皮下，使身体肥胖或导致皮肤病症出现。

2. 脂肪

脂肪同碳水化合物一样可产生能量。适量的皮下脂肪会使皮肤柔软、丰满、有弹性。脂肪是脂溶性维生素的溶剂，使其能够被机体吸收。脂肪还可以成为激素的原料。当脂肪供应不足时，人会出现消瘦、乏力等症状；当供给量过剩时，会产生脂肪堆积或引起皮肤病。

3. 蛋白质

蛋白质对皮肤的构成以及维持皮肤组织生长发育都是必需的，它不仅促进皮肤组织生长，还可以起修补和更新作用。当长期缺乏足量的蛋白质，特别是不能补充足量的必需氨基酸时，全身的组织就无法及时更新，于是出现结构和功能上的老化现象。皮肤处于机体的最外层，是较容易察觉到老化的标志。当蛋白质供给不足时必然导致营养不良性贫血和全身免疫功能下降，各器官会变得衰弱，外观表现为面色苍白无华。如慢性疾病长期缠身不愈，原来有光泽、有弹性的皮肤就会完全消失。当蛋白质供应过剩时，虽不会发生肥胖现象，但却会抑制各器官的活动，降低皮肤的各项功能，还可能引起过敏性皮肤病。

4. 矿物质

钙、铁、镁、铜、锌、钾、钠、磷等许多矿物元素与人体代谢有关。矿物质是构成人体组织的重要材料，可以维持体液的渗透压和酸碱平衡。许多元素直接参加酶的活性基团，有些是酶的活性因子。一定比例的钾、钠、钙、镁离子是使肌肉、神经产生正常兴奋性所必需的元素。钙与磷是骨骼和牙齿的主要成分。据报道，如摄入的营养中缺乏锌，青年人可以表现出严重的囊肿性痤疮。当矿物质供应不足时，会产生各种全身性疾病，同时也会影响碳水化合物和脂肪的代谢，造成能量匮乏，使内脏变得衰弱。

5. 维生素

机体健康离不开维生素，皮肤健美也离不开它。与皮肤健美有关的主要维生素是：维生素A、维生素B、维生素C、维生素D、维生素E等。维生素A可以促进人体生长，维持上皮细胞健康，预防干眼病、皮肤干燥等病症。

（1）B族维生素　B族维生素可分为维生素B_1、维生素B_2、维生素B_6、维生素B_{12}等，对皮肤的保健较重要的是维生素B_2、维生素B_6，它们又被称做“美容维生素”。维生素B_2可以增强皮肤新陈代谢，改善毛细血管的微循环，使眼、口唇变得光润、亮丽。当它缺乏时皮肤会产生小皱纹，发生口角溃疡、唇炎、舌炎，甚至会对阳光过敏，出现皮肤瘙痒、发红，以至有红鼻子等皮肤疾病。维生素 B_6 有抑制皮脂腺活动、减少皮脂的分泌、治疗脂溢性皮炎和痤疮等功效。当体内缺乏时，会引起蛋白质代谢异常，从而使皮肤出现湿疹、脂溢性皮炎等。

（2）维生素 C　维生素 C 能作为还原剂及参加一些重要的羟化反应，如原胶原中赖氨酸及脯氨酸残基的羟化。羟化后的原胶原才能交联成正常的胶原纤维。所以维生素 C 是维持胶原组织完好的重要因素，缺乏时将导致毛细血管破裂、出血、牙齿松动、骨骼脆弱易骨折、伤口不易愈合。另外，维生素 C 还可以增强皮肤紧张能力和抵抗能力，防止色素沉积。

（3）维生素 D　维生素 D 可以在皮肤表面经紫外线照射后形成，它能促进钙的吸收，是骨骼及牙齿正常发育和生长所必需的。如缺乏维生素 D，在儿童引起佝偻病，在成人可引起骨软化或骨质疏松症，容易骨折。

（4）维生素 E　维生素 E 可以防止细胞组织老化，扩张毛细血管，防止毛细血管老化；它还能促进卵巢黄体激素的分泌，对于女性的健康十分重要。维生素 C 和维生素 E 还是天然的抗氧化剂，在体内可以抑制脂质的过氧化反应，使血液和器官中过氧化脂质水平降低。由于减少了由过氧化反应所导致的生物大分子的交联和脂褐素的堆积，延缓了机体的衰老，表现在皮肤上就是老年斑的出现较晚或减少。

6. 水分

人体中水分的含量超过任何一种物质成分的含量，成年人体重的 2/3（58%～67%）是水。一旦缺水，轻者皮肤干燥，失去光泽；重者引起机体的失衡，严重时人甚至可能死亡。所以可以说水是生命之源，是身体健康和皮肤健美的保证。

水还是体内的清洗剂，它将体内的有毒物质通过胃肠道随粪便及通过肾脏排尿排出体外。皮肤蒸发和排汗也排出一部分水分。汗腺分泌的汗液是一种低渗溶液，所以在排汗的同时，也排出无机盐，可减少盐分过高给身体带来的危害。水还是廉价的特效美容洗涤剂，能洗去皮肤上的污物，使皮肤正常呼吸。

在正常情况下，人体水分的来源有三个途径：即饮水（包括液体饮料）、食物中的水分及体内生物氧化所产生的水。正常人每日水的摄入量和排出量一般为 2500L 左右，水处于平衡状态。每天喝 6～8 杯水为宜，表 1-2 列出了一般人每日水的出入量。

表 1-2　成年人每日体内水平衡

水的摄入量/mL		水的排出量/mL	
液体食物（水、汤、其他流质）	1300	肾脏排出（尿）	1500
固体食物	900	皮肤蒸发（汗）	500
生物氧化产生的水	300	肺部呼出	400
		粪便排出	100
共计	2500	共计	2500

7. 膳食纤维

膳食纤维包括纤维素、半纤维素、果胶及植物胶质等。膳食纤维可大量吸附水分、促进肠道蠕动，有助于排便和清除毒素，增强水化机能。膳食纤维还具有降低血脂、血糖、预防肠癌等作用，同时对皮肤的健美也有一定的作用，因此有人建议将其称为第七类营养素。

人体是一个有机的整体，只有五脏六腑的阴阳平衡、气血畅通，容貌才会美。所以真正的美容要从营养上着手，调节生理机能，合理摄取营养，特别注重摄取有益于皮肤健康的营养，使身体各部分组织处于良好的状态，才能达到身体健康、容颜焕发、青春长驻的目的。

（二）具有促进美容功能的物质

1. 神经酰胺（*N*-脂酰基神经鞘氨醇；糖神经酰胺）

（1）理化性质　神经酰胺属糖脂类化合物。其基本结构为神经鞘氨醇，其中的氨基与某些脂肪酸以酰胺键形式相连接，1-位的羟基则与某种糖（主要有半乳糖、葡萄糖）以糖苷酯键的形式相结合。由于所接脂肪酸和糖基的不同，因此有多种多样的结构（至少有 20 种以上）。

神经酰胺有两种来源。一种由哺乳动物的脑组织如牛脑制取而得，为白色粉末，其薄层色谱法纯度可达 99%，20mg 溶于 1mL（氯仿∶甲醇＝99∶1）中，无色，其脂肪酸组成包括硬脂酸和廿四碳烯酸，由牛脑的神经鞘磷脂经磷脂酶作用而得。

在小麦、大米等植物中也含有神经酰胺，它具有与动物性神经酰胺同样的生理功能。其制品呈白色至淡黄色粉末，不溶于水，溶于乙醇、丙酮等溶剂中。对热和 pH 值稳定，100℃加热 1h，含量不变，在正常食品加工条件下性能稳定。

（2）生理功能　美容护肤作用。神经酰胺对皮肤有增白、保湿、缓解过敏性皮炎作用。皮肤是保护机体免受外部伤害（包括物理的、化学的、生物的）及防止水分等体液损失以维持生命所必需的屏障。皮肤从内至外由真皮层、基底层、表质层和角质层组成。神经酰胺基本上蓄积在角质层，为角质细胞间脂质的主要成分（约 50%），在发挥角质层屏障功能中起着重要作用，抑制水分的蒸发或冻结。随着年龄和皮肤老化，角质细胞间的脂质量会明显减少，其中的主要成分神经酰胺也随之下降，使皮肤容易出现干燥、皱纹、粗糙等现象，同时，角质层中神经酰胺量的不足，会成为特异性皮炎的主要原因之一。因此，经常补充神经酰胺，可恢复皮肤的正常结构，从而恢复皮肤原有的防止水分蒸散和外界有害物侵入的屏障功能，提高皮肤的耐应变性。实验证明，口服神经酰胺能改善全身皮肤的含水性，增加皮肤的保水量，同时提高皮肤弹性，减少皱纹等美肤作用。与作为化妆品外用具有同样的功效。

神经酰胺可抑制黑色素生成，从而使皮肤增白。

2. 阿魏酸

（1）理化性质　由米糠所得的米糠油，在室温下用弱碱性含水乙醇及己烷的提取混合液，再由含水乙醇分出 γ-谷维素，在加压下用热的硫酸进行加水分解后精制而得。

阿魏酸有顺式和反式两种，顺式为黄色油状物，反式为针状结晶（H_2O），熔点 174℃。一般系指反式体。微溶于冷水，可溶于热水，易溶于乙醇、乙醚和丙酮。有优良的耐热性，但易受光等的影响。对油脂的加水分解型和酮分解型酸败有防治作用。一般与维生素 E 或卵磷脂合用，有相乘的抗氧化效果。

（2）生理功能　美容。阿魏酸有吸收紫外线（290～330nm）作用，而 305～310nm 的紫外线极易诱发皮肤红斑。抑制黑色细胞的形成［用 0.2%阿魏酸，可使黑色细胞由（117±23）个/mm^2 降为（39±7）个/mm^2］。阿魏酸有很强的抗氧化能力，降低色素沉着和抑制生成黄褐斑的酪氨酸酶作用，以抑制皮肤老化，提高白度。阿魏酸抑制酪氨酸酶活性的能力：浓度 5mmol/L 时抑制率为 86%，0.5mmol/L 时为 35%，0.1mmol/L 时为 11%。

如阿魏酸与维生素 E 及（或）大豆磷脂配合使用（如维生素 E 阿魏酸酯），对抑制黑色素的形成和酪氨酸活性具有更好的作用。

阿魏酸能促使血液微循环，使皮肤得到很好的滋养。

3. 苹果多酚（生苹果提取物）

（1）理化性质　苹果多酚是用生苹果制取的，将未成熟的生苹果清洗后捣碎，用酸性乙醇提取后，经碳柱吸附，用水洗脱后浓缩，干燥而得的粗品。或再经葡聚糖凝胶吸附，用乙醇溶液洗去其中的小分子酚类，再用丙酮溶出，得相对分子质量约2000左右的缩合多酚，得率约0.5%。

苹果多酚含绿原酸为主的酚羧酸类约25%，儿茶素、表儿茶酸、没食子酸等单体约15%，根皮苷、根皮素、对香豆酸、二氢查耳酮、槲皮苷等约占10%，原花色素类（平均相对分子质量2000左右）约占50%。

苹果多酚纯品为棕红色粉末，有苦涩味和苹果香气，易溶于水和乙醇。由于苹果多酚中所含二聚和三聚的低聚花色素苷含量较高，故有强抗氧化能力。

（2）生理功能　美容作用。通过强抗氧化作用以抑制酪氨酸酶的活性来降低黑色素的形成，通过抑制过氧化脂质的形成以消除黄褐斑，达到增白美容效果。

4. 芦荟

芦荟属百合科多肉植物，原产地中海沿岸和非洲。最早记载于约5000年前在埃及金字塔中一本叫《艾贝斯·巴比斯》的医药书中，用于军队的刀伤、跌伤、内伤、内热、内毒等各个方面，被崇拜为万能的“世纪树”。中国最早记载于隋末唐初的《药性草本》中，《本草纲目》中也有药用记载。二战后，日本受原子同位素辐射灼伤的幸存者，任何药物均无明显效果，后用芦荟汁涂于伤口，结果愈合情况良好，且不留痕迹。

（1）种类及成分　芦荟品种甚多，约有360余种，可供药用和食用的仅数种。

① 康拉索芦荟，这是最主要的品种，仅美国年产和消费有数万吨，它与中国海南岛的野生种中国芦荟在形态和主要成分方面是一致的。

② 木本芦荟，也称大芦荟，主产于日本，日本民间作为草药和某些功能性食品用。

③ 皂素芦荟，在日本多用作药用，叶汁极苦。

此外国产的有好望角芦荟、上农大叶芦、立木芦荟、珍珠芦荟（适于美容）等。

芦荟所含成分较复杂，仅酚性化合物就有30多种。主要是蒽醌类和色酮类化合物。如芦荟苷是各国药典中检验药用芦荟质量的主要依据，有改善消化系统、消炎、抗菌、抗辐射的功效。蒽醌化合物也有护肤、防晒等作用。芦荟中的乙酰基吡喃甘露聚糖（相对分子质量66000）是消炎的有效成分；多糖蛋白 Aloetic A 和 B，对消炎、烧伤和某些皮肤病有作用；所含多糖醛酸类化合物有调节免疫功能。芦荟有消炎清热作用。另含维生素 B_2、B_6、B_{12} 及必需氨基酸、无机盐等营养物质。

（2）生理功能　美容作用。芦荟具有营养保湿、促进新陈代谢、消炎杀菌、防晒、漂白、防粉刺、祛斑、除青春痘、防皱、改善伤痕以及护发、防治脱发等。

5. 珍珠粉

由珍珠贝所产珍珠为原料制备而成。有海产和淡水养殖之分，但主要成分无明显区别。也有用珍珠贝的珍珠层为原料的，产品称“珍珠层粉”。

（1）主要成分　珍珠含碳酸钙约92%，有机物约5%，包括18种氨基酸（以牛磺酸、鸟氨酸和甘氨酸较多）、类胡萝卜素（指黄色珍珠）、葡萄糖胺、半乳糖胺、卟啉类铁胺、角蛋白等，另含锂、锶、钛等元素，见表1-3。

表 1-3 水解珍珠粉的成分分析

指标名称	数值	指标名称	数值
水分	0.3%	蛋白质	2.2%
铁	3.7mg/100g	钙	38%
钠	0.4%	钾	4.0mg/100g
镁	0.163%	锌	6.9mg/kg
铅	1.0mg/kg	铜	0.8mg/kg
锰	14.2mg/kg		

(2) 生理功能　有美容增白、祛斑功能。

6. 红花

菊科植物红花的干燥花朵，红色（未成熟者呈黄色）。中国新疆为世界最大生产地。

(1) 主要成分及形状　红花黄素（SY，占色素量的20%～30%），其中包括红花黄素A（占75%）、SY-2（约占15%）、另有SY-3和SY-4；红花醌苷（红花红素）、红花苷、新红花苷、β-谷甾醇等。另含油酸、亚油酸、亚麻酸等脂肪酸。也含有多种黄酮类化合物及多糖。

花皱缩弯曲散乱成团或散在，红黄色，纤细如毛。单一花朵长约2cm，黄色或橙色。花冠呈管状，长约0.8cm，直径约1.5mm，红色或橙色，质柔软，微有香气，味微苦。

(2) 生理功能　美容祛斑作用。通过活血化瘀，加速血液循环，促进新陈代谢，增加排除黑素细胞所产生的黑色素，促进滞留于体内的黑色素分解，使之不能沉淀形成色斑，或使已沉淀的色素分解而排出体外。

复习思考题

1. 简述皮肤的结构及类型。
2. 常见的三种皮肤瑕疵。
3. 影响皮肤健美的主要因素。
4. 具有美容功能的物质有哪些？

子情境6　改善营养性贫血功能性食品开发

一、贫血及营养性贫血

(一) 贫血病定义及分类

1. 贫血病定义

贫血是指全身循环血液中红细胞的总容量、血红蛋白和红细胞压缩容积减少至同地区、同年龄、同性别的标准值以下而导致的一种症状。包括：骨髓干细胞生成障碍；由于白血病细胞、癌细胞等转移至骨髓而使骨髓造血空间缩小；由于消化性溃疡、消化道出血、痔、子宫肌瘤以及出血素质引起的急性或慢性贫血；寄生虫病、药物以及自身免疫性溶血等引起的贫血等。

贫血不是一种独立的疾病，而是一种多发的、常见的病理现象。血液中的红细胞和血红蛋白的生成需要营养素做原料。世界卫生组织确定的贫血标准为：血红蛋白量成年男性低于

12g/L，成年女性低于11g/L，孕妇低于10g/L，7岁以下儿童小于11g/L。贫血早期和常见的表现有疲倦、乏力、头昏、耳鸣、记忆力减退、注意力不集中等，而皮肤苍白、面色无华是贫血最常见的客观体征。但凭皮肤颜色判断贫血常有误差，一般以口唇黏膜及指甲颜色来判断较为可靠。贫血病人常伴有心悸、心率加快、活动后气促、食欲不振、恶心、腹胀等症状，严重者可发生踝部浮肿、低热、蛋白尿、闭经和性欲减退等。据世界卫生组织调查，全世界约有20亿贫血患者。中国卫生部在20世纪80年代曾对24个省、市、自治区进行"学龄前儿童贫血调查"，患病率平均为35.3%，个别地区高达72.6%。约有40%的儿童患不同程度的营养性缺铁性贫血，农村高达50%～60%。据北京医科大学妇婴保健中心对全国29个城市儿童健康状况的调查，7岁儿童的贫血发病率男孩达42.1%，女孩达44.8%。以后随着年龄的增大，患病率逐渐降低，但12岁的男女比例仍分别达到27%和33%。贫血对人体健康危害很大，而对生长发育较快的胎儿、婴幼儿和少年儿童危害更大。患贫血后，婴幼儿会出现食欲减退、烦躁、爱哭闹、体重不增、发育延迟、智商下降等，学龄儿童则注意力不集中、记忆力下降、学习能力下降。

2. 贫血的分类

(1) 根据红细胞的形态特点分类

① 大细胞性贫血：如巨幼红细胞性贫血。

② 正常细胞性贫血：如再生障碍性贫血、溶血性贫血。

③ 小细胞低色素性贫血：如缺铁性贫血、地中海贫血。

④ 单纯小细胞性贫血：如慢性感染性贫血。

(2) 根据贫血的病因和发病机制

① 红细胞生成减少。红细胞生成障碍的再生障碍性贫血；慢性肾病所致的肾性贫血；造血物质缺乏导致的贫血，如缺铁引起的缺铁性贫血，维生素B_{12}、叶酸缺乏引起的巨幼细胞性贫血。

② 红细胞破坏过多。由于红细胞破坏过多，致使红细胞寿命缩短引起的贫血，称为溶血性贫血。常见的有地中海性贫血、自身免疫性溶血性贫血。

③ 出血。出血导致血液的直接损失，导致贫血。如溃疡或肿瘤引起的消化道出血等。

(二) 贫血发生的原因

目前临床上比较多见的贫血有缺铁性贫血、巨幼红细胞性贫血、再生障碍性贫血、溶血性贫血。

1. 缺铁性贫血

缺铁性贫血是由于体内储铁不足和食物缺铁，影响血红蛋白合成的一种小细胞低色素性贫血。缺铁性贫血的发生率甚高。世界卫生组织调查显示全世界约有10%～30%的人群不同程度的缺铁。男性发生率约10%，女性大于20%。亚洲发生率高于欧洲。缺铁性贫血在婴儿、幼儿、青春期女青年、孕妇及乳母中发生率较高。婴幼儿尤其是人工喂养者，由于牛乳中铁的含量低，导致铁的摄入不足；生长发育期儿童代谢旺盛，对铁的需要量增加；妇女月经出血过多，易造成铁的丢失；孕妇和乳母摄入的铁不但要满足机体代谢的需要，还要满足胎儿及婴儿生长发育的需求，这些都极有可能造成缺铁性贫血的发生。归纳起来，造成缺铁的原因有：铁的摄入不足，铁的丢失过多，铁的需要量增多，铁的吸收障碍，铁的利用率不高。

2. 巨幼红细胞性贫血

巨幼红细胞性贫血是由于体内维生素 B_{12} 和叶酸缺乏引起的大细胞性贫血。这种贫血的特点是红细胞核发育不良，成为特殊的巨幼红细胞，本病多见于 20～40 岁孕妇和婴儿，临床主要表现为贫血及消化道功能紊乱。引起维生素 B_{12} 和叶酸缺乏的原因是：

（1）摄入不足和需要量增加；

（2）吸收不足；

（3）长期服用影响叶酸的吸收与利用的药物；

（4）肠道细菌和寄生虫夺取维生素 B_{12}。

3. 再生障碍性贫血

再生障碍性贫血是由于生物、化学、物理等因素引起的造血组织功能减退、免疫介导异常、骨髓造血功能衰竭的症状。其临床表现为进行性贫血、出血、感染等症状，根据其临床发病的情况、病情、病程、严重程度、血常规等分为急性再生障碍性贫血和慢性再生障碍性贫血两种。急性再生障碍性贫血多见于儿童，起病急，有明确的诱因。起病时贫血不明显，但随着病程的延长出现进行性贫血。起病原因多为感染、发热，表现为口腔血泡、齿龈出血、眼底出血等，约半数患者可出现颅内出血，愈后不佳。慢性再生障碍性贫血成人发生率较高，起病缓慢，多以贫血发病，贫血呈慢性过程。合并感染者较少，以皮肤出血点多见，愈后较好。本病的发生通常与以下因素有关：骨髓基质或微环境缺陷，免疫机能受到抑制；生长因子缺乏，骨髓造血干细胞缺陷或异常等。

4. 溶血性贫血

溶血性贫血是指红细胞寿命缩短、破坏加速、骨髓造血功能代偿增生不足以补偿细胞的损耗引起的贫血。血循环中正常细胞的寿命约 120 天，衰老的红细胞被不断地破坏与清除，新生的红细胞不断由骨髓生成与释放，维持动态平衡。溶血性贫血时，红细胞的生存空间有不同程度的缩短，最短的只有几天。当各种原因引起的红细胞寿命缩短、破坏过多、溶血增多时，如果原来的骨髓造血功能正常，骨髓的代偿性造血功能可比平时增加 6～8 倍，可以不出现贫血。这种情况叫“代偿性溶血病”。如果代偿性造血功能速度比不上溶血的速度，则会出现贫血的症状。溶血性贫血分为先天性（遗传性）和后天获得性两大类。临床上多按发病机制分类：

（1）红细胞内部异常所致的溶血性贫血，如遗传性红细胞膜结构和功能异常、遗传性红细胞内酶缺乏等。

（2）红细胞外部异常所致的溶血性贫血，如大面积烧伤、中毒、感染等。

（三）营养性贫血的定义及分类

营养性贫血是指由于某些营养素摄入不足而引起的贫血，它包括两种。

1. 由于造血物质铁缺乏引起的小细胞低色素性贫血

缺铁性贫血属于小细胞低色素性贫血，它是指体内用来合成血红蛋白的储存铁缺乏，导致血红素合成减少而形成的，是营养性贫血最常见的一种。约占 50%～80%，也是人类中发病率最高的一种贫血。根据世界卫生组织调查表明，全世界约有 10%～30%的人群有不同程度的缺铁，成年男子的发病率为 10%，女性为 20%，孕妇为 40%，儿童高达 50%。

2. 由于维生素 B_{12} 或叶酸缺乏引起的大细胞正色素性贫血，或称为巨幼细胞性贫血

巨幼细胞性贫血是由于叶酸及（或）维生素 B_{12} 缺乏，导致脱氧核糖核酸合成障碍所致

的一种贫血。这种贫血的原因是由于合成细胞核的主要原料叶酸和维生素 B_{12} 的缺乏，使得红细胞的细胞核发育受阻碍，细胞体积变得很大却不能发育成熟，从而形成了形态和功能异常的特殊巨幼红细胞。此类细胞多数在骨髓内受破坏，成为无效细胞，最终导致红细胞的数量减少而产生。它多见于孕妇和婴儿，在我国多发地区为陕西、山西、河南等省，国外则以素食者居多。

二、改善营养性贫血功能性食品开发

（一）膳食营养与营养性贫血

在物质极大丰富的今天，为什么还存在这样严重的营养问题呢？专家认为，这主要是由于我国膳食是以植物性膳食为主，人体铁摄入量85%以上来自植物性食物，而植物性食物中的铁在人体的实际吸收率很低，通常低于5%，同时植物性食物中还有铁吸收的抑制因子，如植酸、多酚等物质，可以强烈抑制铁的生物吸收和利用。这可能是我国贫血高发的主要原因。另外，我国居民营养知识的贫乏，不能正确选择富铁和促进铁吸收利用的食物，也是导致铁营养缺乏的重要原因。

1. 蛋白质

蛋白质是构成细胞的一种基本物质，约占人体全部重量的20%，含量仅次于水。在生命的任何阶段，身体的成长、发育和维持健康都离不开它，蛋白质和铁都是构成血液中血红蛋白的重要原料，还与红细胞生成素的产生有一定的联系。如果人体内蛋白质长期不足，就会形成蛋白质缺乏症，很快导致营养性贫血。

2. 矿物元素

（1）铁　铁是研究最多和了解最深的人体必需微量元素之一，但同时铁缺乏又是全球，特别是发展中国家最主要的营养问题之一。体内铁分为功能性铁和储存性铁两种，大多数功能性铁以血红素蛋白质的形式存在，即带有铁卟啉辅基的蛋白质。血红素最基本结构是中间带有一个铁原子的原卟啉，最重要的是血红蛋白。储存性铁有铁蛋白和血铁黄素。

① 铁的转运机制。血红蛋白分解的铁或由肠吸收的铁转运到组织都依靠血浆的运输蛋白质——运铁蛋白来完成。当体内红细胞死亡后，被体内网状内皮系统中的吞噬细胞吞噬，然后将铁转移给血浆中的运铁蛋白，运铁蛋白将其转运到骨髓用于新的红细胞生成或其他组织。因此，红细胞中血红蛋白中铁可反复用于新的红细胞生成或其他组织。运铁蛋白受体对运铁蛋白的亲和力在不同组织中似乎是恒定的。但不同组织细胞表面的受体数目是不同的，有的组织如红细胞系统的前体、胎盘和肝脏含大量运铁蛋白的受体，其摄取铁的能力较强。体内各种细胞通过调节其表面的运铁蛋白受体的数目来满足自身铁的需要。这个系统调节着体内铁的吸收与排泄，这也意味着当体内处于缺铁性贫血的代谢时，将牺牲相对不重要的组织以保证更重要组织铁的需要。

② 铁的吸收及影响因素。按吸收的机制，一般把膳食中的铁分为两类：血红素铁和非血红素铁。铁的吸收主要是在小肠，而在肠黏膜上吸收血红素铁和非血红素铁的受体是两种不同的受体。

其一是血红素铁的吸收。血红素铁经特异受体进入小肠黏膜细胞后，卟啉环被血红素加氧酶破坏，铁被释放出来，此后与吸收的非血红素铁成为同一形式的铁，共用黏膜浆膜侧同一转运系统离开黏膜细胞进入血浆。血红素铁主要来自肉、禽和鱼的血红蛋白和肌红蛋白。在发达国家每日膳食中肉及肉制品中血红素铁1～2mg，占总膳食铁的10%～15%。在发展中国家膳食中血红素铁很少。与非血红素铁相比，血红素铁受膳食因素的影响。当铁缺乏时血红素铁吸收率可达40%，不缺乏时为10%，当有肉存在时为25%。钙是膳食中可降低血红素铁吸收的因素。

其二是非血红素铁的吸收。非血红素铁基本上由铁盐组成，主要存在于植物和乳制品，占膳食铁的绝大部分，特别是发展中国家膳食中非血红素铁占膳食总铁的90%以上。并且，只有二价铁才能通过黏膜细胞被吸收。

非血红素铁受膳食影响极大。用放射性^{55}Fe或^{59}Fe示踪技术及稳定性同位素^{58}Fe或^{57}Fe示踪技术研究都发现，无机盐形成的铁可以很快加入非血红素铁池内。可用此技术研究膳食影响非血红素铁的因素。膳食中抑制非血红素铁吸收的物质有植酸、多酚、钙等。

a. 植酸。植酸是谷物、种子、坚果、蔬菜、水果中以磷酸盐和矿物质储存形式的六磷酸盐。在发酵和消化过程中降解为肌醇三磷酸盐。肌醇三磷酸盐的抑制作用和肌醇结合的磷酸盐基团总数有关，其他磷酸盐对非血红素铁无抑制作用。抗坏血酸可部分拮抗这种作用。

b. 膳食纤维。实际上膳食纤维几乎不影响铁的吸收。但富含膳食纤维的食物往往植酸含量很高，影响的主要作用还是植酸。

c. 酚类化合物。所有植物中都含有酚类化合物，已知就有近千种，实际上只有很少一部分对血红素的吸收有抑制作用。茶、咖啡和可可及菠菜等此酚类含量较高，可明显抑制非血红素铁的吸收。

d. 钙。钙盐形式或乳制品中的钙可明显影响铁的吸收，对血红素铁和非铁血红素铁的抑制作用强度无差别。一杯奶（165mg钙）可使铁吸收降低50%，机制尚不清楚。实验表明，作用点在黏膜细胞内血红素铁和非血红素铁共同的转运过程。最近剂量反应关系分析表明，一餐中先摄入的40mg钙对铁吸收无影响。摄入300～600mg钙时，其抑制作用可高达60%。同时，铁和钙存在竞争性结合。

e. 大豆蛋白。膳食中加入大豆蛋白可降低铁的吸收，机制尚不清楚，这种抑制作用不能用植酸解释。考虑到大豆蛋白中铁量较高，总的作用可能还是正向的。

③ 铁缺乏。铁缺乏或铁耗竭是一个从轻到重的渐进过程，一般可分为三个阶段。第一阶段仅有铁储存减少，表现为血清铁蛋白测定结果降低。此阶段还不会引起有害的生理学后果。第二阶段的特征是因缺乏足够的铁而影响血红蛋白和其他必需铁化合物生成的生化改变，但还无贫血发生，此阶段以运铁蛋白饱和度下降或红细胞原卟啉、血清运铁蛋白受体或血细胞分布宽度增加为特征，因血红蛋白浓度还没有降低到贫血以下，所以常称为无贫血的血缺乏期。第三阶段是明显的缺铁性贫血期，其严重性取决于血红蛋白水平的下降程度。

众所周知，血液之所以是红色的，是因为血液中的红细胞含有血红蛋白的缘故。血红蛋白中含有铁，铁对于血红蛋白与氧的结合起着重要的作用。当铁缺乏时，机体不能正常制造血红蛋白，红细胞也会变小，血液的携氧能力降低，人就会感到疲乏，出现头晕目眩、心跳加快、结膜苍白，甚至昏厥、休克等严重后果。

（2）铜　铜是人体必需的微量元素，铜被吸收后经血液送至肝脏及全身，除一部分以铜蛋白形式储存于肝脏外，其余或在肝脏内合成血浆铜蓝蛋白，或在各组织内合成细胞色素氧化酶、过氧化物歧化酶、酪氨酸酶等。铜蓝蛋白可氧化铁离子，对生成运铁蛋白起主要作用，并可将铁从小肠腔和储存点运送到红细胞的生成点，促进血红蛋白的形成。

人体缺铜时，由于铜蓝蛋白减少，血红蛋白合成受阻，会造成或加重贫血。有关研究证明，约有30%左右的缺铁性贫血患者常规给予铁剂治疗难以见效，若同时补铜，则贫血症状很快改善。世界卫生组织推荐成人每人每日铜的摄入量为2～3mg/kg。

(3) 钴　体内钴主要通过形成维生素 B_{12}，发挥生物学作用及生理功能，无机钴也有直接生化刺激作用。钴主要储存在肝肾内，可刺激造血功能。促进胃肠道内铁的吸收，并加速储存铁的利用，使之较易被骨髓所用。维生素 B_{12} 参加RNA与造血有关物质代谢，缺乏后可引起巨幼红细胞性贫血。钴对各种类型的贫血都有一定的治疗作用，如肿瘤引起的贫血、婴儿和儿童一般性贫血、地中海贫血和镰刀状红细胞性贫血等。

3. 维生素

(1) 维生素 B_{12}　维生素 B_{12} 参与细胞的核酸代谢，为造血过程所必需。当缺乏时，含维生素 B_{12} 的酶使5-甲基四氢叶酸脱甲基转变成四氢叶酸的反应不能进行，进而引起合成胸腺嘧啶所需的5,10-亚甲基四氢叶酸形成不足，以致红细胞中DNA合成障碍，诱发巨幼红细胞性贫血。

单纯的饮食一般不会造成维生素 B_{12} 的缺乏，主要是各种因素造成的维生素 B_{12} 吸收障碍。

① 缺乏内因子。机体中存在内因子的抗体，阻断抗体和结合抗体，前者阻止维生素 B_{12} 与内因子结合，后者能和内因子-维生素 B_{12} 的复合体或单独与内因子结合，以阻止维生素 B_{12} 的吸收。

② 小肠疾病。小肠吸收不良、口炎性腹泻等会引起叶酸和铁的吸收减少。

③ 药物。某些药物如新霉素、苯妥英钠等会影响小肠内维生素 B_{12} 的吸收。

④ 胃泌素瘤和慢性胰腺炎可引起维生素 B_{12} 的吸收障碍。

(2) 叶酸　叶酸缺乏时首先影响细胞增殖速度较快的组织。红细胞为体内更新速度较快的细胞，平均寿命为120天。叶酸缺乏经历4个阶段：第一期为早期负平衡，表现为血清叶酸低于3ng/mL，但体内红细胞叶酸储存仍大于200ng/mL；第二期，红细胞叶酸低于160ng/mL；第三期，DNA合成缺陷，体外脱氧尿嘧啶抑制试验阳性，粒细胞过多分裂；第四期，临床叶酸缺乏。骨髓中幼红细胞分裂增殖速度减慢，停留在巨幼红细胞阶段而成熟受阻，细胞体积增大，不成熟的红细胞增多，同时引起血红蛋白合成的减少，表现为巨幼红细胞贫血。

由于叶酸与核酸的合成有关，当叶酸缺乏时，DNA合成受到抑制，骨髓巨红细胞中DNA合成减少，细胞分裂速度降低，细胞体积较大，细胞核内染色质疏松，称巨红细胞，这种细胞大部分在骨髓内成熟前就被破坏，造成贫血，称巨红细胞贫血。

叶酸缺乏主要是因为：

① 摄入不足，需要量增加。多发生于婴儿、儿童、妇女妊娠期。营养摄入不足主要由于新鲜蔬菜及动物蛋白质摄入不足所致。需要量增加多见于慢性溶血、骨髓增殖症、恶性肿瘤等。酗酒会使叶酸摄入减少。

② 肠道吸收不良。如小肠吸收不良综合征、热带口炎性腹泻、短肠综合征等造成的叶酸吸收减少。

③ 利用障碍。叶酸对抗物如乙胺嘧啶、甲氧苄氨嘧啶等是二氢叶酸还原酶的抑制剂，易导致叶酸的利用障碍。

(3) 维生素A　流行病的调查资料显示维生素A缺乏与缺铁性贫血往往同时存在，并有报道，血清维生素 A 水平与营养状况的生化指标有密切的关系。维生素 A 缺乏的人群补充维生素 A，即使在铁的摄入量不变的情况下，铁的营养状况也有所改善。

洪赤波等用^{59}Fe进行的动物试验结果显示，维生素 A 可能有改善铁吸收和促进储存铁的运转，增强造血功能的作用。维生素 A 缺乏的情况下，由于转铁蛋白的合成减少，肝、脾储存铁的运转受阻，所以机体的造血功能降低。

Garcia-Casal 等（1998）研究维生素 A 和胡萝卜素对谷类食物铁在人体吸收的影响，104 名成年男女食用含有不同水平维生素 A（或胡萝卜素）的谷类食物，结果表明维生素 A 或胡萝卜素都有提高铁吸收的作用。根据体外试验的结果，他们认为维生素 A 和胡萝卜素可能在肠道内与铁络合，保持高的溶解度，防止植酸及多酚类物质对铁吸收的不利作用。

（4）维生素 C　维生素 C 在细胞内被作为铁与铁蛋白相互作用的一种电子供体。维生素 C 保持铁于二价状态而增加铁的吸收。维生素 C 促进非色素铁的吸收，曾为外源性标记的研究结果反复确认。铁缺乏个体摄入维生素 C 可加强同一餐中非色素铁的吸收。植酸和铁结合的酚类化合物是影响膳食铁吸收的两个强抑制因素，其抑制铁吸收的作用可为维生素 C 所抗衡，不影响色素铁的吸收，为使非色素铁的吸收增加，需要在一餐食物中增加约 50mg 维生素 C，如增加维生素 C 50～100mg，非色素铁的吸收可增加 2～3 倍。有些研究表明维生素 C 对铁吸收具有明显的对数剂量关系，无论是天然或合成的维生素 C 同样有效，而且不会因为长期大量摄入维生素 C，使铁的吸收减少。但另有人对长期使用维生素 C 促进铁吸收的有效性提出质疑，例如由于月经失血过多所致的缺铁性贫血，在补充大量维生素 C 后未显效，可能仅靠维生素 C 增加铁的吸收量不足以达到治疗效果。研究者提出维生素 C 对铁吸收的决定性作用，不亚于其抗坏血病的重要意义。

另外，膳食中存在胱氨酸、赖氨酸、葡萄糖及柠檬酸等有机酸能与铁螯合成可溶性络合物，对植物性来源的铁的吸收有利。

（二）营养性贫血的饮食治疗

饮食治疗的目的是通过调整膳食中蛋白质、铁、维生素 C、叶酸、维生素 B_{12} 等与造血有关的营养素的供给量，用于辅助药物治疗，防止贫血复发。

1. 缺铁性贫血的饮食治疗

缺铁性贫血是贫血中常见的类型，血液中血红蛋白和红细胞减少，常称之为小细胞低色素性贫血。各年龄组均可发生，尤其多见于婴幼儿、青春发育期少女和孕妇。

饮食治疗原则与要求：在平衡膳食中增加铁、蛋白质和维生素 C 的需要量。

① 增加铁的供给量。主要是存在于动物性食物中的血红素铁，如畜、禽、水产类的肌肉、内脏中所含的铁。

② 增加蛋白质的供给量。蛋白质是合成血红蛋白的原料，而且氨基酸和多肽可与非血红素铁结合，形成可溶性、易吸收的络合物，促进非血红素铁的吸收。

③ 增加维生素 C 的供给量。维生素 C 可将三价铁还原为二价铁，促进非血红素铁的吸收。新鲜水果和蔬菜是维生素 C 的良好来源。

④ 减少抑制铁吸收的因素。鞣酸、草酸、植酸、磷酸等均有抑制非血红素铁吸收的作用。浓茶中含有鞣酸，菠菜、茭白中草酸较多。

⑤ 合理安排饮食内容和餐次。每餐荤素搭配，使含血红素铁的食物和非血红素铁的食

物同时食用。而且，在餐后都有富含维生素C的食物食用。

2. 巨幼红细胞性贫血的饮食治疗

巨幼红细胞性贫血又称营养性大细胞性贫血，常见于幼儿期，也见于妊娠期和哺乳期妇女。主要是缺乏维生素 B_{12} 和叶酸所引起。注射维生素 B_{12} 和口服叶酸是治疗巨幼红细胞性贫血的主要措施，饮食治疗仅为辅助手段。肝、腰、肉、豆类发酵制品是维生素 B_{12} 的主要食物来源。肝、腰、绿色蔬菜是叶酸的主要来源。

（三）具有改善营养性贫血的物质

1. 乳酸亚铁

乳酸亚铁由乳酸钙或乳酸钠溶液与硫酸亚铁或氯化亚铁反应而得；或由乳酸溶液中添加蔗糖及精制铁粉，直接反应后结晶而得。为防止氧化，反应后应浓缩、结晶、干燥、密闭保存。

（1）性状　绿白色结晶性粉末或结晶，稍有异臭，略有甜的金属味。乳酸亚铁受潮或其水溶液氧化后变为含正铁盐的黄褐色。光照可促进氧化。铁离子反应后易着色。溶于水，形成带绿色的透明液体，呈酸性，几乎不溶于乙醇。铁含量以19.39计。

（2）生理功能　改善缺铁性贫血。

2. 血红素铁（卟啉铁）

（1）理化性状　血液经分离除去血清，得血球部分（血红蛋白）再经蛋白酶酶解以除去血球蛋白后所得含卟啉铁的铁蛋白。血红蛋白是一种蛋白质相对分子量约65000的含铁蛋白，每一分子铁蛋白结合有4个分子的血红素，含铁量约0.25%，经酶解并除去血球蛋白后的血红素铁，含铁量可达1.0%～2.5%，血红素铁是由卟啉环中的铁经组氨酸连接后与其他蛋白质分子相连，故血红素铁仍含有80%～90%的蛋白质，等电点4.6～6.5。含血红素9.0%～27.0%。分子式 $C_{34}H_{30}FeN_4O_4$，相对分子量为614.48。

血红素铁纯品暗紫色有光泽的细微针状结晶或黑褐色颗粒、粉末。略有特殊气味。极不稳定，易氧化。不溶于水。用作铁强化剂，其吸收率比一般铁剂高3倍。

（2）生理功能　对缺铁性患者有良好的补充、吸收作用，其优点主要有：

① 血红素铁不会受草酸、植酸、单宁酸、碳酸、磷酸等影响，而其他铁都受到吸收的阻碍。

② 非血红素铁只有与肠黏膜细胞结合后才能被吸收，其吸收率一般为5%～8%。而血红素铁则可直接被肠黏膜细胞所吸收，吸收率高，一般为15%～25%。

③ 非血红素铁有恶心、胸闷、腹泻等副作用，而血红素铁无此现象。

④ 毒性低。

3. 硫酸亚铁

硫酸亚铁将稀硫酸加入铁屑中，结晶时水溶液＞64.4℃时，所得为一水盐。或将结晶硫酸铁于40℃下干燥成粉末而得。加热至45～50℃时溶于结晶水而液化，边搅拌边缓慢蒸发结晶水。干燥失重的限度为35%～36%，生成小粒状态细粉，制成粉末。

（1）性状　灰白色至米色粉末，有涩味，较难氧化，比结晶硫酸亚铁容易保存。水溶液呈酸性并浑浊，逐渐生成黄褐色沉淀缓慢溶于冷水，加热则迅速溶解，不溶于乙醇。含铁量按20%计。

（2）生理功能　改善营养性贫血，作为铁源供给。在各种含铁的营养增补剂中，一般均以硫酸亚铁作为生物利用率的标准，即以硫酸亚铁的相对生物效价为100，作为各种铁盐的比较标准。

4. 葡萄糖亚铁

葡萄糖亚铁是由还原铁中和葡萄糖而成；或由葡萄糖酸钡或钙的热溶液与硫酸亚铁反应而得；或由刚制备的碳酸亚铁与葡萄糖酸在水溶液中加热而得。

(1) 性状　黄灰色或浅绿黄色细粉或颗粒，稍有焦糖似气味。水溶液加葡萄糖可使其稳定。易溶于水，几乎不溶于乙醇。含铁元素以12%计。

(2) 生理功能　改善缺铁性贫血。

复习思考题

1. 简述贫血分类和原因。
2. 具有改善营养性贫血的物质有哪些？

子情境7　辅助降血脂功能性食品开发

一、血脂与高脂血症的定义和分类

(一) 血脂的组成和分类

血脂是存在与血浆中的脂质，血浆中的脂类主要分为5种，甘油三酯、磷脂、胆固醇酯、胆固醇以及游离脂肪酸。除游离脂肪酸是直接与血浆白蛋白结合运输外，其余的脂类则均与载脂蛋白（脂蛋白中的蛋白质部分）结合，形成水溶性的脂蛋白转运。由于各种脂蛋白中所含的蛋白质和脂类的组成和比例不同，所以它们的密度、颗粒大小、表面电荷、电泳表现及其免疫特性均不同。

脂蛋白的分离和测定常用蛋白电泳法和密度离心法，根据不同脂蛋白所带表面电荷不同，在一定外加电场作用下，电泳迁移率不同，可将蛋白分为α-脂蛋白、前β-脂蛋白、β-脂蛋白和乳糜微粒；根据脂蛋白分子密度不同，可将脂蛋白分为乳糜微粒（CM）、极低密度脂蛋白（VLDL），低密度脂蛋白（LDL）和高密度脂蛋白（HDL）。

脂蛋白的外层由亲水的载脂蛋白、磷脂和少量的胆固醇构成，脂蛋白核心由甘油三酯和胆固醇酯或胆固醇构成。甘油三酯主要构成乳糜微粒和极低密度脂蛋白的核心，胆固醇酯主要构成低密度脂蛋白和高密度脂蛋白的核心。

(二) 高脂血症的定义和分类

血脂高于正常的上限称为高脂血症。血浆中的脂类几乎都是与蛋白质结合运输的，即脂蛋白被看成是脂类在血液中运输的基本单位。因而高脂血症能反映脂代谢紊乱的状况。WHO建议将高脂血症分为六型，其脂蛋白和血脂变化如表1-4。在我国的各型高脂血症中以Ⅱ型和Ⅳ型发病率为高。

虽然动脉粥样硬化的病因尚不完全清楚，但高脂血症与动脉粥样硬化发生密切相关。高胆固醇或高LDL血症是动脉粥样硬化的主要危险因素，而低HDL也被认为是动脉粥样硬化的危险因素。20世纪80年代以来大量的研究认为，氧化型低密度脂蛋白也是动脉粥样硬化的独立危险因素。

表 1-4　各种高脂蛋白血症血脂变化比较

分　　型	脂蛋白变化	血脂变化
Ⅰ(高乳糜微粒血症)	CM↑	TG↑,Chol 正常或稍↑
Ⅱa(高 β-脂蛋白血症)	LDL↑	Chol↑,TG 正常
Ⅱb(高前 β-脂蛋白血症)	LDL↑,VLDL↑	Chol↑,TG↑
Ⅲ(阔 β-带型)	VLDL↑	Chol↑,TG↑
Ⅳ(高前 β-脂蛋白血症)	VLDL↑↑	TG↑↑,Chol 正常或偏高
Ⅴ(高乳糜微粒和前 β-脂蛋白血症)	VLDL↑,CM↑	TG↑↑,Chol 正常或稍↑

注：TG 为甘油三酯，Chol 为胆固醇，↑表示升高，↑↑表示增高明显。

高甘油三酯是否为动脉粥样硬化的独立危险因素已经争论了很多年，目前大多数的研究认为甘油三酯是动脉粥样硬化的独立危险因素。

（三）高血脂的危害

高脂血症是动脉粥样硬化发生的重要危险因素之一。动脉粥样硬化是一种炎症性、多阶段的退行性复合性病变，导致受损的动脉管壁增厚变硬、失去弹性、管腔缩小。由于动脉内膜聚集的脂质斑块外观呈黄色粥样，故称为动脉粥样硬化。动脉粥样硬化由许多因素促成，其中最重要的因素是高脂血症即血清胆固醇和甘油三酯浓度的升高，如果合并有高血压、吸烟、糖尿病，则患者的危险性还会成倍增加。

长期高脂血症（高胆固醇、高三酸甘油酯、高低密度脂蛋白胆固醇等）是动脉粥样硬化的基础，脂质过多沉积在血管壁并由此形成的血栓，导致血管狭窄、闭塞，而血栓表面的栓子也可脱落而阻塞远端动脉，栓子来源于心脏的称心源性脑栓塞。因此，高脂血症是缺血性中风的主要原因。另一方面，高血脂也可加重高血压，在高血压动脉硬化的基础上，血管壁变薄而容易破裂，为此，高脂血症也是出血性中风的危险因素。

大量流行病学调查证明，血浆低密度脂蛋白（LDL）、极低密度脂蛋白（VLDL）水平的持续升高和高密度脂蛋白（HDL）水平的降低与动脉粥样硬化的发病率呈正相关。有研究表明：在总胆固醇＜3.90mmol/L 的人群中未发现动脉粥样硬化性疾病。联合计划研究组（Pooling Project Research Group）对 8000 多名男性白人的研究表明：血清胆固醇＞6.96mmol/L 的男性白人冠心病（CHD）的危险性是血清胆固醇≤5.67mmol/L 的 2 倍。Framingham 的研究表明：血清总胆固醇≥8.06mmol/L 者发生冠心病的危险性比血清总胆固醇＜4.9mmol/L 者增加几倍（表 1-5）。

表 1-5　45～54 岁 CHD 发病率与血清总胆固醇的关系

血清总胆固醇/(mmol/L)	CHD 发病率　1/(10000·年)		血清总胆固醇/(mmol/L)	CHD 发病率　1/(10000·年)	
	男	女		男	女
≤4.91	56.8	17.6	6.50～6.86	109.3	26.6
4.94～5.3	64.8	19.1	6.89～7.25	124.4	28.9
5.33～5.69	73.4	20.8	7.28～7.64	141.6	31.4
5.72～6.08	84.2	22.6	7.67～8.03	161.1	34.1
6.11～6.47	95.9	24.5	≥8.06	183.2	37.0

长期将血胆固醇控制在合适的水平，可预防动脉粥样硬化，降低血胆固醇可以减少动脉粥样斑块。高甘油三酯是动脉粥样硬化的危险因素，而且对它的认识正在加深。在整个血脂

代谢中，富含甘油三酯的脂蛋白参与动脉粥样硬化形成。

二、辅助降血脂功能性食品的开发

心血管疾病起因于胆固醇在心血管内壁的沉积，故凡含有降低血清胆固醇的活性成分的功能性食品都具有开发利用的价值。

（一）膳食营养与高脂血症

1. 碳水化合物

碳水化合物是人体热能的主要来源，限制碳水化合物的摄入量对减少肥胖的发生和防止血脂升高是一项有效措施，碳水化合物在代谢过程中分解成葡萄糖后转运到全身组织器官以供给热能。多余的葡萄糖在肝脏中可转化成甘油三酯，是血脂的主要组成部分。体内碳水化合物和脂类利用的能力下降时，会导致血浆中甘油三酯水平升高，也会发生血凝过快和心绞痛等病症，这些代谢紊乱症状有可能用含铬的葡萄糖耐受因子通过提高胰岛素的效能得到部分校正，若长期食用精制糖（纯蔗糖）、白面粉和其他高度精制的碳水化合物食品，将会耗尽体内储存的铬而可能失去这一校正作用，因为食物中碳水化合物会使体内储存的铬排出量升高；另外在这些食品精制加工中，丢失了所含的铬。

膳食纤维对预防和改善心血管疾病具有重要的作用，这是因为纤维通过某种作用抑制或延缓胆固醇与甘油三酯在淋巴中的吸收，促进体内血脂与脂蛋白代谢的正常运行。基于对十项实验的综合分析，Ripsin 等人（1992）得出结论：每日从燕麦产品中摄入大约 3g 可溶性纤维素，可以降低血清总胆固醇浓度 0.15mmol/L。这个效果与初始血清胆固醇浓度呈正相关。据报道，其他水溶性纤维素也可减少总胆固醇浓度，主要是通过降低 LDL-C 来实现的。不溶性纤维素对血清总胆固醇水平影响较小。

2. 脂肪

流行病学观察和动物试验均表明，富含脂肪的食品，尤其是肉类、牛乳、奶油和黄油等，与心脑血管疾病的确有密切关系。饱和脂肪会提高血液胆固醇水平，多不饱和脂肪起降低作用。膳食中的胆固醇也会提高血液胆固醇水平，但明显不如饱和脂肪的影响大。

ω-3 和 ω-6 系列多不饱和脂肪酸对减小冠心病的发病率起多种不同的作用，包括降低三甘酯水平、减小血小板的凝集作用，以及减小心律不齐及动脉硬化的发病率。

磷脂的功效是多方面的，在降低血清胆固醇与中性脂肪、改善动脉硬化与脂质代谢方面的作用，也是明显的。

3. 蛋白质

调查报告显示，食用植物蛋白多的地区，高脂血症的发病率比食用动物蛋白多的地区低。动物及人体试验表明，用大豆蛋白可使血清胆固醇含量显著降低，这是因为存在于大豆子叶中的某些蛋白组分，能与固醇类物质结合从而阻止了它们的吸收并促进排出体外，是一种颇引人关注的能降低血清胆固醇的功效成分。这种成分的优越性体现在只对高血脂患者起作用，对胆固醇值正常的人不起作用，因此具有很大的食用安全性。

4. 维生素

维生素 B_6、维生素 C、维生素 E、泛酸与烟酸等，均具有降低胆固醇、防止其在血管壁沉积，并可使已沉积的粥样斑块溶解等作用。它们均已进入临床实用阶段。

不饱和脂肪酸与维生素 B_6、维生素 E 协同作用，可使双方的降血脂作用互为增强。维生素 E 还有预防不饱和脂肪酸可能发生的过氧化而造成的不良后果。

（1）维生素 A　虽然各种动物试验表明，补充维生素 A 会有助于动脉硬化损伤的恢复并且能降低血清胆固醇，但人体的类似试验所得到的结果却令人失望。现在还不能肯定补充维生素 A 是否会对各类心血管病患者有益。

然而，已经确定维生素 A 参与了结缔组织的积聚以构成大血管的内衬，参与各种应激激素的合成。大量摄入维生素 A 对维生素 K 的凝血功能有拮抗作用。

（2）维生素 D　维生素 D 过量会促使钙在肾脏等软组织中沉积。有人认为各种心血管疾病也与维生素 D 过量有关。维生素 D 摄入量过高时，似乎会使体内对镁的摄入需要量升高，而且因维生素 D 过量而引起的损伤作用，可通过摄入同样高剂量的镁来加以预防。

（3）维生素 E　维生素 E 一直被人们推崇对心脏病的预防和治疗都有益处。当摄入大量的多不饱和脂肪或当膳食中所含的硒很少时，肯定应该补充大量的维生素 E。因为维生素 E 能防止多不饱和脂肪形成有害的过氧化物，而硒则是分解所形成的过氧化物的酶的组成成分。

（4）维生素 K　对心血管病患者传统的抗凝血治疗措施中，含有阻断维生素 K 作用的药物。经这样治疗的病人，有时会因心肌大量出血而死亡。为使维生素 K 在凝血中充分发挥作用，体内必须含有适量的无机锰。因此，缺少锰的人可能对抗凝血药的作用特别敏感。

（5）维生素 B_6　给猴子喂饲低脂肪、缺乏维生素 B_6 的食物，其血管会形成如人类的动脉粥样硬化那样的损伤。因此有人提出，某些动脉粥样硬化可能是由于缺少这种维生素，或食品中蛋氨酸过多的缘故，因为蛋氨酸在体内的代谢需要吡哆醇。那些富含胆固醇的高蛋白食品，诸如乳制品、蛋类和肉类等，富含蛋氨酸。由于膳食中吡哆醇需要量的多少在很大程度上取决于蛋白质的摄入量，因此经常食用大量高蛋白食品的人，可能会感到维生素 B_6 的不足。

（6）烟酸　曾用大剂量的烟酸来降低高血脂。这样做是有危险的，因为烟酸会降低心肌中的能量储藏。大剂量烟酸的功效之一是阻断脂肪组织中自由脂肪酸的释放，这样心肌不得不依赖本身的脂肪和糖原储藏。

（7）维生素 C　有人认为维生素 C 有益于心脏病患者，但也有人并不这样认为。出现这种对立的原因之一，可能是因为许多人将体内胆固醇量的降低作为其能减轻心脏病病情的一个指标，而在动物研究中，通常是检查其动脉粥样硬化的情况。另一个可能原因是，有些人对于维生素 C 的需要量，可能会比那些处于长期紧张状态的人和吸烟者来得少。在紧张的时候，肾上腺中维生素 C 含量明显下降，而这些组织中合成胆固醇的速率却大幅度上升。

（8）肌醇　肌醇，即环已六醇，它有九种不同的存在形式，其中仅肌型肌醇具有生物活性。与胆碱一样，肌醇是磷脂的一个重要组成部分。磷脂能帮助稳定血中胆固醇的水平，并防止它沉积于血管壁上。有时，使用肌醇能减少脂类物质在血液中和肝脏中的积累。然而，肌醇的作用似乎是与其他营养成分，如胆碱、必需脂肪酸、磷脂、烟酸和维生素 B_6 等的作用联系在一起的。目前，对肌醇的了解，包括以下几个方面：

① 肌醇对脂肪有亲和性，可促进机体产生卵磷脂，从而有助于将肝脏脂肪转运到细胞中，减少脂肪肝的发病率。肌醇还可促进脂肪代谢，降低胆固醇。

② 通过与胆碱结合，肌醇能预防脂肪性动脉硬化，并保护心脏。

③ 肌醇是存在于机体各组织（特别是脑髓）中的磷酸肌醇的前提物质。

④ 肌醇为肝脏和骨髓细胞生长所必需。

5. 矿物元素

(1) 钙　英国的一项研究表明，随着钙摄入量的增加，起因于心脏病的死亡率便下降。英格兰和威尔士人的日平均钙摄入量约1g，在那些钙消费量等于或高于此值的区域，其心血管患病率最低。

但另一方面，血钙水平过高（高血钙症）会促使心律不齐、增加心脏病药物的毒性，并使无机盐沉积于动脉和肾脏中。高血钙症，通常并不是因为钙过多引起的，而是由于维生素D过多或缺少镁等引起的。

(2) 镁　镁至少可部分防止诸如动脉粥样硬化、血凝过快、高血压、心律不齐和心肌代谢机能异常等心血管疾病，也能防止因衰老而出现的动脉钙沉积（动脉硬化）。

值得注意的是，酸中毒、酗酒、长期服用利尿剂，糖尿病和腹泻等症状，会促使体内镁的丢失。

(3) 钾　一般说来，因缺钾而导致心脏机能损害的，并不是由于食品中缺钾的缘故，因为很多食品含有丰富的钾。供给心肌细胞的钾，会因腹泻、呕吐使钾过多地通过消化道丢失，因流汗或排尿而造成钾的大量丢失；或因为缺少将钾泵入细胞过程中所需的铁。

心肌中的钾消耗掉后，会使得心肌容易出现心律不齐。当然体内过多的钾也是危险的，此时如碰上肾功能受损，身体因不能摆脱过重负荷，有可能导致心跳停顿。

(4) 铁　严重缺铁会使心跳加快，以便向组织泵出足够的缺氧血液，因为血中缺氧是缺少红细胞；而红细胞的合成需要铁。

(5) 锌　锌对锡的毒性有拮抗作用，有助于防止各种心血管疾病。研究表明，肾脏中低的锌锡比与动脉硬化和高血压两种症状密切相关。

(6) 铜　缺铜的幼年动物容易出现大动脉等主要血管的破裂、心脏肥大、心肌器质性病变等症状。在人的生长迅速时期所出现的类似症状。值得注意的是，食品中铁、钼、锌的含量高时，会影响对铜的利用。

(7) 碘　碘是作为甲状腺分泌的激素的一个成分，缺碘会导致这些激素水平降低（甲状腺机能减退症）。这种情况通常伴随高胆固醇，在某些病例中伴随动脉硬化。

芬兰的研究表明，虽然全国各地的膳食脂肪含量相似，但在甲状腺肿大症（因缺碘而甲状腺增生）发病率高的区域，心血管病的出现也较多。

(8) 硒　硒能防止心脏病的发生，有关的依据如下：

① 硒作为酶的一部分，参与对那些有损于心肌的有毒氧化物的分解，特别是那些由多不饱和脂肪酸形成的过氧化物。

② 硒对锡的毒性具有拮杭作用，锡是一种常见的环境污染物，它会引起肾功能异常并导致高血压。

(9) 铬和葡萄糖耐量因子　以葡萄糖耐量因子形式存在的铬，可防止糖代谢异常，糖代谢异常会导致心脏病。在美国，缺铬与心血管疾病的直接依据如下：

① 死于心脏病的人其大动脉中测不出铬，但那些死于意外事故的人其大血管中却可测到铬。

② 美国人的心脏和大动脉中的铬含量，仅是世界上大部分其他地方的人在这些组织中的铬含量的几分之一。

长期食用高度精制的碳水化合物食品，将会耗尽体内储存的铬，这是因为：

① 食品中的碳水化合物会使体内储存的铬的排出量升高。

② 在这些食品的精制加工中，丢掉了其天然所含的铬。

6. 抗氧化剂

抗氧化剂对降低冠心病发病率有一定作用，这是由于预防了低密度脂蛋白的氧化或将其降到最低限度，延缓或阻碍了动脉硬化的进程并降低血小板活性，并因此减小血栓形成的危险。

在一个历经 5 个月共有 80 人参加的双盲试验中，证实抗氧化剂可大幅度降低血小板活性，并因此可减小血栓形成的危险。在试验期间，每人每日摄取 600mg 维生素 C，300mg α-生育酚，27mg β-胡萝卜素和 75mg 硒。

7. 植物活性成分

存在于人参、山楂、山楂叶、大蒜、洋葱、灵芝、香菇、银杏叶、茶叶、柿子叶与竹叶中的皂苷、黄酮类等功效成分，对降血脂效果明显，可由此分离提取出有效成分应用在功能性食品上。

存在于香菇中的香菇嘌呤，可降低所有血浆脂质包括胆固醇和甘油三酯等，游离胆固醇的降低程度较酯类更明显。正常大鼠饲料中含该成分 0.005%和 0.01%时，血清胆固醇分别下降 25%和 28%，这是第一个有如此显著降脂活性的天然成分，其活性较安妥明（治疗高脂蛋血症）强 10 倍。

（二）营养防治原则

在平衡膳食的基础上控制总能量和总脂肪，限制膳食饱和脂肪酸和胆固醇，保证充足的膳食纤维和多种维生素，补充适量的矿物质和抗氧化营养素。

1. 控制总能量摄入，保持理想体重

能量摄入过多是肥胖的重要原因，而肥胖又是高血脂的重要危险因素，故应该控制总能量的摄入，并适当增加运动，保持理想体重。

2. 限制脂肪和胆固醇摄入

限制饱和脂肪酸和胆固醇摄入，膳食中脂肪摄入量以占总热能 20%～25%为宜，饱和脂肪酸摄入量应少于总热能的 10%，适当增加单不饱和脂肪酸和多不饱和脂肪酸的摄入。鱼类主要含 n-3 系列的多不饱和脂肪酸，对心血管有保护作用，可适当多吃。少吃含胆固醇高的食物，如猪脑和动物内脏等。胆固醇摄入量＜300mg/d。高胆固醇血症患者应进一步降低饱和脂肪酸的摄入量，并使其低于总热能的 7%，胆固醇＜200mg/d。

3. 提高植物性蛋白的摄入，少吃甜食

蛋白质摄入应占总能量的 15%，植物蛋白中的大豆有很好的降血脂作用，所以应提高大豆及大豆制品的摄入。碳水化合物应占总能量的 60%左右，要限制单糖和双糖的摄入，少吃甜食和含糖饮料。

4. 保证充足的膳食纤维摄入

膳食纤维能明显降低血胆固醇，因此应多摄入含膳食纤维高的食物，如燕麦、玉米、蔬菜等。

5. 供给充足的维生素和矿物质

维生素 E 和很多水溶性维生素以及微量元素具有改善心血管功能的作用，特别是维生素 E 和维生素 C 具有抗氧化作用，应多食用新鲜蔬菜和水果。

6. 适当多吃保护性食品

植物化学物具有心血管健康促进作用，鼓励多吃富含植物化学物的植物性食物，如洋葱、香菇等。

（三）具有辅助降血脂功能的物质

1. 小麦胚芽油

（1）主要成分　小麦胚芽油基本组成：棕榈酸 11%～19%，硬脂酸 1%～6%，油酸 8%～30%，亚油酸 44%～65%，亚麻酸 4%～10%，天然维生素 E 2500mg/kg，磷脂 0.8%～2.0%。

（2）生理功能　富含天然维生素 E，包括 α-、β-、γ-、δ-生育酚和 α-、β-、γ-、δ-生育三烯酚，均属 *d* 构型。天然维生素 E 无论在生理活性上还是在安全性上，均优于合成维生素 E，7mg 小麦胚芽油的维生素 E 其效用相当于合成维生素 E 200mg。故天然维生素 E 在美、日等国的售价约高出合成品 30%～40%，并将合成维生素 E 主要用于动物饲料。

主要功能为降低胆固醇、调节血脂、预防心脑血管疾病等。在体内担负氧的补给和输送，防止体内不饱和脂肪酸的氧化，控制对身体有害过氧化脂质的产生；有助于血液循环及各种器官的运动。另具有抗衰老、健身、美容、防治不孕及预防消化道溃疡、便秘等作用。

2. 米糠油

（1）主要成分　脂肪酸组成：14∶0，0.6%；16∶0，21.5%；18∶0，2.9%；18∶1，38.4%；18∶2，34.4%；18∶3，2.2%。另含磷脂、糖脂、植物甾醇、谷维素、天然维生素 E（91～100mg/100g）等。

（2）生理功能　富含不饱和脂肪酸、天然维生素 E 和谷维素，具有相应的生理功能；降低血清胆固醇、预防动脉硬化、预防冠心病。曾试验 100～200 人，每人食用 60g/d，一周后血清胆固醇下降 18%，为所有油脂中下降最多的；由 70%米糠油加 30%红花油组成的混合油，下降达 26%。

3. 紫苏油

（1）主要成分　淡黄色油液，略有青菜味。碘值 175～194。含 α-亚麻酸 51%～63%，属 *n*-3 系列，在自然界中主要存在于鱼油（动物界）和植物界的紫苏油、白苏油中。另含天然维生素 E（50～60)mg/100g。

（2）生理功能

① 调节血脂：能显著降低较高的血清甘油三酯，通过抑制肝内 HMC-CoA 还原酶的活性而得以抑制内源性胆固醇的合成，以降低胆固醇；并能增高有效的高密度脂蛋白。

② 能抑制血小板聚集能和血清素的游离能，从而抑制血栓疾病（心肌梗死和脑血管栓塞）的发生。

③ 与其他植物油相比，可降低临界值血压（约 10%），从而保护出血性脑卒中（可使雄性脑卒中的动物寿命延长 17%，雌性 15%）。

④ 由于降低了高血压的危害，对非病理模型普通大鼠的寿命比对照组可高出 12%。

4. 沙棘（籽）油

（1）主要成分　亚油酸、γ-亚麻酸等多不饱和脂肪酸，维生素 E、植物甾醇、磷脂、黄酮等。基本组成：棕榈酸 10.1%，硬脂酸 1.7%，油酸 21.1%，亚油酸 40.3%，γ-亚麻酸 25.8%。

沙棘种子含油5%～9%，其中不饱和脂肪酸约占90%。

（2）生理功能

① 调节血脂功能：能明显降低外源性高脂大鼠血清总胆固醇，4周后下降68.63%。并使血清HDC和肝脏脂质有所提高（P<0.005）。

② 调节免疫功能：能显著提高小鼠巨噬细胞的吞噬百分率和吞噬指数，增强巨噬细胞溶酶体酸性磷酸酶非特异性酯酶活性，有增强巨噬细胞功能作用。

5. 葡萄籽油

（1）主要成分　含棕榈酸6.8%，花生酸0.77%，油酸15%，亚油酸76%，总不饱和脂肪酸约92%，另含维生素E 360mg/kg，β-胡萝卜素42.55mg/kg。在巴西可作为甜杏仁油的代替品，是很好的食用油。

（2）生理功能　预防肝脂和心脂沉积，抑制主动脉斑块的形成，清除沉积的血清胆固醇，降低低密度脂蛋白胆固醇，同时提高高密度脂蛋白胆固醇。能防治冠心病，延长凝血时间，减少血液还原黏度和血小板聚集率，防止血栓形成，扩张血管，促进人体前列腺素的合成。另有营养脑细胞、调节植物神经等作用。

6. 深海鱼油

（1）主要成分　深海鱼油是常年栖息于100m以下海域中的一些深海大型鱼类（如鲑鱼、三文鱼），也包括一些海兽（如海豹、海狗）等的油脂，其中主要的功能成分为EPA和DHA等多不饱和脂肪酸。

（2）生理功能

① 调节血脂：其中DHA等多烯脂肪酸与血液中胆固醇结合后，能将高比例的胆固醇带走，以降低血清胆固醇。抑制血小板凝集，防止血栓形成。以预防心血管疾病及中风。

② 提高免疫调节能力。

7. 玉米（胚芽）油

（1）主要成分　主要由各种脂肪酸酯所组成。含不饱和脂肪酸约86%，含亚油酸38%～65%，亚麻酸1.2%～1.5%，油酸25%～30%，不含胆固醇，富含维生素E（脱臭后约含0.08%）。

（2）生理功能

① 调节血脂：所含大量的不饱和脂肪酸可促进粪便中类固醇和胆酸的排泄，从而阻止体内胆固醇的合成和吸收，以避免因胆固醇沉积于动脉内壁而导致动脉粥样硬化。曾饲以60g/d，一周后血清胆固醇下降16%，而食用大豆油、芝麻油者仅下降1%，食用猪油者上升18%。

② 因富含维生素E，可抑制由体内多余自由基所引起的脂质过氧化作用，从而达到软化血管的作用。另对人体细胞分裂、延缓衰老有一定作用。

8. 燕麦麦麸和燕麦-β-葡聚糖

（1）主要成分　燕麦麦麸中含有一种β-(1-4)和部分（约1/3）β-(1-3)糖苷键连接的（含量约5%～10%）β-葡聚糖，是燕麦麸中特有的水溶性膳食纤维，有明显降低血清胆固醇的作用。该β-葡聚糖是燕麦胚乳细胞壁的重要成分之一，是一种长链非淀粉的黏性多糖。

（2）生理功能

① 美国加利福尼亚大学药物学1988年3月报道，每天饲燕麦麸34g给实验动物共72d，1个月后，血清胆固醇平均下降5.3%。

② 1988年美国西北大学药学部公共卫生学L. VanHorn等，对208名30～65岁的高血脂患者每天给以34～40g燕麦麸粉12周，胆固醇含量平均下降9.3%（低脂肪饮食者下降6.3%）

③ 有人用含燕麦麦麸20%或燕麦纤维5%的饲料饲养高脂血症大鼠，发现两者均可显著下降血中劣质血脂（Tc、TG、LDL-C）及过氧化脂质水平，可提高优质血脂（HDL-C）水平。降脂的功能因子为燕麦纤维、亚油酸及皂苷等。

9. 大豆蛋白

(1) 主要成分　大豆蛋白90%以上为大豆球蛋白，其中主要为11S球蛋白（相对分子质量约35万）和7S球蛋白（相对分子质量约17万）。含有各种必需氨基酸。

由于大豆蛋白中同时存在有大豆异黄酮，如蛋白质纯度很高的大豆分离蛋白，每40g约含大豆异黄酮76mg。

(2) 生理功能　大豆蛋白能降低胆固醇和甘油三酯。其能与肠内胆固醇类相结合，从而妨碍固醇类的再吸收，并促进肠内胆固醇排出体外。已知大豆蛋白与胆固醇之间有如下关系：

① 对胆固醇含量正常的人，大豆没有促进胆固醇下降的作用（一定量的胆固醇是人体维持生命的必要物质）。

② 对胆固醇含量偏高的人，有降低部分胆固醇的作用。

③ 对胆固醇含量正常的人，如食用含胆固醇量高的蛋、肉、乳类等食品过多时，大豆蛋白有抑制胆固醇含量上升的作用。

④ 有降低总胆固醇中有害胆固醇中低密度脂蛋白（LDL）和极低密度脂蛋白（VLDL）胆固醇的下降，但不能降低有益胆固醇高密度脂蛋白（HDL）胆固醇。经研究，食用大豆蛋白后，血清中胆固醇浓度降低9.3%，LDL胆固醇降低12.9%，血清中甘油三酸酯浓度降低10.5%，而血清中HDL胆固醇浓度增加了2.4%。由于胆固醇浓度每降低1%，患心脏病的危险性就降低2%～3%，因此可以认为，食用大豆蛋白可使患心血管疾病的危险性降低18%～28%。

此外，大豆蛋白对胆固醇的降低作用与胆固醇的初始浓度高度相关。食用大豆蛋白后，对于胆固醇浓度正常的人，LDL胆固醇只降低7.7%，而对血清胆固醇浓度严重超标的人，LDL胆固醇降低了24%。因此，正常人食用大豆蛋白不会有任何顾虑，而胆固醇浓度越高，大豆蛋白的降低效果越显著。并且只要每天食用大豆蛋白25g左右，就足以达到降低胆固醇的作用。

10. 银杏叶提取物

(1) 主要成分　主要成分为银杏黄酮类、银杏（苦）内酯、白果内酯及另含有害物质的银杏酸。

(2) 生理功能

① 降血脂：通过软化血管、消除血液中的脂肪，降低血清胆固醇。

② 改善血液循环：能增加脑血流及改善微循环，这主要由于它所含的银杏内酯具有抗血小板激活因子PAF的作用，能降低血液黏稠度和红细胞聚集，从而改善血液的流变性。

③ 消除自由基保护神经细胞，有消除羟自由基、超氧阴离子和一氧化氮、抑制脂质过氧化作用，其作用比维生素E更持久。

11. 山楂

（1）主要成分　山楂黄酮类，包括金丝桃苷、槲皮素、牡荆素、芦丁、表儿茶素等；另含绿原酸、熊果酸等。

（2）生理功能

① 调节血脂作用：能显著降低血清总胆固醇（$P<0.001$），增加胆固醇的排泄。山楂核醇提取物可降低总胆固醇33.7%～62.8%，低密度和极低密度脂蛋白胆固醇34.4%～65.6%，减少胆固醇在动脉壁上的沉积。

② 调节血压作用：山楂的乙醇提取液有较持久的降压作用。

③ 免疫调节作用：能明显提高家兔血清溶菌酶及血凝抗体滴度，提高T淋巴细胞E玫瑰花环形成率（$P<0.01$）、提高T淋巴细胞转化率。

12. 绞股蓝皂甙

（1）主要成分　属绞股蓝总皂苷的共约有80余种，其中有一部分分别为人参皂苷Rb1、Rb3、Rd，以及人参二醇、2α-羟基人参二醇、2α,19-二羟基-12-脱氧人参二醇等。

（2）生理功能

① 调节血脂作用。用3.6%绞股蓝水提取液对42名高血脂者试食1个月，血清胆固醇和甘油三酯明显降低，而高密度脂蛋白胆固醇有所提高。

曾用高脂饲料诱发大鼠患高脂血症，用绞股蓝总皂苷100mg/(kg·d)混入饲料中饲养7周后，血中总胆固醇平均由159mg/dl降至107.9mg/dl，甘油三酯由234.4mg/dl降至153.6mg/dl，差别有显著性（$P<0.05$），另一组用500mg/(kg·d)饲养7周，血脂水平全部恢复至正常水平。

② 免疫调节作用。能增加幼鼠脾和肾上腺重量，提高腹腔巨噬细胞的吞噬能力，对环磷酰胺所致的粒细胞减少有升高作用。能使肺泡巨噬细胞的体积明显增大，吞噬消化能力显著加强。用以喂养90天的大鼠，其T淋巴细胞数显著增加。皮下注射可提高白细胞介素-2（IL-2）的产生。

对体液免疫功能方面，用300mg/kg给小鼠灌胃，能显著提高其血清免疫球蛋白IgG和IgM的含量。100～200μg/mL能促进NK细胞活性，用400mg/kg灌胃，可明显抑制NK细胞活性。

复习思考题

1. 什么是高脂血症？对人体有哪些危害？
2. 引起高血脂的因素有哪些？
3. 具有辅助降血脂功能的物质有哪些？

子情境8　调节血压功能性食品开发

高血压作为现代文明病之一对人类健康具有极大的危害性。高血压存在着“三高”和“三低”的发病特点。“三高”是指：发病率高，据世界卫生组织估测，全世界有7亿人患有高血压，我国的高血压患病人数已达1.3亿。目前，我国对15岁以上人群抽样调查结果显示，全国高血压患病率已由1959年的5.11%上升到12%以上，超过1亿人，且目前仍以每年350万人的速度递增；致残率高，就脑中风而言，每年新发生的脑中风患者有150万人，其中75%丧失劳动能力，40%重度致残，生活不能自理，肾功能衰竭者也以8%的速度递增；死亡率高，全世界每年有300万人死于高血压，据国外统计，高血压如得不到及时的治疗，50%死于冠心病，33%死于脑中风，10%～15%死于肾功能衰竭。"三低"是指：知晓率低，通常被人们称之为无预兆的疾病，只有大约35%的患者知道自己患有高血压；服药率低，主要是人们对高血压的危害未引起高度的重视，感觉不舒服就吃药，症状消失就停药，从而贻误终身；控制率低，调查显示，城市中仅有4.1%、农村仅有1.2%的高血压患者得到有效的控制。目前，高血压在我国已成为严重危害人体健康的疾病之一。因此，调节血压功能性食品的开发十分重要。

一、高血压的发生及危害

（一）高血压的定义及分类

1. 高血压的定义

高血压是指收缩压或舒张压升高到一定水平而导致的对健康发生影响或发生疾病的一种症状。一组临床症候群。正常成年人的收缩压为12.0～18.7kPa（90～140mmHg），舒张压6.7～12.0kPa（50～90mmHg）。WHO规定，凡成年人收缩压达21.3kPa（157mmHg）或舒张压达12.7kPa（95.5mmHg）以上的即可确诊为高血压。

2. 高血压的分类及起因

人的心脏就像一台泵，不停地将血液输入到动脉血管系统，血液在血管内流动时对血管壁产生的压力就称为血压，血压有动脉血压和静脉血压之分，我们经常说的是指动脉血压。高血压是指动脉血压高于正常值。

高血压分为原发性高血压和继发性高血压两种。继发性高血压是由于某些疾病引起的，如肾脏病、内分泌功能障碍、肾动脉狭窄、颅脑疾病等引起的，通常仅占高血压患者的10%左右，一般消除引起高血压的病因，高血压的症状即可消失。原发性高血压又称初发性或自发性高血压，发病原因尚未完全明确。这种类型的高血压患者占总数的90%左右。可能是由于遗传、性别、年龄、肥胖和环境等因素综合造成的。

在遗传因素中，种族差别十分明显。美国黑人高血压患者是白人的2倍，高血压有明显的家族遗传倾向。年龄的差别也很明显，一般认为除非特殊情况，20～40岁的成人，一般血压不会发生变化。要变化的是在45岁以上及从出生到发育完全的青少年，称为新生儿高血压或青少年高血压。但过了55岁，女性却比男性更易患高血压，但此时男性却更容易出现综合征。

环境因素的精神紧张、不活动、剧烈运动以及镉、铅与汞中毒等，都会引起高血压。吸烟、嗜酒也是一个重要的因素。已知香烟中的尼古丁会引起血压升高。定时的适量运动可降低血压。在营养因素中，导致高血压的有食盐与饱和脂肪酸，而降低血压的有钾盐、钙盐、多不饱和脂肪酸与膳食纤维等。

3. 高血压的发病特点

① 精神紧张的人易患高血压。精神长期处于紧张状态是当今青年人患高血压的主要原因。精神长期高度紧张，易造成大脑皮层功能失调，影响交感神经和肾上腺素，促使心脏收缩加速，血输出量增多，导致血压升高。

② 食盐多的胖人易患高血压。肥胖和高盐摄入的人群易患高血压已得到国际社会的广泛认可。因此胖人应合理安排饮食，少食盐，控制体重。

③ 有吸烟嗜酒等不良习惯的人易患高血压。虽然没有直接的证据证明吸烟嗜酒会导致高血压的发生，但对高血压患者的调查中发现有吸烟嗜酒等不良习惯的人占有相当大的比例。所以已有高血压倾向的人必须戒烟戒酒。

④ 糖尿病人易患高血压。

(二) 高血压的危害

高血压是当今最大的慢性病，是心脑血管疾病的罪魁祸首，具有发病率高、控制率低的特点。高血压的真正危害性在于对心、脑、肾的损害，造成这些重要脏器的严重病变。

1. 脑中风

脑中风是高血压最常见的一种并发症。中风最为严重的就是脑出血，而高血压是引起脑出血的最主要原因，人们称之为高血压性脑出血。高血压会使血管的张力增高，也就是将血管“绷紧”，时间长了，血管壁的弹力纤维就会断裂，引起血管壁的损伤。同时血液中的脂溶性物质就会渗透到血管壁的内膜中，这些都会使脑动脉失去弹性，造成脑动脉硬化。而脑动脉外膜和中层本身就比其他部位的动脉外膜和中层要薄。在脑动脉发生病变的基础上，当病人的血压突然升高，就会发生脑出血的可能。如果病人的血压突然降低，则会发生脑血栓。

2. 冠心病

冠心病是冠状动脉粥样硬化性心脏病的简称，是指冠状动脉粥样硬化导致心肌缺血、缺氧而引起的心脏病。血压升高是冠心病发病的独立危险因素。研究表明，冠状动脉粥样硬化病人60%～70%有高血压，高血压患者较血压正常者高四倍。

3. 肾脏的损害

高血压危害最严重的部位是肾血管，会导致肾血管变窄或破裂，最终引起肾功能的衰竭。

4. 高血压性心脏病

高血压性心脏病是高血压长期得不到控制的一个必然结果，高血压会使心脏泵血的负担加重，心脏变大，泵的效率降低，出现心律失常、心力衰竭从而危及生命。

(三) 良好生活习惯对高血压的预防作用

1. 戒烟，适量饮酒

研究表明，吸烟者的血清胆固醇及低密度脂蛋白升高，高密度脂蛋白降低，血小板的黏附性增高，聚集性增强，凝血时间缩短，这些都可促进动脉粥样硬化的发生。烟碱可兴奋交感神经等，使之释放儿茶酚胺，使心血管的功能和代谢发生变化，表现为吸烟后血浆中的肾上腺素等明显升高；周围血管及冠状动脉痉挛；血压升高；心率加快。因此，戒烟是预防高血压的必要措施。

尽管有研究表明，少量饮酒会减少冠心病的发病危险，但是饮酒却与血压水平以及高血压的患病率呈正比关系。因此，提倡高血压患者应戒酒，正常人群也应限量饮酒，避免长期过量饮酒。

2. 多参加体育运动

适当的体育运动，可放松精神，减轻大脑的紧张，调节情绪，可使钾由肌细胞释放出来。散步可使血浆中的钾上升0.3～0.4mmol/L，中等运动导致钾浓度上升0.7～1.2mmol/L，极度运动导致钾浓度上升2.0mmol/L。运动使局部钾的浓度升高，其特殊的生理意义在于，它有扩张血管增加血流，提供能量的作用。同时，运动可降低血小板聚集和血黏度，控制体重，降低血脂，预防动脉粥样硬化，稳定血压，降低血糖。要依据个人情况决定运动方式和运动量。以达到无病防病，有病延缓恶化，延长寿命，提高生活质量的作用。项目可选择：爬楼梯、步行、慢跑、原地跑、骑自行车、气功、太极拳、跳舞等。达到稍微出汗、呼吸次数增多，脉搏次数小于 110 次/min 为宜。若出现运动后疲劳不易恢复、呼吸困难、步态不稳，为运动过量，应减少运动量。运动后切忌热水浴，应休息 15min 后再行温水浴，运动衣着要合适、保暖。感冒、发热时应暂停锻炼，避免竞争性运动。

3. 避免过度紧张，保持心情舒畅

当今社会，竞争日趋激烈，这使得人们生活在高度紧张的环境下。焦虑或精神紧张是人类共有的情绪反应，无论男女老幼，面对困难、压力，或不明朗的情况时，都可能觉得焦虑、紧张或不安，这是正常的，也是有益的，因为这种反应可以提高警觉性、危机感，从而能更快速、更有效地应付挑战。但紧张过度或者长时间的紧张、焦虑，易造成大脑皮层功能失调，影响交感神经和肾上腺素，促使心脏收缩加速，导致血压升高。所以，我们必须时刻保持平衡的心态，给人以健康的形象，同时也有益身心健康。

二、调节血压功能性食品的开发

（一）膳食营养素与高血压

高血压是一种常见多发病，它的发生与发展受多种因素如遗传、种族、性别、饮食、环境等因素的影响。流行病学与临床营养学研究发现，饮食结构对高血压的发生与发展有重要联系，因此研究不同营养素与高血压的关系，对预防高血压的发生、高血压的辅助治疗及调节血压功能性食品的开发具有非常重大的意义。

1. 矿物元素

（1）钠　关于钠与高血压的关系，现在已经十分明确。大量研究表明，钠摄入量过多是造成高血压的主要原因。钠的过量摄入，导致体内钠潴留，而钠主要存在于细胞外，会使细胞外的渗透压增高，水分向外移动，细胞外液包括血液总量增多。血容量的增多会造成心输血量增大，血压增高。钠的摄入量与高血压、脑中风的发生率呈正相关。此外过量的钠会使血小板功能亢进，产生凝聚现象，进而出现血栓堵塞血管。

虽然单纯的高血压引起的死亡率并不高，但高血压后期总是演变成中风而死亡。食盐与胃癌的发病率也有密切的关系。大量的食盐摄入会对胃黏膜产生严重的腐蚀。膳食中食盐含量很高的人，很容易发生萎缩性胃炎，而萎缩性胃炎是胃癌的前期病变，食盐的摄取量与胃癌死亡率呈正相关。

降低食盐的摄取量不仅能预防高血压，减少因高血压所致中风的死亡率，还能降低钠盐所致的萎缩性胃炎及胃癌的死亡率。但又不能因为高钠的危害而限制必要的钠的供给，因为低钠同样会给身体造成损害。钠的缺乏在早期的症状不明显，当人体失去的钠达到 0.75～1.2g/kg 体重时，可出现恶心、呕吐、视力模糊、心率加快、脉搏微弱、血压下降、肌肉痉挛、疼痛反应消失，以至于出现淡漠、木僵、昏迷、休克、急性肾功能衰竭而死亡。

（2）钾　钾浓度稍高会使血管紧张素的受体减少，使血管不易收缩，从而使血压降低。同时，钾与钠有密切的关系。尽管钠的摄入量是决定血压的最重要因素，但膳食中的钠/钾比例变化在一定情况下也可影响血压。在限制钠盐的时候，如果发生血中钾浓度过低，要及时补充钾盐。限制钠盐补充钾盐比单独限制钠盐降低血压的效果要好。

(3) 钙　钙是最为人熟知的一种能帮助促进牙齿和骨骼健壮的矿物质。现代医学发现钙水平的高低与高血压有一定的关系，临床治疗发现原发性高血压并伴有骨质疏松患者，在服用钙剂和维生素 D 后血压稳定。不少人减少了降压药的剂量，早期轻度高血压患者甚至可以停用降压药。

钙有广泛的生理功能，从流行病学和某些试验研究发现高血压可由缺钙引起。但是，钙究竟是升压或降压因子仍有争论。

(4) 镁　镁具有调节血压的作用，对我国不同居住区的饮水进行镁含量的测定发现，水中镁的含量与高血压、动脉硬化性心脏病呈负相关。有报道称，加镁能降压，而缺镁时降压药的效果降低。脑血管对低镁的痉挛反应最敏感，中风可能与血清、脑、脑脊液低镁有关。镁保证钾进入细胞内并阻止钙、钠的进入。由此可见，钠、钾、钙和镁对心血管系统的作用是相互联系的。

2. 蛋白质

适量摄入蛋白质。以往强调低蛋白饮食，但目前认为，除患有慢性肾功能不全者外，一般不必严格限制蛋白质的摄入量。高血压病人每日蛋白质摄入量为每公斤体重 1g 为宜，例如：60kg 体重的人，每日应吃 60g 蛋白质。其中植物蛋白应占 50%，最好用大豆蛋白，大豆蛋白虽无降压作用，但能防止脑中风的发生，可能与大豆蛋白中氨基酸的组成有关。每周还应吃 2～3 次鱼类蛋白质，可改善血管弹性和通透性，增加钠排出，从而降低血压。此外，平时还应该常食用含酪氨酸丰富的物质，如脱脂奶、酸牛奶、奶豆腐、海鱼等。

3. 脂肪

膳食中脂肪，特别是动物性高饱和脂肪摄入过多，会导致机体能量过剩，使身体发胖、血脂增高、血液的黏滞系数增大、外周血管的阻力增大，从而造成血压的升高。不饱和脂肪酸能使胆固醇氧化，从而降低血浆胆固醇，还可延长血小板的凝聚，抑制血栓形成，预防中风。动物试验表明高血压患者血清亚油酸水平，在进食植物性食物多的人群中明显高于进食大量动物性食物的人群，说明近视动物性食物人群的升压机制可能与亚油酸相对缺乏有关。

4. 维生素

维生素 C 可以改善血管的弹性，抵抗外周阻力，有一定的降压作用，并可延缓因高血压造成的血管硬化的发生，预防血管破裂出血的发生。维生素 E 的抗氧化作用可以稳定细胞膜的结构，抑制血小板的聚集，有利于预防高血压的并发症动脉粥样硬化的发生。B 族维生素对于改善脂质代谢、保护血管结构和功能有益。

5. 膳食纤维

膳食纤维是来自于植物的一类复杂化合物，具有多种生理功能，其中主要是影响胆固醇的代谢，因为肠内的膳食纤维可以抑制胆固醇的吸收。研究发现，血清胆固醇每下降 1%，可减少心血管疾病发生的危险率达 2%。动物试验表明，谷物的秸秆如麦秆能降低家兔的动脉粥样硬化，果胶能防止鸡的动脉粥样硬化。而动脉粥样硬化程度与冠心病密切相关。

此外，一些微量元素与血压的高低也有着密切的联系。某些酶的组成和神经传递过程都离不开微量元素的参与，对血压的调节也不例外。例如，硒能降低血压；镉能使血压升高，增加主动脉壁的脂质沉淀；铜缺乏可引起血管内壁的损伤，造成血中总胆固醇的升高。

(二) 具有辅助降血压功能的物质

高血压作为一种治愈率较低、致残率较高的常见多发病，给人们的生活、工作带来了一定的紧张与恐惧。但是，如果我们保持良好的饮食与生活习惯，高血压病还是可以预防的。

1. 大豆低聚肽

大豆低聚肽由大豆粕或大豆分离蛋白经蛋白酶酶解后经膜分离，以除去大分子肽和未水解的蛋白质后精制干燥而成。一般得率为30%（豆粕原料）～40%（分离蛋白为原料）。主要由2～10个氨基酸组成的短链多肽和少量游离氨基酸组成。

（1）性状　白色至微黄色粉末，无豆腥味，无蛋白变性，遇酸不沉淀，遇热不凝固，易溶于水。

（2）生理功能　降低血压。抑制血管紧张素转换酶的活性，可防止血管末梢收缩，从而达到降低血压的作用。

2. 杜仲叶提取物

杜仲叶提取物由杜仲的叶子，采摘后于100℃热水中加热10min，取出，经干燥备用，或直接切碎后用含水乙醇提取，提取液经过滤、真空浓缩、冷冻干燥至含水量10%～15%。其主要成分为丁香树脂双苷和杜仲酸苷等。主要功能是降低血压。

3. 芸香苷（提取物）

芸香苷，也称为芦丁（提取物），可由各种原料用水或热乙醇浸提而得浸提物，浓缩后用溶剂将其他可溶性等不纯物除去，再经乙醇、乙醚、热甲醇和热水多次结晶和活性炭精制而得高纯度物。其主要成分为一种配糖体。糖苷配基为栎精，糖为鼠李糖和葡萄糖。

（1）性状　黄色小针状晶体，或淡黄至黄绿色结晶性粉末，有特殊香气。遇光颜色转深，有苦味。熔点177～178℃。易溶于热乙醇和热丙二醇，微溶于乙醇，难溶于水，可溶于碱性水溶液。

（2）生理功能　有辅助降低血压作用。

复习思考题

1. 影响高血压的发病因素是什么？
2. 高血压的发病特点如何？
3. 高血压有什么危害及如何预防？
4. 具有辅助降血压功能的物质有哪些？

子情境9　辅助降血糖功能性食品开发

血糖是血液中的葡萄糖，空腹血糖浓度超过120mg/100mL时，称为高血糖，血糖含量超过肾糖阈值（160～180mg/mL）时就会出现糖尿。持续性出现高血糖与糖尿，就是糖尿病。

糖尿病是由于体内胰岛素不足而引起的以糖、脂肪、蛋白质代谢紊乱为特征的常见慢性病。它严重危害人类的健康，据统计，世界上糖尿病的发病率为3%～5%，50岁以下的人均发病率为10%。在美国，每年死于糖尿病并发症的人数超过16万。在中国，随着经济的发展和人们饮食结构的改变以及人口老龄化，糖尿病患者迅速增加。目前25岁以上成年人糖尿病患病率约为2.5%，达2000多万人，预计到2010年糖尿病患者可能达到6300万，将居世界首位。

糖尿病会引起并发症。研究表明，患糖尿病20年以上的病人中有95%出现视网膜病变，糖尿病患心脏病的可能性较正常人高2～4倍，患中风的危险性高5倍，一半以上的老年糖尿病患者死于心血管疾病。除此之外，糖尿病患者还可能患肾病、神经病变、消化道疾病等。由于糖尿病并发症可以累及各个系统，因此，给糖尿病患者精神和肉体上都带来很大的痛苦，而避免和控制糖尿病并发症的最好办法就是控制血糖水平。目前临床上常用的口服降糖药都有副作用，均可引起消化系统的不良反应，有些还引起麻疹、贫血、白细胞和血小板减少症等。因此寻找开发具有降糖作用的功能食品，以配合药物治疗，在有效地控制血糖和糖尿病并发症的同时降低药物副作用已引起人们的关注。

一、糖尿病的分类及表现

（一）糖尿病的分类

一般来说，糖尿病分为Ⅰ型、Ⅱ型、其他特异型和妊娠糖尿病四种，常见的是前两种。

1. Ⅰ型糖尿病

这种糖尿病又称胰岛素依赖型糖尿病（IDDM），多发生于青少年。临床症状为起病急、多尿、多饮、多食、体重减轻等，有发生酮症酸中毒的倾向，必须依赖胰岛素维持生命。

2. Ⅱ型糖尿病

这种糖尿病又称非胰岛素依赖型糖尿病（NIDDM），可发生在任何年龄，但多见于中老年（40岁以上），常伴有肥胖，一般来说，这种类型糖尿病起病慢，临床症状相对较轻，但在一定诱因下也可发生酮症酸中毒或非酮症高渗性糖尿病昏迷。通常不依赖胰岛素，但在特殊情况下有时也需要用胰岛素控制高血糖。

目前，关于糖尿病的起因尚未完全弄清，通常认为遗传因素、环境因素及两者之间复杂的相互作用是最主要的原因。

（二）糖尿病的临床表现

体现在以下七个方面。

1. 多食

由于葡萄糖的大量丢失、能量来源减少，患者必须多食补充能量来源。不少人空腹时出现低血糖症状，饥饿感明显，心慌、手抖和多汗。如并发植物神经病变或消化道微血管病变时，可出现腹胀、腹泻与便秘交替出现现象。

2. 多尿

由于血糖超过了肾糖阈值而出现尿糖，尿糖使尿渗透压升高，导致肾小管吸收水分减少，尿量增多。

3. 多饮

糖尿病人由于多尿、脱水及高血糖导致患者血浆渗透压增高，引起患者多饮，严重者出现糖尿病高渗性昏迷。

4. 体重减少

非依赖型糖尿病早期可致肥胖，但随时间的推移出现乏力、软弱、体重明显下降等现象，最终出现消瘦。依赖型糖尿病患者消瘦明显。晚期糖尿病患者都伴有面色萎黄、毛皮稀疏无光泽。

5. 感染

长期的由于蛋白质负平衡、高血糖及微血管病变，患者可出现经久不愈的皮肤疖痈、泌尿系统感染、胆系感染、肺结核、皮肤及外阴霉菌感染和牙周炎等，部分患者可发生皮肤瘙痒症。

6. 并发症

急性并发症例如酮症酸中毒并昏迷、乳酸酸中毒并昏迷、高渗性昏迷、水与矿物质平衡失调等。慢性并发症如脑血管并发症、心血管并发症、糖尿病肾病、视网膜病变、青光眼、玻璃体积血、植物或外周神经病变和脊髓病变等。

7. 其他症状

关节酸痛、骨骼病变、皮肤菲薄、腰痛、贫血、腹胀、性欲低下、月经不调、不孕、早产及习惯性流产等，部分患者会出现脱水、营养障碍、肌萎缩、下肢水肿和肝大等体征。

二、调节血糖功能性食品的开发

糖尿病患者体内碳水化合物、脂肪和蛋白质均出现程度不一的紊乱，由此引起一系列并发症。开发功能性食品的目的在于要保护胰岛功能，改善血糖、尿糖和血脂值，使之达到或接近正常值，同时要控制糖尿病的病情，延缓和防止并发症的发生与发展。

（一）膳食营养与糖尿病

营养疗法是控制糖尿病的基本措施，部分轻型患者单靠营养治疗即可奏效，在合理控制总能量供给的前提下，适当提高复合碳水化合物和膳食纤维的摄入、减少脂肪尤其是饱和脂肪酸的供给，对控制糖尿病的发展、减少并发症的发生有积极意义。

1. 合理控制总热量

总热量的摄入以能维持标准体重为宜。肥胖者应减少热能摄入，以降低体重；消瘦者可适当提高热能供给，以增加体重。糖尿病人的体重以略低于理想体重为好，糖尿病人每千克体重每日所需能量见表 1-6 所示。

表 1-6　糖尿病人每千克体重所需热量（kcal/kg·d）

体型 活动情况	消瘦	正常	肥胖
重体力活动	40～50	40	35
中体力活动	40	35	30
轻体力活动	35	30	20～25
极轻体力活动	20～25	15～20	15

2. 合理控制碳水化合物供给

高碳水化合物膳食会过度刺激胰腺分泌胰岛素，还会使血中甘油三酯升高。当膳食纤维含量较低时，碳水化合物的消化吸收速度会加快。糖尿病患者膳食中碳水化合物占总热量的百分比大多控制在 50%～60%，一般不超过 65%，研究指出，在合理控制总能量的基础上，对提高胰岛素敏感性和改善葡萄糖耐量均有一定的作用。

玉米面、高粱米、小米等粗杂粮经过消化能逐渐转变成葡萄糖，然后被吸收到血液中，使血糖上升较缓慢，糖尿病患者膳食以这些碳水化合物为主比较适宜。蔬菜，如绿叶菜、苦瓜等含碳水化合物少，摄入胃肠道后有饱腹感，故可适当多食。能使血糖迅速增高的糖果、糕点、蜜饯、冰淇淋等应禁食。

3. 适量蛋白质的供给

蛋白质可通过糖原异生作用转化为葡萄糖，供给热能。无论是正常人还是糖尿病患者，都需要从膳食中摄取一定量蛋白质。血糖稳定期，患者对蛋白质的需要量与正常人相同，每天约需 0.8～1g/kg 体重；血糖较高而不易控制时，因蛋白质的糖原异生作用旺盛，易出现负氮平衡，此时蛋白质供给量可提高到 1.2～1.5g/kg 体重。怀孕期和泌乳期妇女蛋白质供给量应超过 1.5g/kg 体重，儿童蛋白质供给量需 2～3g/kg 体重。瘦肉、鱼、禽、蛋、乳以及黄豆中优质蛋白质含量较高，应考虑适当补充。

4. 限制脂肪和胆固醇的摄入

长期采用高脂肪膳食能增加糖尿病患者心血管疾病的发病率，脂肪供给热量一般不应超过总热量的 30%，可选用多不饱和脂肪酸含量较多的植物油，如花生油、豆油、玉米油等少用或禁用饱和脂肪酸含量较高的动物油，对富含胆固醇的食品如肝脏、腰子、蛋黄等，也应加以限制。

美国有人提出，诱发糖尿病进一步恶化的最危险因素不是糖而是脂肪。如患者能接受低脂饮食，如将摄入脂肪所供的热量从 40%减至 10%，糖尿病就会得到很好的控制。

5. 维生素

维生素 C、维生素 B_6 和维生素 B_{12} 的充足与否，对糖尿病人的血糖水平有很大的影响。

某些妊娠妇女会因缺乏维生素 B_6，患上所谓妊娠糖尿病。对糖尿病待查孕妇进行葡萄糖耐量试验，在有糖尿病趋势的 14 人中 13 人缺少维生素 B_6。而这 13 人经维生素 B_6 治疗后，仅 2 人仍有糖尿病征兆。或许应该对有糖尿病趋势的男人或非孕妇进行维生素 B_6 缺乏的检查。因为在摄食大量蛋白质时，或妇女长期服用避孕药时，可能需要添加维生素 B_6。

6. 矿物元素

某些矿物元素对控制糖尿病情也有很大的作用。铬，它作为胰岛素正常工作不可缺少的一种元素，参与了人体能量代谢，并维持正常的血糖水平。葡萄糖耐受因子中含有铬，铬能促进非胰岛素依赖型糖尿病人对葡萄糖的利用。另有研究表明，胰岛素依赖型糖尿病人的头发中铬含量较低。

缺锌或缺锰能破坏碳水化合物的利用，而添加这些元素后可得以明显改善。同样，缺钾导致胰岛素释放不足，供给这种元素则可纠正。镁对于维持“K^+-Na^+泵”的正常运转十分需要，这个泵能使钾进入细胞而使钠渗出细胞。所以，钾在胰岛素分泌中的重要作用，在某种程度上依赖于镁的适量供应。钙也是分泌胰岛素所必需的元素。

铁过量会导致血色素沉着症，这是由于铁在心脏、肝脏、胰脏等组织中沉积而引起的疾病，常会使人患“青铜色糖尿病”，起因于铁的沉积损伤了胰脏的功能。通过对血色素沉着症的研究表明，患者中的大部分已患有糖尿病，至少其体内的糖代谢已紊乱。

(二) 糖尿病患者的营养特点

(1) 总能量控制在仅能维持标准的体重水平。

(2) 供给一定数量的优质蛋白质与碳水化合物。

(3) 低脂肪。

(4) 高膳食纤维。

(5) 杜绝能引起血糖波动的低分子糖类（包括蔗糖与葡萄糖等）。

(6) 足够的维生素、微量元素与活性物质。

可依据这些基本原则，设计糖尿病人专用功能性食品。

（三）调节血糖功能性食品营养搭配原则

根据糖尿病患者的营养需求特点，在开发糖尿病专用功能性食品时，有关能量、碳水化合物、蛋白质、脂肪等营养素的搭配原则如下。

（1）能量：以维持正常体重为宜。

（2）碳水化合物：占总能量的55%～60%；多摄入含膳食纤维的食品。

（3）蛋白质：与正常人一样按0.8g/kg体重供给，老年人适当增加。减少蛋白质摄入量，可能会延缓糖尿病、肾病的发生与发展。

（4）脂肪：占总能量的30%或低于30%。减少饱和脂肪酸，增加多不饱和脂肪酸，以减少心血管并发症的发生。

（5）胆固醇：控制在300mg/d以内，以减少心血管病并发症的发生。

（6）钠：不超过3g/d，以防止高血压。

（四）具有调节血糖功能的物质

1. 糖醇类

糖醇类是糖类的醛基或酮基被还原后的物质。一般是由相应的糖经镍催化氢化而成的一种特殊甜味剂。重要的有木糖醇、山梨糖醇、甘露糖醇、麦芽糖醇、乳糖醇、异麦芽糖醇等但赤藓糖醇只能由发酵法制得。

（1）性状

① 有一定甜度，但都低于蔗糖的甜度，因此可适当用于无蔗糖食品中低甜度食品的生产。它们的相对甜度（以蔗糖为1.0）和热值见表1-7。

表1-7 糖醇的相对甜度

糖醇名称	相对甜度	热值/(kJ/g)	糖醇名称	相对甜度	热值/(kJ/g)
蔗糖	1	16.7	乳糖醇	0.35	8.4
木糖醇	0.9	16.7	异麦芽糖醇	0.3～0.4	8.4
山梨糖醇	0.6	16.7	氢化淀粉水解物	0.45～0.6	16.7
甘露糖醇	0.5	8.4	赤藓糖醇	0.7～0.8	1.7
麦芽糖醇	0.8～0.9	8.4			

② 热值大多低于（或等于）蔗糖。糖醇不能完全被小肠吸收，其中有一部分在大肠内由细菌发酵，代谢成短链脂肪酸，因此热值较低。适用于低热量食品，或作为高热量甜味剂的填充剂。

（2）生理功能

① 在人体的代谢过程中与胰岛素无关，不会引起血糖值和血中胰岛素水平的波动，可用作糖尿病和肥胖患者的特定食品。

② 无龋齿性。可抑制引起龋齿的突变链球菌的生长繁殖，从而预防龋齿，并可阻止新龋齿的形成及原有龋齿的继续发展。

③ 有类似于膳食纤维的功能，可预防便秘、改善肠道菌群、预防结肠癌等作用。

糖醇类在大剂量服用时，一般都有缓泻作用（赤藓糖醇除外），因此，美国等规定当每天超过一定食用量时（视糖种类而异），应在所加食品的标签上要标明“过量可致缓泻”字样，如甘露糖醇为20g，山梨糖醇为50g。

2. 麦芽糖醇（氢化麦芽糖醇）

其分子式为$C_{12}H_{24}O_{11}$，相对分子量为344.31。麦芽糖醇作为低热量的糖类甜味剂，适用于糖尿病、心血管病、动脉硬化、高血压和肥胖症患者。因属非发酵性糖，可作为防龋齿甜味剂。也可作为蜜饯等的保香剂、黏稠剂、保湿剂等。

（1）性状　它是由一分子葡萄糖和一分子山梨糖醇结合而成的二糖醇。纯品为白色结晶性粉末，熔点146.5～147℃。因吸湿性很强，故一般商品为含有70%麦芽糖醇的水溶液。水溶液为无色透明的中性黏稠液体，甜度约为蔗糖的85%～95%，甜感近似蔗糖。难于发酵，有保香、保湿作用。在pH3～9时耐热，基本上不发生美拉德反应。在人体内不能被消化吸收，除肠内细菌可利用一部分外，其余无法消化而排除体外。易溶于水和醋酸。热量低[热量1.67kJ/g（0.4kcal/g）]，相当于蔗糖的十分之一。

（2）生理功能

① 调节血糖。麦芽糖醇吸收缓慢，进食后不升高血糖，不刺激胰岛素分泌，因此，当使用麦芽糖醇时，由于血糖升高而需要的胰岛素将大大减少。因此，对糖尿病患者不会引起副作用。

② 减脂作用。与脂肪同食时，可抑制人体脂肪的过度储存。当有胰岛素存在时，脂蛋白脂酶活度相应提高，而刺激胰岛素的分泌，这是造成动物体内脂肪过度积聚的主要因素。

③ 防龋齿作用。经体外培养，麦芽糖醇不能被龋齿的变异链球菌所利用，故不会产酸。

（3）制法　由淀粉原料（包括碎米）经磨浆后用α-淀粉酶保温约24h，至DE值（是以葡萄糖计的还原糖占糖浆干物质的百分比。国家标准中，DE值越高，葡萄糖浆的级别越高）不变后再升温、灭酶，得到以麦芽糖为主（含少量葡萄糖、麦芽三糖和麦芽四糖）的水解物，经脱色、过滤、精制后，在镍催化下，用7.0～8.5MPa、130～150℃进行氢化，然后脱色、浓缩、中和至pH为5.5～6.0而成麦芽糖醇糖浆（固形物75%～80%）。再经干燥，则得固形物为88.5%～95%的麦芽糖醇，如糖浆经过结晶，则可得固形物98%以上的结晶纯品。

3. 木糖醇

其分子式为$C_5H_{12}O_5$，相对分子量为152.15。

（1）性状　白色结晶或结晶性粉末，几乎无臭。具有清凉甜味，甜度0.65～1.00（视浓度而异；蔗糖为1.00）。热量17kJ（4.06cal/g）。熔点92～96℃，沸点216℃。与金属离子有螯合作用，可作为抗氧化剂的增效剂，有助于维生素和色素的稳定。极易溶于水（约1.6mL），微溶于乙醇和甲醇，热稳定性好。10%水溶液的pH为5.0～7.0（在pH3～8时稳定）。天然品存在于香蕉、胡萝卜、杨梅、洋葱、莴苣、花椰菜、桦树的叶和浆果及蘑菇等中。

（2）生理功能

① 调节血糖。对34～63岁有糖尿病史的全休与半休病人，给予50～70g/d木糖醇，经3～12个月，均能恢复正常工作，精力很好，血糖值下降的占72%，低于单纯服用降糖药者。口渴和饥饿感基本消失，尿量减少，有的达到正常，体重有不同程度的增加。由于糖尿病人对饮食（尤其是含淀粉和糖类的食品）需进行控制，因此能量供应常感不足，引起体质虚弱，易引起各种并发症。食用木糖醇能克服这些缺点。木糖醇有蔗糖一样的热值和甜度，但在人体内的代谢途径不同于一般糖类，不需要胰岛素的促进，而能透过细胞膜，成为组织

的营养成分，并能使肝脏中的糖原增加。因此，对糖尿病人来说，食用木糖醇不会增加血糖值，并能消除饥饿感、恢复能量和体力上升。

② 防龋齿作用。木糖醇本身不能被可致龋齿的变形菌所利用，也不能被酵母、唾液所利用，使口腔保持中性，防止牙齿被酸所蛀蚀。有试验表明，52 人用木糖醇完全代替饮食中的食糖，经两年后，木糖醇组的龋齿发生率比普通食用食糖者少 90%，新发生龋齿人数平均为 0.72。另有试验，每天用 4～5 块木糖醇口香糖代替一般的食糖口香糖，一年后，木糖醇组无新的龋齿发生，而对照组有 2.9/50 发生。而且改用木糖醇口香糖后，有些原有的龋齿也有所减轻。因此，木糖醇能防止龋齿的发生。

③ 调节肠胃功能。经北京联合大学保健食品检测中心的动物试验表明，木糖醇具有与低聚糖类似的改善小鼠胃畅功能的效果。木糖醇在动物肠道内滞留时具有缓慢吸收作用，可促进肠道内有益菌的增殖，每天食用 15g 左右，可达到调节肠胃功能和促进双歧杆菌增殖的作用。

（3）制法

① 由玉米芯或甘蔗渣经水解、净化、加氢精制而成。据报道，由甘蔗渣经酶法水解液制备，生产成本可降低 80%。

② 以玉米芯、甘蔗渣、秸秆等为原料，采用纤维分解酶等酶技术和生物技术生产木糖醇，可解决化学生产法所存在的设备和操作费用高、产品纯化困难等问题。所需设备为普通常温常压化工设备和通用发酵设备。

4. 山梨糖醇

其分子式为 $C_6H_{14}O_6$，相对分子量为 182.17。

（1）性状　白色针状结晶或结晶性粉末，也可为片状或颗粒状，无臭。有清凉爽口甜味，甜度约为蔗糖的 60%，在人体内可产生热量 16.7kJ/g。极易溶于水（1g/0.45mL），微溶于乙醇、甲醇和醋酸。低于 60%时易生霉。有吸湿性，吸湿能力小于甘油。水溶液的 pH 为 6～7。渗透压为蔗糖的 1.88 倍。天然品存在于植物界，尤其在海藻（红藻含 13.6%）、苹果、梨、葡萄等水果中，也存在于哺乳动物的神经、眼的水晶体等中。

（2）生理功能

① 调节血糖。经试验，在早餐中加入山梨糖醇 35g，餐后血糖值：正常人 9.3mg/dl，Ⅱ型糖尿病人为 32.2mg/dl，而食用蔗糖的对照值，正常人 44.0mg/dl，Ⅱ型糖尿病人为 78.0mg/dl。因此，缓和了餐后血糖值的波动。

② 防龋齿。食用山梨糖醇后，既不会导致龋齿变形菌的增殖，也不会降低口腔 pH 值（pH 值低于 5.5 时可形成菌斑）。

（3）制法　由葡萄糖在镍催化下经高温高压氢化后，由离子交换树脂精制浓缩、结晶、分离而成，或由浓缩液经喷雾干燥而成粉末结晶。

5. 铬

铬是葡萄糖耐量因子的组成部分，缺乏后可导致葡萄糖耐量降低。所谓“葡萄糖耐量”是指摄入葡萄糖（或能分解成葡萄糖的物质）使血糖上升，经血带走后使血糖迅速恢复正常。其主要作用是协助胰岛素发挥作用。缺乏后可使葡萄糖不能充分利用，从而导致血糖升高，有可能导致Ⅱ型糖尿病的发生。

6. 三氯化铬

紫色单斜结晶，相对密度 2.878，熔点 820℃，沸点 1300℃。易溶于水。能与烟酸化合成烟酸铬而具有与葡萄糖耐量因子相似的作用，从而起到提高胰岛素的敏感性，改善葡萄糖耐量的作用。

7. 蜂胶

蜂胶是蜜蜂从植物叶芽、树皮内采集所得的树胶混入工蜂分泌物和蜂蜡而成的混合物。具有广谱抑菌、抗病毒作用。中国每年饲养蜂群约700万群，年产蜂蜡初品约300t。一个5～6万只蜜蜂的蜂群一年约能生产蜂胶100～500g。由于原胶（即从蜂箱中直接取出的蜂胶）中含有杂质而且重金属含量较高，不能直接食用，必须经过提纯、去杂、去除重金属如铅等之后才可用于加工生产各种蜂胶制品。此外，蜂胶的来源和加工方法对于蜂胶的质量影响很大。

（1）主要成分　树脂50%～55%，蜂蜡30%～40%，花粉5%～10%。主要功效成分有黄酮类化合物，包括白杨黄素、高良姜精等。

（2）性状　红褐至绿褐色粉末，或褐色树脂状固体，有香味。加热时有蜡质分出。可分散于水中，但难溶于水，溶于乙醇。

（3）生理功能　具有调节血糖的功能。能显著降低血糖，减少胰岛素的用量，能较快恢复血糖正常值。消除口渴、饥饿等症状，并能防治由糖尿病所引起的并发症。据测试，总有效率约40%。蜂胶本身是一种广谱抗生素，具有杀菌消炎的功效。糖尿病患者血糖含量高，免疫力低下，容易并发炎症，蜂胶可有效控制感染，使患者病情逐步得到改善。蜂胶降血糖、防治并发症的机理可能有以下几点。

① 蜂胶中的黄酮类、萜烯类物质有促进肝糖原的作用，从而降低血糖。而且这种调节是双向的，不会降低正常人的血糖含量。

② 蜂胶不仅可以抗菌消炎，还能活化细胞，促进组织再生。因此可以使发生病变、丧失分泌功能的胰岛素细胞恢复功能，从而降低血糖含量。

③ 黄酮类化合物可以降低血脂，改善血液循环，因而可防治血管并发症。

④ 蜂胶中黄酮类、苷类能增强三磷酸腺苷（ATP）酶活性。ATP是机体能量的源泉，能使酶活性增加，ATP含量增加，促进体力恢复。

⑤ 所含钙、镁、钾、磷、锌、铬等元素，对激活胰岛素、改善糖耐量，调节胰腺细胞功能等都有一定意义。

8. 南瓜

品种较多，瓜型不一，有长圆、扁圆、圆形或瓢形等，表面光滑或有突起和纵沟，呈赤褐、黄褐或赭色。肉厚，黄白色。20世纪70年代日本即用南瓜粉治疗糖尿病，但至今对南瓜降糖的作用机理并不明确，有的认为主要是南瓜戊糖；有的认为主要是果胶和铬，因果胶可延缓肠道对糖和脂类的吸收，缺铬则使糖耐量因子无法合成而导致血糖难以控制。

9. 番石榴叶提取物

在日本、中国台湾和东南亚亚热带地区，民间将番石榴的叶子用作糖尿病和腹泻药已有很长时间。番石榴叶提取物的主要成分是多酚类物质，其中以窄单宁、异单宁和柄单宁为主要有效成分。还含有皂苷、黄酮类化合物、植物甾醇和若干精油成分。将番石榴叶的50%乙醇提取物按200mg/kg的量经口授于患有Ⅱ型糖尿病的大鼠，血糖值有类似于给予胰岛素后的下降，显示有类似胰岛素的作用。

复习思考题

1. 糖尿病的分类及起因有哪些？

2. 通常糖尿病患者的症状是什么?
3. 具有调节血糖功能的物质有哪些?
4. 如何设计调节血糖的功能性食品?

子情境10 辅助抑制肿瘤功能性食品开发

肿瘤是人类健康的大敌，据世界卫生组织报道，全世界约有1000万人被确诊为癌症患者，由此而死亡者约为500万，占全世界每年死亡总人数的10%左右。我国每年死于肿瘤的人数近百万，待治人数150万左右，其中新患者约100万，肿瘤已成为我国居民死亡的第二位因素。

肿瘤的发生是由于化学、物理、生物及营养等外在因素与机体内在因素相互作用后引起的细胞遗传物质基因突变的结果，当发生基因突变的细胞在体内大量繁殖而超过了机体的免疫监视能力时即可形成肿瘤。电离辐射、一些化学物质（如多氯联苯、亚硝基化合物、黄曲霉毒素、环磷酰胺、铬、镉等）及某些DNA病毒和RNA病毒等均可引起宿主细胞基因突变。吸烟有害健康，这是众所周知的，其中所含的多种物质具有致癌作用，研究表明吸烟者肺癌的发生率明显高于不吸烟者。宿主的遗传易感性是肿瘤发生的基础。流行病学研究表明，约有2%的肿瘤存在着明显的遗传倾向，80%～90%的肿瘤由环境因素诱发，其中35%归因于食物因素、30%的病因是吸烟、而5%是由职业与环境中化学致癌剂所致。可见，研究开发抗肿瘤功能性食品应重点围绕防止基因突变、提高机体免疫力开展工作。

一、肿瘤的定义与分类

(一) 肿瘤的定义

肿瘤是一种常见病、多发病，其中通常称为癌症的恶性肿瘤是目前危害人类健康最严重的一类疾病。肿瘤是机体在各种致瘤因素作用下，局部组织的细胞在基因水平上失去了对其生长的正常调控，导致异常而形成的新生物。这种新生物常形成局部肿块，因而得名。正常细胞转变为肿瘤细胞后的核心问题是丧失了对正常生长调控的反应。

(二) 肿瘤的分类

依据肿瘤对机体危害程度的轻重不同，将肿瘤大体上分为良性肿瘤和恶性肿瘤。良性肿瘤一般对机体影响小，易于治疗，疗效好；恶性肿瘤危害大，治疗措施复杂，疗效不够理想。

恶性肿瘤的命名，按一般原则有以下3种情况。

(1) 癌　上皮组织来源的恶性肿瘤统称为癌。命名方法为：组织来源加癌。如来源于鳞状上皮的恶性肿瘤称为鳞状细胞癌或鳞状上皮癌，简称鳞癌；来源于腺上皮的恶性肿瘤称为腺癌。

(2) 肉瘤　来源于间叶组织（包括纤维结缔组织、脂肪、肌肉、脉管、滑膜骨、软骨组织）的恶性肿瘤统称为肉瘤，命名方式是在来源的组织名称之后加“肉瘤”，例如纤维肉瘤、横纹肌肉瘤、骨肉瘤等。

(3) 癌肉瘤　一个肿瘤中既有癌的成分又有肉瘤的成分，则称为癌肉瘤。近年研究表明，真正的癌肉瘤罕见，多数为肉瘤样癌。

二、肿瘤的病因与危害

（一）肿瘤的病因

肿瘤发病是涉及多个步骤的病理过程。与肿瘤发病相关的因素依其来源、性质与作用方式的不同，可分为内源性与外源性两类。外源性因素来自外界环境，和自然环境与生活条件密切相关，包括化学因素、物理因素、致瘤性病毒、霉菌毒素等；内源性因素有机体的免疫状态、遗传性、激素水平及 DNA 损伤修复能力等。

目前认为凡能引起人或动物肿瘤形成的化学物质，称为化学致癌物。根据化学致癌物的作用方式可将其分为致癌物和促癌物两大类。致癌物是指这类化学物质进入机体后能诱导正常细胞癌变的化学致癌物。如各种致癌性烷化剂、亚硝酰胺类、芳香胺类、亚硝胺及黄曲霉毒素等。促癌物又称肿瘤促进剂。促癌物单独作用于机体内无致癌作用，但能促进其他致癌物诱发肿瘤形成。常见的促癌物有巴豆油、糖精及苯巴比妥等。

物理因素主要包括电离辐射和紫外线照射。如长期的接触放射性同位素可引起恶性肿瘤，紫外线照射可导致皮肤癌。

（二）肿瘤的危害

肿瘤不管是良性还是恶性，本质上都表现为细胞失去控制的异常增殖，这种异常生长的能力除了表现为肿瘤本身的持续生长之外，在恶性肿瘤还表现为对邻近正常组织的侵犯及经血管、淋巴管和体腔转移到身体其他部位，而这往往是肿瘤致死的原因。

恶性肿瘤已经成为人类死亡的第二位原因，每年全世界约有 700 万人死于癌症。尽管与一些发达国家如美国、英国、法国、俄罗斯、日本等相比，我国恶性肿瘤死亡率及占总死亡人数的比例相对较低，在我国恶性肿瘤在各种死因中也已经排在第二位，在部分城市则已排在首位；并且从 20 世纪 70 年代到 90 年代，肿瘤死亡率呈明显上升趋势，由 83.65/10 万上升至 108.26/10 万，尤其是男性从 96.31/10 万上升到 134.91/10 万，增长达 38.60%。若按世界调整死亡率进行比较，增幅也达 29.79%，远远超过同期美国的 2.8%、英国的 3.5%、法国的 9.2%和日本的 5.3%。

肿瘤因其良恶性质的不同，对机体的影响明显不同。

1. 良性肿瘤

良性肿瘤对机体影响较小，但因其发生部位或有相应的继发改变，有时也可引起较为严重的后果。主要表现如下。

① 局部压迫和阻塞：是良性肿瘤对机体的主要影响。如消化道良性肿瘤（如突入管腔的平滑肌瘤）可引起肠梗阻等。

② 继发性改变：膀胱的乳头状瘤等肿瘤，表面可发生溃疡而引起出血和感染。支气管壁的良性肿瘤，阻塞气道后引起分泌物潴留也可引起肺内感染。

③ 内分泌性良性肿瘤对全身的影响：内分泌的良性肿瘤常因能引起某种激素分泌过多而引起相应的内分泌症状，以及神经、肌肉及骨关节和血液等方面的症状异常。

2. 恶性肿瘤

恶性肿瘤由于分化不成熟，生长快，浸润破坏器官的结构和功能，并可发生转移，因此对机体的影响严重。恶性肿瘤除可引起与上述良性瘤相似的局部压迫和阻塞症状外，还可引起更为严重的后果。

① 并发症：肿瘤可因浸润、坏死而并发出血、穿孔及病理性骨折及感染。出血是引起医生或患者警觉的信号。例如：肺癌的咯血、大肠癌的便血、鼻咽癌的涕血、子宫颈癌的阴道流血、肾癌、膀胱癌的无痛性血尿、胃癌的大便血等。

② 顽固性疼痛：肿瘤浸润、压迫局部神经可引起顽固性疼痛等症状。

③ 恶病质：恶性肿瘤晚期，机体严重消瘦、无力、贫血和全身衰竭的状态称恶病质，可导致患者死亡。

三、抗肿瘤功能性食品的开发

人类约有35%的肿瘤是与膳食因素密切相关的。只要合理调节营养与膳食结构，发挥各种营养素和非营养素自身的预防肿瘤功效，就可有效地控制肿瘤的发生。科学证实，改变膳食可以预防50%的乳腺癌、75%的胃癌和75%的结肠癌。

（一）预防肿瘤的膳食建议

世界癌症研究基金会关于预防肿瘤的膳食建议为：

(1) 合理安排膳食，膳食中保证充分营养，食物要多样化。

(2) 膳食以植物性食物为主，包括各种蔬菜、水果、豆类以及粗加工谷类等。

(3) 坚持每天摄入400～800g各种蔬菜和水果；每天摄入600～800g各种谷类、豆类、植物类根茎，以粗加工为主，限制精制糖的摄入。

(4) 红肉摄入量应低于90g/d，红肉指牛肉、羊肉、猪肉或由这些肉类加工成的食品。选择鱼和禽肉比红肉更有益健康。

(5) 限制高脂食物，尤其是动物性脂肪的摄入，多摄入植物油，并控制用量。限制腌制食品的摄入，控制烹调盐和调料盐的摄入，成人食盐摄入量低于6g/d。

(6) 不要摄入常温下储存时间过长、可能受到真菌毒素污染的食物；采用冷藏或其他合适方法保存易腐烂食物。

(7) 食物中的添加剂、污染物和其他残留物低于国家规定限量，它们的存在是无害的，但乱用或使用不当可能影响健康。

(8) 不摄入烧焦的食物，以及少量摄入直接在火上烧烤的肉、鱼、腌肉或熏肉。

(9) 一般不必摄入营养补充剂，营养补充剂对抗肿瘤可能没有帮助。

(10) 控制体重，坚持体育锻炼，反对过量饮酒。

（二）膳食营养与肿瘤

1. 总能量

动物实验表明，限制能量摄入可以抑制肿瘤形成、延长肿瘤潜伏期、降低肿瘤发病率。

体重超重或肥胖的人比体重正常的人更易有患肿瘤的危险，但是近年来也有学者的研究反向提示，如果成年人热能摄入不足，同时蛋白质、脂肪、碳水化合物的量也不能满足需要，导致消瘦，会使抵抗力下降，使胃癌的发病率增高。

因此，热能供给应以能维持理想体重或略轻于理想体重为标准。

2. 碳水化合物

Hems分析41个国家乳腺癌与膳食关系，他发现摄食精制糖量与乳腺癌发生率有关。Hakama和Saxen分析16个国家胃癌死亡率与谷类摄取量（面粉）呈正相关。对不同国家胃癌发病情况的研究表明，胃癌病人吃淀粉的量和次数明显地多于对照者。有的国家居民随着减少膳食中的土豆和面包的量，增加脂肪和动物蛋白的量，则胃癌发病率下降。也曾有人提出玉米是胃癌高发区经常食用的食物。但实际上并不是以高淀粉为主要膳食的国家胃癌就高发；并且食物中碳水化合物增多必然影响到其他食物成分的变化。因此难以确定高碳水化合物食物是胃癌高发的普遍性因素。Kolonel 等调查夏威夷居民癌瘤发病率，认为与碳水化合物摄入无关。

3. 膳食纤维

研究重点是膳食纤维摄入量与大肠癌发病的关系，目前比较一致的观点是膳食纤维有助于降低大肠癌的危险。

作用机制：

① 膳食纤维使肠道致癌物得到稀释；

② 缩短肠内容物停留时间，减少了致癌物与肠道的接触时间；

③ 影响致癌物（如胆酸）的生成；

④ 影响肠道菌丛的分布，改变了胆酸的成分。

4. 蛋白质

膳食蛋白质可能与乳腺、子宫内膜、前列腺、结肠、胰和肾等部位的肿瘤有关。但富含蛋白质的食品常常也富含其他成分、尤其是富含动物脂肪的食品，所以也可能是由于其他成分所致。在日常饮食中，蛋白质含量不足与过量均对癌症的发生与发展具有促进作用。

动物实验表明，满足最低生长需要的低蛋白饲料可使化学致癌物对动物所产生的癌症发生率下降，甚至不发生。

5. 脂类

(1) 脂肪　在各种营养素与癌症发生关系的研究中，脂肪的相关性最明显，证据也最多。饮食中脂肪含量高时，刺激胆汁分泌增多，胆汁在大肠细菌的作用下被分解，形成石胆酸，而石胆酸已被证明具有一定的致癌作用，且高脂膳食易造成便秘，使食物中的致癌物质在直肠存留时间长，诱发直肠癌；摄入的脂肪过高，还可诱导雌激素的分泌增加，导致乳腺癌的发生率增高。因此应避免脂肪的过量摄入。

人群流行病学调查发现，脂肪摄入量与妇女乳腺癌和结肠癌死亡率呈明显的正相关。以肉食为主的欧美国家，妇女上述两种癌症的死亡率明显高于以素食、谷类为主的亚非国家。前列腺癌和直肠癌的发病率和死亡率也与高脂肪摄入量呈现明显的正相关。

(2) 胆固醇　有报告认为血清胆固醇水平与结肠癌死亡率呈负相关，即血清胆固醇水平上升，则结肠癌死亡率反而下降。

(3) 不饱和脂肪酸　在总脂肪摄入量低的情况下，不饱和脂肪酸的量不会起多大的作用。但在总脂肪摄入高的情况下，不饱和脂肪酸可能会促进癌症的发生。

6. 维生素

(1) 维生素 A　维生素 A 可维护上皮组织的健康，增强对疾病的抵抗力，能阻止、延缓或使癌变消退，抑制肿瘤细胞的生长和分化。许多病例对照研究表明，上皮细胞癌的发生率与维生素 A 摄入量呈负相关。

(2) 维生素 C　实验证明，维生素 C 对化学致癌物亚硝胺的形成有阻断作用，可抑制人体内亚硝胺的合成。维生素 C 还能巩固和加强机体的防御能力，使癌细胞丧失活力。肿瘤流行病学调查表明，许多消化道肿瘤与维生素 C 摄入不足有关。

(3) 维生素 E　关于维生素 E 对癌症的影响，目前尚无流行病学资料。不少动物实验资料证明维生素E能对抗多种致癌物的作用。维生素E也能阻断食物中某些成分合成亚硝胺，故有防癌作用。

7. 矿物质

（1）硒　硒的抗癌作用主要通过以下几方面：

① 抗氧化损伤，硒是强有力的抗氧化剂，可清除体内自由基，保护细胞膜免受氧化损伤；

② 硒的代谢产物特别是甲基化硒化物能抑制癌细胞的生长；

③ 硒是体内有毒物质的保护剂，能保护组织，免于受有毒物质侵害，对机体内有害金属元素起抵抗作用；

④ 硒还可提高机体免疫力。其他矿物质如钙、镁等对维持机体的免疫状态，生物膜的正常均有一定的作用。动物实验表明，硒可抑制多种化学致癌物的致癌作用。流行病学资料也说明，消化道癌症患者血硒水平明显低于健康人。美国调查发现农作物中硒含量越低的地区，消化系统和泌尿系统肿瘤的死亡率就越高。

（2）锌　Schrauzer（1977）估计了27个国家的食物摄入量，发现锌摄入量与白血病、肠癌、乳腺癌、前列腺癌和皮肤癌呈正相关。而其他一些研究则认为锌摄入量低与食管癌发生有关，因此，锌具有抗癌作用，缺锌会增加癌症的发病率。

（3）其他矿物质　铜和铁的资料很少，碘缺乏时可增加患甲状腺癌的危险，但证据不充足。中国的报告认为钼缺乏与食管癌有关。钼缺乏可增加食道癌的发病率，如我国河南林州市土壤中缺钼，是食道癌的高发区，当施以钼盐后，食道癌的发病率显著降低。镉在职业性接触下能引起肾和前列腺癌，但对在膳食和饮水中镉的作用却报告不一。动物实验也未发现饮水中镉有致癌作用，但皮下及肌肉注射可致癌。砷和铅已被证明对人有致癌作用。

研究开发抗肿瘤功能性食品应该具有或部分具有抗突变、抑制肿瘤生长、提高机体免疫力、清除自由基、调节内分泌、减少致癌物形成或促进其排泄等功能。要实现这些作用既需要充分合理地应用各种生理活性物质，也需要正确合理的搭配使用各种基本的营养素，以充分发挥抗肿瘤食品的保健作用和最大限度地调动机体的免疫功能。

（三）具有辅助抑制肿瘤功能的物质

1. 大蒜

（1）主要成分　大蒜的完整组织仅存在着有活性成分的前体物质——无色无味针状结晶的蒜氨酸，含量0.24%，无辣味。蒜氨酸由85%*S*-烯丙基蒜氨酸、2%丙基蒜氨酸和13%*S*-甲基蒜氨酸组成。在蒜氨酸酶与磷酸吡哆醛辅酶参与下，先生成一种复合物，再分解成具强烈辛辣味的挥发性物质——大蒜素，后者不稳定，即使在室温下也会分解，遇光、热或有机溶剂即降解成各种含硫有机化合物，形成大蒜的特殊气味。主要是二烯丙基三硫醚（大蒜新素，含量约12%～19%）、二烯丙基二硫醚（含量约23%～39%）、二烯丙基硫醚、烯丙基甲基三硫醚、烯丙基甲基二硫醚、烯丙基甲基硫醚等约30余种。这些化合物统称为二烯丙基二硫化物。

（2）生理功能

① 辅助抑制肿瘤。能阻断亚硝胺的合成。新鲜大蒜液对小鼠自发性乳腺癌的生长有抑制作用；提取物能抑制Morris肝癌的生长；热水煮出液对人的宫颈癌细胞J-26的抑制率达70%～90%（即含有耐热抗癌物）。日本曾用大蒜“疫苗”对长有上百万个肿瘤的小鼠进行

试验，结果无一发生癌症。大蒜滤液、大蒜油、大蒜素分别使癌细胞内环腺苷酸（cAMP）水平升高 132.74%、209.6%和 77%。即调动体内抑制癌因素 cAMP 的代谢，达到抗癌的作用。

② 免疫调节作用。可增加实验动物脾脏重量，增加吞噬细胞和 T 细胞数，增强吞噬细胞的吞噬能力，提高淋巴细胞转化率。免疫功能低下服用后可使淋巴细胞转化率明显升高。

③ 降低胃内亚硝酸盐含量。可降低胃内亚硝酸盐含量，降低胃癌发病率。促进肠胃消化液的分泌。以及杀灭微生物等作用。

据美国卫生总署国家癌症中心于 1992 年用 2700 万美元历时 3 年进行的“防癌食品”研究，通过对 40 多种食物的比较研究，得出大蒜为第一位有效抑癌物质。

2. 硒及含硒制品

硒为人体必需的微量元素之一，是红细胞中谷胱甘肽过氧化物酶等的必要成分，并以此形式与生育酚相互协同发挥抗氧化作用，即防止不饱和脂肪酸中双键的氧化，使细胞膜避免过氧化物损害。此外也以甲酸脱氢酶、甘氨酸还原酶和肌肉蛋白等形式存在。人体含硒约 14～20mg，主要分布于肺、肝、皮肤、肾、毛发等中，其中的 1/3 存在于肌肉尤其是心肌中。在血液中的含量为 1～10μmol/L。动物缺硒时可表现为：禽类生长障碍、羽毛失常、胰腺的纤维变性；牛羊则患白肌病；猪可发生饮食性肝坏死等。近年来经进一步研究，发现硒与肿瘤、免疫等有密切关系。

在天然食品麦芽、大麦、鱼类、大蒜、蘑菇等中都含有丰富的硒（mg/kg）：小麦胚 1.11，小麦麸皮 0.63，小麦面粉 0.19，麦片 0.45，鳕鱼 0.43，比目鱼 0.34、牡蛎 0.65，生大蒜 0.25，鲜蘑菇 0.13，猪肾 1.89，牛肉 0.20，鸡腿肉 0.14，鱼粉 1.93。

为弥补天然食品中硒量的不足，按 GB 2760—1996 规定，可用硒酸钠、亚硒酸钠、硒蛋白、富硒食用菌粉，富硒酵母等作为硒源。其中富硒酵母因其安全性和吸收率高而广为采用。

硒具有以下生理功能：

（1）辅助抑制肿瘤作用

① 硒进入机体后，与蛋白质相结合而成为谷胱甘肽过氧化物酶（GSH-Px），该酶具有明显的抗氧化作用，能抑制和分解过氧化反应，从而清除自由基，保护细胞的畸变，并能修复细胞畸变所带来的分子损伤，起到抑制肿瘤的作用。

② 硒能调节环腺苷酸（cAMP）的代谢，抑制肿瘤细胞中磷酸三酯酶的活性，使能抑制肿瘤细胞 DNA 合成的 cAMP 的水平提高，阻止肿瘤细胞的分裂，从而起到抗肿瘤的作用。

③ 硒能增强吞噬细胞的吞噬作用，增强 T 细胞和 B 细胞的增殖力，即通过提高机体细胞的免疫功能而起到抗肿瘤的作用。

④ 硒能影响致癌物质的代谢，抑制前致癌物转变成致癌物。

⑤ 维生素 A 和维生素 E 均能增强硒的抗肿瘤能力。

（2）免疫调节作用

① 硒能刺激机体产生较多的免疫球蛋白 IgM 和 IgG。

② 硒能激活巨噬细胞、脾淋巴细胞的增殖反应和 T 淋巴细胞的活性。

③ 硒能明显提高中性粒细胞的活性氧化代谢产物的产生，增强中性粒细胞的吞噬能力。

（3）降低黄曲霉毒素的毒性

缓和由其所致的急性损伤（肝中心小叶坏死的程度和死亡率）。

3．番茄红素

番茄红素属类胡萝卜素，但没有β-胡萝卜素之类能在人体内转化为维生素 A 的生理功能。番茄红素在番茄中的含量最高，但普通品种含量仅 33～37mg/kg，但在一些特殊品种中的含量可达 400mg/kg。

番茄红素在番茄等中大部分为全反式结构（71%～91%），但在人的血液中全反式结构仅占 27%～42%，而顺式却占 58%～73%，在人的前列腺组织中，全反式仅占 12%～21%，而顺式却占到 79%～88%。研究还表明，顺式异构体比反式更容易被吸收。如加热生产的番茄酱比未加热的番茄酱更容易被吸收，就是因为未被加热的番茄酱是以全反式存在的，而番茄酱在玉米油中加热 1h，番茄红素会从全反式变为顺式。

（1）性状　暗红色粉末或油状液体。油溶液呈黄橙色。耐热和耐光性优良。不溶于水，溶于乙醇和油脂。属类胡萝卜素，纯品为针状深红色晶体（从二硫化碳和乙醇的混合液析出者）。熔点 174℃，可燃。易溶于二硫化碳（1g/5mL）、沸腾乙醚（1g/3L）、正己烷（1g/14L，0℃）；溶于氯仿和苯；微溶于乙醇和甲醇。因属脂溶性色素，溶于油脂后方能被吸收利用。

在植物体中较稳定，制成的纯品易氧化，可吸收氧达 30%（最后达 41%）。可因光线、氧气、高温、酸、碱而破坏。

成熟的番茄中含量特别多。尚存在于灯笼大红辣椒、蔷薇果、西瓜、木瓜、番石榴、君影草果实、柿子、南瓜的果肉、葡萄柚的果实等中。

（2）生理功能

① 辅助抑制肿瘤。通过抗氧化作用，抑制氧化游离基，降低发生肿瘤的危险性，已证实对预防前列腺癌、肺癌、胃癌最有效，对胰腺癌、大肠癌、食道癌、口腔癌、乳腺癌、子宫颈癌也有较好的预防作用。对已形成的肿瘤，能使之缩小，延缓扩散，尤其是前列腺癌。据美国哈佛大学的报告，每周食用 10 次，患前列腺癌的危险降低 45%，每周 4～7 次，可降低 20%。美国哈佛医学院 1998 年的临床研究，发现番茄红素能防癌，能缩小肿瘤，减慢肿瘤的扩散速度，特别是对前列腺癌、肺癌和胃癌。

② 抗辐射。防止皮肤受紫外线伤害。当紫外线照射皮肤时，皮肤中的番茄红素首先被破坏，照射紫外线的皮肤中的番茄红素比未照射皮肤减少 31%～46%，而且β-胡萝卜素含量几乎不变。这表明番茄红素具有较强的减轻组织氧化损伤的作用。

4．虾青素

许多日常食物中含有大量的虾青素，养殖大西洋鲑鱼含虾青素 4～10mg/kg，野生银大马哈鱼平均含虾青素 14mg/kg，红大马哈鱼的虾青素质量浓度高达 40mg/kg。人分别服用 3.6mg/d、7.2mg/d、14.4mg/d 剂量的虾青素都没有出现不良反应，而且血浆低密度脂蛋白（LDL）氧化的速率随剂量增加而减慢。

（1）性状　虾青素分子式：$C_{40}H_{52}O_4$ 红褐色至褐色粉末或液体。在油脂溶液中呈橙红色。耐热性强，耐光性差，不随 pH 值变化而变色，长时间与空气接触会褪色。溶于乙醇和油脂，不溶于水。属类胡萝卜素，但不能转化为维生素 A。可作为食用色素使用。

（2）生理功能

① 辅助抑癌作用。对肿瘤细胞增殖有抑制作用。对人的大肠癌 SW116 细胞的增殖有明显抑制作用。此外，对膀胱癌、口腔癌和由紫外线引起的皮肤癌也有一定抑制作用。

② 抗氧化作用。有很强的抗氧化和消除自由基的作用，在类胡萝卜素中，随着共轭双

键的增加而增强，以虾青素的作用最强，虾青素的抗氧化性比 α-生育酚强 100～150 倍。

③ 增强免疫功能。能促进 T 细胞的活性作用。

5. 鲨鱼软骨粉

由鲨鱼软骨制成的一种硫酸软骨素和蛋白质的复合体，相对分子质量 2 万～4 万。由硫酸软骨素-葡萄糖醛酸-半乳糖-木糖-丝氨酸等构成的一种酸性黏多糖与蛋白质相结合的糖蛋白。作为商品常加有糊精以制成粉末。

主要构架硫酸软骨素也有 A、B、C、D、E、F 等多种，其中以 A、B、C 三种为主，其中硫酸软骨素 B 又称硫酸皮肤素。鲨鱼软骨中则以 D 型为主。

(1) 性状　灰白色至微黄褐色无定型粉末。略有特殊腥臭味和咸味，有吸湿性。溶于水呈黏稠液，加热不凝结，不溶于乙醇、丙酮和冰醋酸。

(2) 生理功能　能抑制肿瘤周围血管的生长，使肿瘤细胞因缺乏营养而萎缩、脱落。

6. 琼脂低聚糖

琼脂低聚糖由红藻类石花菜、江蓠等海藻，经碱、酸等处理后一般供食用或配制培养基等用的琼脂（也称“洋菜”）。将琼脂在弱酸下加热以进一步水解，可得由琼脂二糖、四糖、六糖和八糖所组成的琼脂低聚糖，如加热时间延长，则可得以琼脂二糖为主，同时含有一定量 κ-卡拉二糖和新琼脂二糖的混合物。

琼脂低聚糖具有以下生理功能：

(1) 抑癌作用　将人的结肠癌细胞植入大鼠皮下而成负瘤体后，饲以琼脂二糖为主的琼脂低聚糖。可见肿瘤体积和重量减少，有 20%的肿瘤消失。

(2) 抗氧化作用　当体内 NO 过多时，可使周围细胞破裂，并可引起慢性肾功能障碍，溃疡性大肠炎，慢性关节病变，并可导致细胞遗传因子障碍等。而琼脂二糖有抑制 NO 产生的活性，对已产生的 NO 有明显抑制其活性的活力，并使其转变成无害的 NO_2。琼脂二糖和 κ-卡拉二糖对 NO 的半数抑制浓度（IC_{50}）分别为 36.1μmol/L 和 34.7μmol/L。而新琼脂二糖的 IC_{50} 则需 1000μmol/L 以上。

7. 冬凌草（也称碎米亚）

冬凌草甲素（oridonin）、冬凌草乙素（ponicidin）、冬凌草素（guidongnin）、卢氏冬凌草甲素（ludongnin A），以及单萜、倍半萜、二萜、三萜等一系列萜类组分等。

冬凌草具有以下生理功能：

对移植性动物肿瘤艾氏腹水癌、食道癌 109 株、乳腺癌和肉瘤 S_{180}、肝癌、网织细胞肉瘤等均有明显抑制作用。

8. 十字花科蔬菜

十字花科蔬菜是一类因有十字花而得名的蔬菜，包括卷心菜、花茎甘蓝、花菜、白菜、萝卜及其他的芸苔科和芸苔属蔬菜。有些研究报告证明十字花科蔬菜及其某些成分可能具有防癌作用。异硫氰酸酯是天然存在于各种十字花科蔬菜中的葡糖异硫氰酸酯的降解产物，是研究最多的十字花科蔬菜的成分。目前，已对 20 多种天然和合成异硫氰酸酯预防癌症发生的能力进行了研究。挥发性异硫氰酸酯是蔬菜的硫葡糖苷释放出来的，具有明显的气味。异硫氰酸丙烯酯（芥子油）普遍存在于卷心菜中。水田芥菜中有丰富的异硫氰酸苯乙酯。中国大白菜中有蔓菁素（一种吲哚）。十字花科蔬菜中有各种具有化学预防作用的化学物质，其浓度取决于降水、日照、土壤和种子储备情况等。

流行病学研究表明，摄入十字花科蔬菜预防肺、胃、结肠肿瘤。体内试验证明，对致癌物有混合的脱甲基和氧化作用；预防肝、肺、乳腺、胃和食管肿瘤的发展；对谷胱甘肽巯基转移酶（GST）和其他酶活性有混合作用。

复习思考题

1. 引起肿瘤发生的因素有哪些？
2. 肿瘤对人体有哪些危害？
3. 具有辅助抑制肿瘤功能的物质有哪些？

子情境11　调节肠道菌群功能性食品开发

人体和动植物体一样，按生态学规律在一定的生态环境中生活，机体与机体外环境生态间或与机体内定居的微生物群之间的关系，分别属于宏观生态学和微观生态学。肠道微生态环境是人体微生态系统中主要的、最活跃的部分。人体在长期的生活过程中与体内寄生的微生物之间形成了相互依存、相互制约的关系。肠道微生态环境的改变必然会导致肠道微生物菌群平衡失调，也会对人体健康带来显著影响。

一、肠道微生态环境

（一）人体肠道菌群及其构成

在长期的进化过程中，宿主与其体内寄生的微生物之间，形成了相互依存互相制约的最佳生理状态，双方保持着物质、能量和信息的流转，因而机体携带的微生物与其自身的生理、营养、消化、吸收、免疫及生物拮抗等有密切关系。

有学者曾提出，一个健康人全身寄生的微生物（主要是细菌）有1271g之多，其中眼1g、鼻1g、口腔20g、肺20g、阴道20g、皮肤200g，当然最多的还是肠道，达1000g，总数为100万亿个（10^{14}），相当于人体细胞数（10^{13}）的10倍。在人体微生态系统中，肠道微生态是主要的，最活跃的，一般情况下也是对人体健康有更加显著影响的。

人类肠道菌群约有100余种菌属，400余菌种，菌数约为10^{12}～10^{13}个/g粪便，占干粪便重1/3以上，其中以厌氧菌和兼性厌氧菌为主，需氧菌比较少。形态上有拟杆菌、球菌、拟球菌和梭菌。这些细菌产生各种酶，起着对人体有益、无关和有害的作用，有的是肠道定植菌，有的只是一时的过路菌。肠道是一个细菌的寄宿地或者说是一个发酵车间。在人体功能与饮食或药物影响下产生的肠道环境条件的改变，肠道菌群的构成与数量也随之而变化。从而也对机体健康，首先是肠道功能产生重要影响。因而人们要研究并力求保持对人体健康最佳的肠道菌群构成，这便是本节及有关章节阐述的主要问题。

婴儿在出生之前的肠道是无菌的。在出生同时，各种菌开始在婴儿的肠道内繁殖。最初是大肠菌和肠球菌、梭菌占主体，出生后5天左右，双歧杆菌开始占优势。在婴儿期双歧杆菌保持者绝对优势的状态，母乳喂养儿之所以抗病力强，其理由之一即为肠道内双歧杆菌占绝对优势而起到防御感染的作用。

在婴幼儿期占绝对优势的双歧杆菌从断奶开始直到成年期渐渐显示出减少的趋势，类杆菌、真细菌等成年人型菌逐渐占有优势。到了中老年以后，双歧杆菌进一步减少，韦永球菌等有害菌在进一步增加。因此，对中老年人，增加肠道内双歧杆菌和乳杆菌，对人体健康将十分有利。

(二) 肠道主要有益菌及其作用

双歧杆菌与乳杆菌是人肠道中有益菌的代表，其所以有益，主要是降低肠道 pH，抑制韦永球菌、梭菌等腐败菌的增殖，减少腐败物质产生，同时也因 pH 下降而对病原菌的生存与增殖很不利（见表 1-8）。以下仅对乳杆菌与双歧杆菌对人体的有益作用略加介绍。

表 1-8　肠道菌群中主要细菌的作用

有益作用	肠道菌
免疫调节	大肠埃希菌 乳杆菌 真杆菌 双歧杆菌 拟杆菌
助消化、促吸收与延缓衰老	乳杆菌 双歧杆菌 拟杆菌
抑制外来菌与病原菌的生长	肠球菌 乳杆菌 链球菌 真杆菌 双歧杆菌
合成维生素与分解腐败产物	双歧杆菌 乳杆菌

有害作用	肠道菌
腹泻与便秘、致病性感染、肝、脑损害与致肿瘤	绿脓假单胞菌 变形杆菌 葡萄球菌 梭杆菌 肠球菌 大肠埃希菌 链球菌 真杆菌 拟杆菌
产生腐败产物	拟杆菌
产生致癌物	大肠埃希菌 链球菌 拟杆菌

1. 乳杆菌

乳杆菌是人们认识最早、也是研究较多的肠道有益菌。最常见的应用例是从 20 世纪 20 年代就开始生产饮用的用人工培养的嗜酸乳杆菌及其接种培养的发酵乳和酸乳，用以纠正便秘及其他肠道疾病。现在已知的乳杆菌对人体健康的有益作用主要有以下 4 点：

（1）抑制病原菌和调整正常肠道菌群　嗜酸乳杆菌对肠道某些致病菌具有明显的抑制作用，如大肠埃希菌中的产毒菌种、克雷伯菌、沙门菌、志贺菌、金黄色葡萄球菌以及其他一些腐败菌。这种机制作用既归因于代谢产物中的短链脂肪酸，也有抗菌样物质的作用。在大剂量抗生素治疗时和治疗后，肠道正常菌群被大量杀灭，难辨芽孢梭菌过度增殖可引起伪膜性肠炎，而嗜酸乳杆菌既能控制该菌过度增殖同时又能抑制其产生毒素。从而起到保护肠道菌群的作用。另一方面，嗜酸乳杆菌还能与外籍菌或称过路菌或致病菌竞争性地占据肠上皮细胞受体而达到抗菌作用。

（2）抗癌与提高免疫能力　迄今已有的研究和报告，可将其作用列出如下几点：

① 激活胃肠免疫系统，提高自然杀伤（NK）细胞活性；

② 同化食物与内源性和肠道菌群所产生的致癌物；

③ 减少 β-葡萄糖苷酶、β-葡萄糖醛酸酶、硝基还原酶、偶氮基还原酶的活性，这些被认为与致癌有关；

④ 分解胆汁酸。

（3）调节血脂　该菌能减低高脂人群的血清胆固醇水平，而对正常人群则无降脂作用。其解释机制为，对内源性代谢的调节与利用和使短链脂肪酸加速代谢。

（4）乳杆菌促进乳糖代谢　乳杆菌可分解乳糖，加速其代谢。因而对不习惯食用鲜奶与奶粉的人，可以饮用乳杆菌发酵的酸奶，这对我国克服膳食结构中缺奶（相当多的人是由于对奶不适应）有主要应用价值。当然对为数不多的真正乳糖不耐症的人也是有益的。

2. 双歧杆菌

对人体健康有益作用十分明显，以至成为近年保健食品开发的一个热点。

（1）抑制肠道致病菌　1994年G. R. Gibson曾以双歧杆菌属5种菌种对8种病原菌作平板扩散法抗菌敏感性试验（平行3次），结果所有双歧杆菌菌种均显示出较显著的抑菌作用。

（2）抗腹泻与防便秘　双歧杆菌的重要生理作用之一是通过阻止外袭菌或病原菌的定植以维持良好的肠道菌群状态，从而呈现出既纠正腹泻又防止便秘的双向调节功能。Hotta等证明，双歧杆菌制剂对儿童菌群失调性腹泻具有显著的疗效，国内外许多保健食品的开发应用，都显示它对肠道功能的双向调节作用。便秘是中老年人群的一大顽症，大量的文献报告，无论是口服活菌制剂，还是服用双歧杆菌，都能降低肠道pH，改善肠道菌群构成，从而迅速地解除便秘。

（3）免疫调节与抗肿瘤　双歧杆菌的免疫调节主要表现为增加肠道免疫球蛋白A（IgA）的水平。另一方面，双歧杆菌的全细胞或细胞壁成分能作为免疫调节剂，强化或促进对恶性肿瘤细胞的免疫性攻击作用。双歧杆菌还有对轮状病毒的拮抗性，与其他肠道菌的协同性屏障作用以及对单核吞噬细胞系统的激活作用。

（4）调节血脂　双歧杆菌的调节血脂作用已有不少文献报告。以雄性Wistar大鼠添加10%～15%双歧杆菌因子（低聚糖）、历时3～4个月的试验表明，在不改变体重前提下，呈现出显著地降血脂作用。

（5）合成维生素和分解腐败物　除青春双歧杆菌外，其他各种杆菌均能合成大部分B族维生素，其中长双歧杆菌合成B_2和B_6的作用尤为显著。双歧杆菌分泌的许多生理性酶是分解腐败产物和致癌物的基础，如酪蛋白磷酸酶、溶菌酶、乳酸脱氢酶、果糖-6-磷酸酮酶、半乳糖苷酶、β-葡萄糖苷酶、结合胆汁酸水解酶等。

二、肠道微生态的调整

肠道菌群栖息在人体肠道的共同环境中，保持一种微观生态平衡。如果由于机体内外各种原因，导致这种平衡的破坏，某种或某些菌种过多或过少，外来的致病菌或过路菌的定植或增殖，或者某些肠道菌向肠道外其他部位转移，即称为肠道菌群失调，引起肠道菌群失调的原因较多，如婴幼儿喂养不当、营养不良、中老年年老体弱；肠道与其他系统急慢性疾病、长期使用抗生素、激素、抗肿瘤药、放疗或化疗等，均可引起肠道菌群失调。

肠道菌群失调可有如下两种常见的表现：一是腐败菌显著增多、双歧杆菌与乳杆菌减少，常见于中老年人，大多数情况下无临床症状，甚至可以认为不是异常现象，但可有消化吸收功能与食欲不佳、腹胀、产气、便秘等一般不适反应，这是改善肠道菌群功能食品最为适用的人群，往往收效明显。二是肠道菌群的比例失调，有人按比例失调程度分为3度。第1度由于某种食物或药物引起轻微短期的大肠菌与肠球菌减少，原因去除后即可恢复。第2度为正常肠道菌显著减少，过路菌增多，可引起肠道异常发酵及各种肠炎，如各种致病菌引起的食物中毒及消化道传染病；白色念珠菌、放线菌、隐球菌、毛霉菌引起的真菌性肠炎。第3度为肠道正常菌被抑制，而由过路菌所代替，如由服用抗生素引起的难辨梭状芽孢杆菌引起的伪膜性肠炎等。

近年来人们不论是在理论上或应用上都十分重视肠道微生态，并力求使其向有益于人体健康方向调整。调整的措施可归纳为两大方面。

1. 一般性调整措施

(1) 强调婴儿的母乳喂养　大量研究已经证明，母乳喂养儿肠道中的双歧杆菌占肠道菌群的比例远远高于人工喂养儿。

(2) 膳食结构合理化　尤其是保持乳品在膳食构成上的适宜比例，由于乳品能提供乳糖、降低肠道 pH 及其他原因，而有利于乳杆菌、双歧杆菌等有益菌的增殖并有效地抑制腐败菌与致病菌。

(3) 适当控制抗生素一类制菌药物的应用　尤其是长期应用是造成肠道菌群失调的重要原因之一。

2. 利用有益活菌

利用有益活菌制剂及其增殖促进因子促进增殖制剂，保证或调整有益的肠道菌群构成，从而收到特定的健康利益，是当前国内外保健食品开发有效的、重要的领域。

凡能促进有益菌生长、抑制有害菌繁殖的物质，都可起到调节肠道菌群的作用，包括各种低聚糖和膳食纤维等，如何营造理想的肠道内菌群平衡，在充分发挥有益菌作用与潜力的同时，抑制有害菌的毒害，是现阶段功能性食品研究与开发的重要任务。

三、具有调节肠道菌群功能的物质

(一) 乳酸菌

乳酸菌是一类可发酵利用碳水化食物而产生大量乳酸的微生物的通称。按照 Bergy 细菌学手册中的生化分类法，乳酸菌分为乳杆菌属、链球菌属、明串珠菌属、双歧杆菌属和片球菌属、肠球菌属、利斯特氏菌属等 19 个属，每个属中又有很多菌种，一些菌种还包括数个亚种。

可应用在功能性食品中的乳酸菌属与菌种，主要是乳杆菌属、链球菌属和双歧杆菌属中的一些种，如双歧杆菌、乳酸杆菌、乳酸链球菌等。

1. 常用的乳酸菌

(1) 双歧杆菌　到目前为止，人们已经在人和动物（牛、羊、免、鼠、猪、鸡和蜜蜂等）的肠道、反刍动物的瘤胃、人的牙齿缝隙和阴道以及污水等处分离出的双歧杆菌至少有 28 种。除齿双歧杆菌可能是病原菌外，其他菌株尚无致病性的报道。寄生于人体肠道中的双歧杆菌有 9 种，它们是两歧双歧杆菌、长双歧杆菌、短双歧杆菌、婴儿双歧杆菌、青春双歧杆菌、角双歧杆菌、链状双歧杆菌、假链状双歧杆菌和牙双歧杆菌。双歧杆菌是人乳喂养的婴儿消化道的主要菌丛，可占整个消化道菌丛的 92%，而非人乳喂养的婴儿只占 20% 以下。双歧杆菌在肠道中的数量和种类随年龄而变化，婴儿出生后几天内菌数达最高值，以后逐渐下降，其他肠道菌数量不断增加。婴儿期以婴儿双歧杆菌、短双歧杆菌、两歧双歧杆菌和长双歧杆菌为主；成年期以青春双歧杆菌和长双歧杆菌为主；老年期以青春双歧杆菌和长双歧杆菌为主，也有双叉双歧杆菌。

双歧杆菌的细胞形态多变，有短杆较规则形或纤细杆状带有尖细末端的细胞，有的呈球形，也有长而稍弯曲或呈各种分支或叉形、棍棒形或匙形。单个或链状、V 形、栅栏状排列或聚集成星状。属厌氧菌或兼性厌氧菌，革兰氏染色阳性，不形成芽孢、不耐酸、不运动。双歧杆菌的最适生长温度为 37～41℃，生长初期最适 pH 值为 6.5～7.0 能分解糖，葡萄糖被分解后产生的乙酸和乳酸的理论比例是 3∶2（摩尔比）。当葡萄糖以独特的 6-磷酸果糖途径被降解时，能产生更多的乙酸及少量的甲酸和乙醇等，乳酸产量相对减少，不产CO_2（葡萄糖酸盐降解除外），不产生丁酸和丙酸。鉴别发酵制品中是否有双歧杆菌，除按形态鉴别外，代谢产物中的乙酸、乳酸的比值大于1；若产品中不存在双歧杆菌，存在乳酸菌时，其比值小于1。

双歧杆菌对营养要求复杂，许多菌株能利用铵盐做氮源，其他菌株则应用有机氮做氮源，培养基中含有水苏糖、棉籽糖、乳果糖、异构化乳糖、聚甘露糖和N-乙酰-β-D氨基葡萄糖苷中的一种或几种时，有助于双歧杆菌的生长。在培养基中添加还原剂维生素C和半胱氨酸对培养双歧杆菌有益，有些菌株无需厌氧培养就能生长。

（2）乳酸杆菌　乳酸杆菌属的乳酸菌在自然界分布广泛，极少有致病性。目前在发酵生产中应用的乳酸杆菌主要有：保加利亚乳杆菌、嗜酸乳杆菌、德氏乳杆菌、植物乳杆菌、干酪乳杆菌及短乳杆菌等。

乳酸杆菌属的细胞形态多种多样，悠长的、细长的、弯曲形及短杆状，也有棒形球杆状。一般形成链状，通常不运动，但有周生鞭毛的，无芽孢，革兰氏染色阳性，有些菌株当用革兰氏染色或甲基蓝染色时可显示出两极体，内部有颗粒物或呈现出条纹。微好氧，在固体培养基上培养时，通常厌氧条件或减少氧压和充有5%～10%CO_2，可增加其表面生长物。有些菌株在分离时就是厌氧的。

乳酸杆菌对营养的要求比较复杂，需要氨基酸、肽、核酸衍生物、盐类、脂肪酸或脂肪脂质和可发酵的碳水化合物，且几乎每个种都有其各自的营养需求。其生长温度范围为2～53℃，最适温度一般是30～40℃，耐酸，最适pH5.5～6.2，一般在pH5或更低的情况下可生长，在中性或初始碱性pH条件下通常会降低其生长速率。

（3）乳酸链球菌　链球菌属的乳酸菌一般呈短链或长链状排列，为无芽孢革兰氏阳性菌，兼性厌氧，过氧化酶反应阴性，化学有机营养菌。乳酪链球菌、乳酸链球菌的最适发酵温度为30℃，嗜热乳酸链球菌最适发酵温度为40～45℃，它们在最适温度下的凝固时间为12h，在乳中产生的酸度为0.7%～0.9%。

乳酸链球菌对营养的要求较高，需要在复合培养基上才能良好生长。在合成培养基中需要有亮氨酸、异亮氨酸、缬氨酸、组氨酸、蛋氨酸、精氨酸、脯氨酸以及维生素类，如烟酸、泛酸钙和生物素等。

2. 乳酸菌及其发酵制品的生理功能

乳酸菌应用在功能性食品上的功效，集中于维持肠道菌群的平衡，并由此引发对机体的整体效果。除此之外，它在泌尿生殖系统中的应用也已引起关注。临床上，乳酸菌制品主要用于防治腹泻、痢疾、肠炎、肝硬化、便秘、消化功能紊乱等疾病。其功效是肯定的，只有少数无效的报道。

从微生态学理论来说，复合菌较单一菌种更具优势，因复合菌种本身即可保持相对的稳定，在人体微生态环境中，具有更大的缓冲能力和环境适应能力，可以迅速地在肠道中黏附、定植和繁殖而发挥生理作用。

（1）调节肠道菌群平衡、纠正肠道功能紊乱　乳酸菌通过其自身代谢产物和与其他细菌间的相互作用，调整菌群之间的关系，维持和保证菌群最佳优势组合及稳定性。乳酸菌必须具备黏附、竞争排斥、占位和产生抑制物等特性，才能在微环境中保持优势。

（2）抑制内毒素、抗衰老　双歧杆菌可抑制肠道中腐败菌的繁殖，从而减少肠道中内毒素及尿素酶的含量，使血液中内毒素和氨含量下降。肝病患者摄入双歧杆菌，发现其血氨、游离血清酚及游离的氨基氮明显减少。双歧杆菌对门脉肝硬化性脑病有缓解作用，此类患者摄入短双歧杆菌和两歧双歧杆菌 10^9 个/d 持续 1 个月，就可出现血氨下降现象。

乳酸菌产生的乳酸能抑制肠腐败细菌的生长，减少这些细菌产生的毒胺、靛基质，吲哚、氨、硫化氢等致癌物及其他毒性物质对机体的损害，延缓机体衰老进程。

(3) 免疫激活、抗肿瘤　乳酸菌及其产物能诱导干扰素，促进细胞分裂而产生体液及细胞免疫，这在许多乳杆菌及双歧杆菌中均得到证实。

乳酸菌的抗肿瘤作用是由于肠道菌群的改善结果，抑制了致癌物的产生，同时乳酸菌及其代谢产物激活了免疫功能，也能抑制肿瘤细胞的增殖。

经口摄取乳杆菌和双歧杆菌的动物，经放射线照射后的存活时间比对照组的长，或免于死亡。这可能是因为乳酸菌及其发酵产物的抗突变作用及对造血系统的保护作用。

(4) 降低血清胆固醇　东非 Massai 长期摄取高胆固醇膳食，但因大量饮用酸奶，故仍保持较低的胆固醇水平。经 53 名美国人饮用酸奶，每餐 240mL，1 周后可见其胆固醇降低。有人认为，乳杆菌能够使胆汁酸脱盐而使粪便中的胆固醇减少。粪肠球菌及其提取物具有降低血清胆固醇和甘油三酯的作用。Hartley 给雄兔喂以含 0.25%的胆固醇膳食，同时每天添加 10^{10} 个长双歧杆菌持续 13 周，发现受试兔中有 70%其胆固醇升高现象受到明显的抑制。

(5) 促进 Ca 的吸收、生成营养物质　发酵乳酸菌可提高 Ca、P 和 Fe 的利用率，促进 Fe 和维生素 D 的吸收。乳糖分解产生的糖是构成脑神经系统中的脑苷脂成分，与婴儿出生后脑的迅速生长有密切关系。

一般说来，黄种人比白种人肠道中的乳糖酶少，乳酸菌发酵时消耗了原乳中 20%～40%的乳糖，这样患有乳糖不耐症的儿童饮用发酵乳就不发生腹泻，还可用于防治由于缺乏 Fe、Ca 引起的贫血症和软骨病。

许多牛乳的维生素含量因微生物的代谢而增加。维生素的产生与微生物的种类、培养温度、培养时间和其他几种过程参数密切相关。除 B 族维生素外，维生素 C 在发酵乳中的稳定性也较鲜乳中的高。

(6) 抗感染　乳酸菌，主要是乳杆菌，在防治泌尿生殖系统感染方面，有较明显的功效。阴道内源性菌群具有共凝聚作用，可在阴道上皮细胞表面定植。乳杆菌是健康女性阴道的正常菌群，能与其他细菌发生共凝聚从而抑制病原菌的生长。

（二）功能性低聚糖

低聚糖或称寡糖，是由 3～9 个单糖经糖苷键连接而成的低度聚合糖。由于人体胃肠道内没有水解这些低聚糖的酶系统，因此，它们不被消化吸收而直接进入大肠内，优先被双歧杆菌所利用，是双歧杆菌的有效增殖因子。除了低聚龙胆糖有苦味外，其余的都带有程度不一的甜味。

1. 几种低聚糖

(1) 低聚异麦芽糖　低聚异麦芽糖又称分枝低聚糖，其单糖数在 3～5 不等，各葡萄糖分子之间至少有一个是以 α (1→6) 糖苷键结合而成，包括异麦芽糖、异麦芽三糖、潘糖、异麦芽四糖及以上的各支链低聚糖等。

低聚异麦芽糖具有柔和的甜味，甜度随三糖、四糖、五糖等聚合度的增加而逐渐降低。例如，含 90%低聚异麦芽糖产品甜度为蔗糖的 42%，而含 50%的产品甜度为 52%。低聚异麦芽糖浆的甜度与相同浓度的蔗糖溶液接近，对酸和热都非常稳定。

（2）低聚果糖　天然和用酶法转化蔗糖制得的低聚果糖几乎都是直链的，其结构式可表示为GFn（G为葡萄糖，F为果糖，n=2～6），属于果糖与葡萄糖构成的直链杂低聚糖。而由天然果聚糖（菊粉）降解制得的低聚果糖，其结构式可表示为Fn（n=3～9）。两者的化学结构略有不同，但生理功效一样。

低聚果糖的黏度及在中性条件下的热稳定性等与蔗糖相近，只是在pH3～4的酸性条件下加热易发生分解。应用低聚果糖时，应注意以下两点：其一酸性条件下不能长时间加热。其二酵母等产生的转化酶会水解低聚果糖，应注意避免。

（3）低聚半乳糖　低聚半乳糖是在乳糖分子中的半乳糖一侧连接1～4个半乳糖，属于葡萄糖和半乳糖组成的杂低聚糖。它口感清爽，甜度约为蔗糖的25%，热稳定性很好，即使在pH3条件下加热也不会分解，对酸的稳定性也很好。

（4）低聚木糖　低聚木糖是由3～7个木糖以β（1→4）糖苷键连接而成，聚合度3～7，但以二糖和三糖为主。低聚木糖的甜度约为蔗糖的50%，甜味纯正。它的突出特点是，稳定性好，对热、酸及在室温条件下储藏都具有很高的稳定性。

低聚木糖在肠道内对双歧杆菌有高选择性和明显的增殖效果，而且除青春双歧杆菌，婴儿双歧杆菌和长双歧杆菌外，大多数肠道细菌对低聚木糖的利用都较差。因此，低聚木糖增殖双歧杆菌的选择性，高于其他低聚糖。

（5）大豆低聚糖　大豆低聚糖的组成成分有水苏糖、棉子糖和蔗糖，其中具有生理功效的是棉子糖和水苏糖。它的甜度为蔗糖的70%，能量值8.36kJ/g。如果单是由水苏糖和棉子糖组成的高纯度大豆低聚糖，则甜度仅为蔗糖的22%，能量值更低。

大豆低聚糖具有良好的热稳定性，甜味特性类似蔗糖。在酸性条件下也有一定的稳定性，只要pH不过分低（pH>4），在100℃下加热杀菌也没问题。

（6）低聚乳果糖　低聚乳果糖由3个单糖组成，从一侧看为乳糖接上一个果糖基，从另一侧看则为蔗糖接上一个半乳糖基。

纯净的低聚乳果糖是一种非还原性低聚糖，甜度为蔗糖的30%，甜味特性类似于蔗糖，中性条件下的热稳定性与蔗糖相近。工业化生产的低聚乳果糖产品，由于含有不同数量的还原糖，与氨基酸或蛋白质共存时会发生不同程度的褐变反应，且程度较蔗糖大。

2. 低聚糖的生理功效

功能性低聚糖之所以具有生理功效，是因为它能促进人体肠道内固有的有益细菌—双歧杆菌的增殖，从而抑制肠道内腐败菌的生长，并减少有毒发酵产物的形成。

（1）促使双歧杆菌的增殖　摄入低聚糖可促使双歧杆菌增殖，从而抑制有害细菌，如产气荚膜梭状芽孢杆菌的生长。每天摄入2～10g低聚糖持续数周后，肠道内的双歧杆菌活菌数平均增加7.5倍，而产气荚膜梭状芽孢杆菌总数减少了81%。对于某些品种的低聚糖，发酵所产生的乳酸菌素数量增加1～2倍，而产气荚膜梭状芽孢杆菌素的数量减少0.5～0.06倍。

双歧杆菌发酵低聚糖，产生短链脂肪酸和一些抗生素物质，可以抑制外源致病菌和肠内固有腐败细菌的生长繁殖。醋酸和乳酸均可抑制肠道内的有害细菌。双歧杆菌素是由两歧双歧杆菌产生的一种抗生素物质，它能非常有效地抑制志贺氏杆菌、沙门氏菌、金黄色葡萄球菌、大肠杆菌和其他一些微生物。

（2）减少有毒发酵产物及有害细菌酶的产生、抑制病原菌和腹泻　摄入低聚糖，可有效地减少有毒发酵产物及有害细菌酶的产生。每天摄入3～6g低聚糖，或往体外粪便培养基中添加相应数量的低聚糖，3周之内即可减少44.6%有毒发酵产物和40.9%有害细菌酶的产生。

摄入低聚糖或双歧杆菌，均可抑制病原菌和腹泻，两者的作用机理是一样的，都是减少了肠内有害细菌的数量。

一个众所周知的事实是，母乳喂养儿绝对比代乳品喂养儿健康。前者的抗病能力强，这归功于肠道内双歧杆菌处于绝对优势地位（占总菌数的99%），而后者只占50%或更少。

（3）防止便秘　双歧杆菌发酵低聚糖产生大量的短链脂肪酸，能刺激肠道蠕动，增加粪便湿润度并保持一定的渗透压，从而防止便秘的发生。

人体试验，每天摄入3～10g低聚糖，一周之内便具有防止便秘的效果。但对一些严重的便秘患者效果不佳。

（4）增强免疫力、抗肿瘤　双歧杆菌在肠道内大量繁殖，能够起抗肿瘤作用，这归功于双歧杆菌的细胞、细胞壁成分和胞外分泌物，使机体的免疫力提高。

例如，喂饲长双歧杆菌单因子的无菌小鼠，要比未喂饲的无菌小鼠活得时间长。口服或静脉注射具有致死作用的埃希大肠杆菌或静脉注射肉毒素，在有活性长双歧杆菌同时存在的情况下，小鼠在第2～3周内，就可诱导抗致死作用。但在无胸腺的无菌小鼠中，未发现此现象。由此可见，长双歧杆菌可诱导抗埃希大肠杆菌感染的细菌免疫。

口服长双歧杆菌制品2天后，再喂以病原体埃希大肠杆菌的无菌小鼠，临床上并没有什么症状。但在口服长双歧杆菌之前喂以埃希大肠杆菌，在48天之内就出现死亡现象。无菌小鼠的长双歧杆菌单因子试验，也证实了双歧杆菌对宿主免疫的促进作用。

（5）降低血清胆固醇　摄入低聚糖可降低血清胆固醇水平。每天摄入6～12g低聚糖持续2周至3个月，总血清胆固醇可降低20～50dL。包括双歧杆菌在内的乳酸菌及其发酵乳制品，均能降低总血清胆固醇水平，提高女性血清中高密度脂蛋白胆固醇占总胆固醇的比率。

（6）保护肝功能　摄入低聚糖或双歧杆菌，可减少有毒代谢产物的形成，这大大减轻了肝脏分解毒素的负担。

（7）合成维生素、促进钙的消化吸收　双歧杆菌在肠道内能自然合成维生素B_1、维生素B_2、维生素B_6、维生素B_{12}、烟酸和叶酸，但不能合成维生素K。在双歧杆菌发酵乳制品中，乳糖已部分转化为乳酸，解决了人们乳糖耐受性问题，同时也增加了水溶性可吸收钙的含量，使乳制品更易消化吸收。

低聚糖能促进钙的消化吸收，如大鼠任意摄取2%低聚木糖水溶液后，对Ca^{2+}的消化吸收率提高了23%，体内Ca^{2+}的保留率提高了21%。

（8）低（无）能量、不会引起龋齿

功能性低聚糖很难或不被人体消化吸收，所提供的能量值很低或根本没有，满足了那些喜爱甜品而又担心发胖者的要求，还可供糖尿病人、肥胖病人和低血糖病人食用。

由于不被人体消化吸收，低聚糖可被认为是低分子的水溶性膳食纤维。它的某些生理功效类似于膳食纤维，但不具备膳食纤维的物理特征，诸如黏稠性、持水性和膨胀性等。

龋齿是由于口腔微生物，特别是突变链球菌侵蚀而引起的，功能性低聚糖不是这些口腔微生物的合适作用底物，不会引起牙齿龋变。

（三）溶菌酶

溶菌酶是一种碱性球蛋白，广泛存在于鸟和家禽的蛋清里。其酶蛋白性质稳定，对热稳定性很高。母乳中的溶菌酶的活力要比鸡蛋清溶菌酶的高3倍，比牛乳溶菌酶的高六倍。

溶菌酶可使婴儿肠道中大肠杆菌减少，促进双歧杆菌的增加，还可促进蛋白质的消化吸收。溶菌酶是母乳中能保护婴儿免遭病毒感染的一种有效成分，它能通过消化道而仍然保持其活力状态。从母乳喂养婴儿的粪便中可找到溶菌酶，而人工喂养婴儿的粪便中不存在。

溶菌酶专门作用于细菌的细胞壁，引起细胞壁的溶解，可以直接破坏革兰阳性菌的细胞壁，而达到杀菌作用。某些革兰阴性菌，如埃希大肠杆菌、伤寒沙门菌，也会受到溶菌酶的破坏。溶菌酶还具有间接的杀菌作用，因为它对抗体活性具有增强作用。

复习思考题

1. 简述肠道主要有益菌及其作用。
2. 具有调节肠道菌群功能的物质有哪些？
3. 如何设计改善肠道菌群功能的保健食品？

子情境12　促进生长发育功能性食品开发

现代社会物质文明的高度发达，为儿童的健康成长创造了很多有利条件，但同时也导致儿童出现营养失衡现象。据统计，在我国儿童中，患单纯性肥胖的约占10%，如不及时采取有效的对策，城市的肥胖儿童不久即可达到儿童总数的30%左右，而在农村及边远地区，儿童营养不足、营养素缺乏的现象依然十分严重。这不仅影响儿童的身心健康，有的甚至造成无法挽回的后果。因此，研究开发能促进儿童生长发育、提高智力的儿童功能性食品，具有重大的经济效益和现实意义。

一、生长发育的定义

生长是指机体各部位及其整体可以衡量的量的增力，如骨重、肌重、血量、身高、体重、胸围、坐高等。

发育则指细胞、组织等的分化及其功能的成熟完善过程，难以用量来衡量，如免疫功能的建立，思维记忆的完善等。

生长表现为量的增加，发育则主要表现为功能的完善，功能的发挥需要以物质为基础，二者关系密切，常共同表现为生长发育。

胎儿在母体子宫内从受精卵开始到出生前的整个生长发育阶段约需40周时间，需要大量的营养物质，其唯一来源就是由母体供给。胎儿生长发育是否正常，除了其他一些疾病因素影响外，母体的膳食因素至关重要。

刚出生的婴儿所需的营养依赖于母乳。出生后半年，尤其是前3个月发育速度最快。出生后一年大脑与神经系统发育速度出现第三个高峰。在此期间，除遗传和环境因素外，母乳的营养状况对新生儿生长发育起着决定性作用。

婴幼儿时期除了由母乳获取营养物质外，绝大部分已开始补食婴儿配方食品。因此，配方食品的营养状况对婴幼儿的生长发育也很重要。

正常发育的幼儿，其消化系统的功能已基本完善，除了食用幼儿专用食品外，相当一部分已能够接受普通食品。

儿童由出生到青春期之前，神经系统与淋巴系统的发育是先快后慢。幼儿期咽部淋巴组织和扁桃体增长速度较快，10岁以后减慢。

二、促进生长发育功能性食品的开发

（一）儿童生长发育对营养物质的需求

1. 能量

人和其他动物一样，每天都要从食物中摄取一定的能量以供生长、代谢、维持体温以及从事各种体力、脑力活动。婴幼儿、儿童、青少年生长发育所需的能量主要用于形成新的组织及新组织的新陈代谢，特别是脑组织的发育与完善。能量的供给不足不仅会影响到儿童器官的发育，而且还会影响其他营养素效能的发挥，从而影响儿童正常的生长发育。儿童营养与能量不足也容易出现疲劳、消瘦和抵抗力降低，学龄前儿童还会影响体力与学习。

2. 蛋白质

蛋白质是人体组织和器官的重要组成部分，儿童正处于生长发育的关键时期，充足蛋白质的摄入对保障儿童的健康成长具有至关重要的作用。儿童应保证足量蛋白质的和必需氨基酸，以满足身体生长发育的需要。如果蛋白质的供给不足或蛋白质中必需氨基酸的含量较低，则会造成儿童生长缓慢、发育不良、肌肉萎缩、免疫力下降等症状。各种肉类、禽蛋、豆及豆制品、乳及乳制品等食物中蛋白质含量很丰富，在儿童膳食结构中应占有一定比例。

3. 矿物元素

（1）钙　钙是构成骨骼和牙齿的主要成分，并对骨骼和牙齿起支持和保护作用。儿童期是骨骼和牙齿生长发育的关键时期，对钙的需求量大，同时对钙的吸收率也比较高，可达到40%左右。研究表明，在儿童期补充足量的钙和磷对人一生的健康都有好处。钙磷的比例最好是1∶1至1∶1.5。一般食品中磷的含量往往比钙高，所以若饮食中钙的摄入量达到了所需标准，磷一般就不会缺乏。食物中的钙源以奶及奶制品最好，不但含量丰富而且吸收率高。此外，水产品、豆制品和许多蔬菜中的钙含量也很丰富，但谷类及畜肉中含钙量相对较低。

（2）铁　铁主要以血红蛋白、肌红蛋白的组成成分参与氧气和二氧化碳的运输，同时又是细胞色素系统和过氧化氢酶系统的组成成分，在呼吸和生物氧化过程中起重要作用，体内的铁必须由体外获得，所以必须补充每天损失的铁。儿童生长发育旺盛，造血功能很强，对铁的需求量较成人高，4～7岁儿童铁的需求量为12mg。适当选用如肝脏、蛋黄、红枣、菠菜等含铁量高的食品。

（3）锌　锌存在于体内的一切组织和器官中，肝、肾、胰、脑等组织中锌的含量较高。锌是体内许多酶的组成成分和激活剂。锌对机体的生长发育、组织再生、促进食欲、促进维生素A的正常代谢、性器官和性机能的正常发育有重要作用。锌不同程度的存在于各种动植物食品中，一般情况下能满足人体对锌的基本需求，但在身体迅速成长的时期，由于膳食结构的不合理，也容易造成锌的缺乏，出现生长停滞、性特征发育推迟、味觉减退和食欲不振等症状。人体所需的锌一般来源于食物，如海产品及肉类。如果从日常膳食获得的锌不能满足机体的需要，也可选用合适的含锌制剂加以补充。

（4）碘　碘是甲状腺素的成分，具有促进和调节代谢及生长发育的作用。碘供应不足会造成机体代谢率下降，会影响生长发育并易患缺碘性甲状腺肿大。儿童处于生长发育期，对碘需求量较高，应该增加膳食中碘的摄入量。通过食用一些碘强化食品（碘盐）可以满足大多数儿童的需要。另外，海带、紫菜、海虾等食品中碘的含量很高，应该经常食用。

（5）硒　硒存在于机体的多种功能蛋白、酶、肌肉细胞中。硒的主要生理功能是通过谷胱甘肽过氧化物酶发挥抗氧化的作用，防止氢过氧化物在细胞内堆积及保护细胞膜，能有效提高机体的免疫水平。

4. 维生素

（1）维生素 A　维生素 A 在体内能参与视紫红质合成，影响细胞生长、分化和调控蛋白质合成，对维持上皮组织正常结构与功能具有重要作用。维生素 A 缺乏时，骨骼生长不良、生长发育停滞，视紫红质减少、对弱光敏感性降低、暗适应能力减弱甚至发生夜盲症，对传染病的抵抗力降低。维生素 A 是生命活动不可缺少的营养素，儿童对维生素 A 的需求量 4 岁为 500μg 视黄醇，5～12 岁为 750μg 视黄醇。目前我国儿童膳食中维生素 A 的摄入量普遍不足，一般都达不到建议量的 40%～70%，需引起重视。维生素 A 的主要食物来源是肝、奶油、牛奶、蛋黄、鱼和各种黄色和绿色水果和蔬菜，如胡萝卜、红辣椒、番茄、菠菜等。

（2）维生素 D　维生素 D 能促进小肠对钙的吸收；促进钙盐的更新和新骨的生成，也能促进肾小管对钙磷的重吸收，减少从尿中排出。因此，体内必须有足够数量的维生素 D。维生素 D 常与维生素 A 一起共存于各种动物性食品中。肝脏、乳汁、蛋黄及鱼肝油中维生素 D_3 含量较多。人体内的胆固醇一部分能转化为 7-脱氢胆固醇，并储存于皮下，经日光或紫外线照射后可转变成维生素 D_3，这是人体维生素 D 的主要来源，多晒太阳可预防维生素 D 缺乏。儿童夏天接受阳光，自身合成的维生素 D 基本能够满足机体的需要。在阳光不足的冬季，应注意从食物中补充。

（3）B 族维生素　B 族维生素种类较多。其中的维生素 B_1、维生素 B_2 和烟酸等对儿童的生长发育十分重要，B 族维生素缺乏会引起食欲下降。我国膳食中维生素 B_1 和烟酸一般不缺乏，但若以精白米、白面和玉米为主食，又不能补充适当副食，则可能会出现缺乏症。维生素 B_1 主要存在于葵花子仁、花生、大豆粉、瘦猪肉；维生素 B_2 广泛存在于天然食物中，尤其以动物内脏如肝、肾、心肌含量最高，奶类、大豆和各种绿叶蔬菜也含有一定数量；烟酸广泛存在于动植物食品中，以动物肝、肉类、鱼、豆类、谷类中含量丰富。

（二）我国儿童存在的膳食营养问题

在儿童营养问题上，既存在营养不良，又存在营养过剩的倾向，而且相当普遍和严重，这主要是受经济条件和饮食观念的影响。现代社会经济快速发展，为儿童的健康成长创造了非常有利的条件，但同时也给儿童的生长发育带来了以前没有的新问题。儿童在生长发育过程中，需要充足和比例平衡的蛋白质、脂肪和碳水化合物，还需供给多种维生素和矿物质、纤维素等。看起来似乎健康的儿童，并不一定真正健康，不少肥胖婴儿、儿童有明显营养不良倾向，比如患有缺铁性贫血、缺钙性骨发育异常、某种维生素缺乏等症状，这需要引起全社会的广泛关注。

1. 儿童生长发育过程中出现问题的新特点

进入新世纪以后，社会和经济的发展，儿童生长发育过程中出现的问题呈现新的特点。

（1）儿科的疾病谱明显改变　随着时代的进步，儿科的疾病谱不断变化，这一变化是全球性的，且呈现渐变的特点。总体上来说，20 世纪初，急性感染性疾病和烈性传染病、严重营养不良是儿童死亡的主要原因，到20世纪末，由于儿童保健事业的进步，这些疾病均已经大大减少，而先天性畸形、意外损伤和中毒、恶性肿瘤、遗传代谢性疾病和环境因素所致的疾病显得相对突出，逐步成为儿童死亡的主要原因。预计到21世纪，这一疾病谱的变化趋势将越来越明显。

（2）感染性疾病出现新的特征　感染性疾病的发病几率降低，但是一些已经得到控制的传染病（如结核病）的发病率在全球范围内有所回升，而艾滋病等新的传染病正以很快的速度在全球范围内广泛传播。

（3）生存问题将不是主要问题　随着社会的不断进步，儿童的生存问题将不成为主要的问题，而儿童的发展将是关注的焦点，社会和家长对儿童健康有了新的要求，不但要求新世纪的儿童有健全的体魄，也要求有良好的心理素质、学习能力和社会适应能力。这要求我们更加重视儿童精神卫生和心理问题。

（4）由营养不良向营养失衡转变　儿童营养问题从以前的单纯性的营养不良转变为营养的失衡，表现为由于营养过剩和生活方式改变等导致的肥胖；由于微量营养素缺乏或搭配不当所致的各种营养紊乱。

（5）不同地区儿童的健康水平表现不平衡　和西方国家相比，我国由于地区间经济发展的不平衡，儿童健康水平也表现出相当的不平衡。北京、上海地区的5岁以下儿童的死亡率、婴儿死亡率、早产儿发生率等以及儿童健康的总体水平已经与发达国家相近，而在一些欠发达地区，儿童健康水平尚处于较差的发展中国家水平。

2. 膳食结构不合理引发的问题

现代社会为我们提供了充足的营养素，但这并不意味着儿童就会健康的成长，必须根据不同生长发育阶段特点和营养需求状况，科学合理的搭配和食用这些营养素，才能保证我们拥有健康的体魄。目前由于膳食结构不合理而引起的疾病主要有以下几种：

（1）肥胖症　最近十多年来，我国少年儿童中的体重超重现象或肥胖症惊人地增加，这是十分令人忧虑的问题。肥胖会对健康造成多种危险，它会增加青少年高脂血症的发病率，并使动脉粥样硬化提早发生。据美国50多年追踪随访研究，发现在那些青春期超重的人群中，死于心脏病或中风的明显增多，而这些病的死亡率与成年期体重有关。另外，青春期超重人群中关节炎（特别是膝关节）、糖尿病和骨折等的发病率也比一般人高。世界卫生组织在1997年宣布，肥胖已成为全球性的流行病。少年儿童肥胖的情况更是非常普遍。脂肪和糖摄取量的增加，运动量的减少等不良的饮食习惯和生活方式是造成儿童肥胖症的主要原因。

（2）佝偻病　佝偻病是婴幼儿常见的一种营养缺乏病，以3～18个月的婴幼儿最常见，主要是维生素D的缺乏及钙、磷代谢紊乱造成的。维生素D主要与钙、磷的代谢有关，它影响这些矿物质的吸收及它们在骨组织内的沉淀。缺乏维生素D时，人体钙的吸收率降低，骨骼不能正常钙化，血清无机磷酸盐浓度下降，从而造成钙、磷代谢的失调，引起骨骼变软和弯曲变形。佝偻病的发病程度北方较南方严重，可能与婴幼儿日照不足有关。

（3）缺铁性贫血　缺铁性贫血是由于体内储铁不足和食物缺铁造成的一种营养性贫血，是一种世界性的营养缺乏症。我国的发病率也相当高，多发生于6个月至2岁婴幼儿。主要发病原因：第一，先天性因素。母亲在妊娠期营养不良或早产，从而造成婴儿体内铁的储备不足。第二，膳食因素。婴儿膳食中铁元素缺乏不能满足生长发育。

（4）锌缺乏症　锌是人体中重要的微量元素，人的整个生命过程都离不开锌。锌缺乏症是婴幼儿常见病。母乳不足、未能按时增加辅食、锌吸收率低、偏食均可造成锌缺乏症。

(5) 蛋白质-能量营养不良　蛋白质-能量营养不良是目前发展中国家较严重的营养问题，主要见于5岁以下儿童。近年来严重的水肿型蛋白质-能量营养不良在我国已很少见，但蛋白质轻度缺乏在一些地区仍然存在。发病原因主要是饮食中长期缺乏热能、蛋白质的结果。

少年儿童营养不良将给社会、经济发展带来巨大影响和损失。据统计，我国每年因少年儿童发育迟缓导致的经济损失已达80亿元；因缺碘造成的成年后智力损伤，使我国每年损失至少296亿元。营养健康对于培养21世纪的建设人才具有重要作用，也是我国在实现全面建设小康社会、迈向富裕过程中面临的一个重要课题。

(三) 具有改善生长发育的物质

1. 牛初乳

母牛产犊后3天内的乳汁与普通牛乳明显不同，称之为牛初乳，牛初乳中不仅含有丰富的营养物质，而且含有大量的免疫因子和生长因子，如免疫球蛋白、乳铁蛋白、溶菌酶、类胰岛素生长因子、表皮生长因子等。

(1) 性状　色泽黄而浓稠，可混有血丝，有特殊乳腥味和苦味，热稳定性差。

(2) 生理功能　促进生长发育。牛初乳中含有大量的各种生长因子，避免了侏儒症、骨生长异常、细胞分裂及增生异常等。

此外，牛初乳可增强免疫功能等。

2. 肌醇

肌醇即环已六醇，是B族维生素中的一种，它有9种不同的存在形式，由玉米浸泡液的浓缩液经沉淀得粗植酸盐再水解而得；或用离子交换净化法提纯而得，得率约9%。

(1) 性状　白色精细晶体或结晶性粉末。无臭，有甜味。熔点224～227℃。在空气中稳定，对热、强酸和碱稳定。其水溶液对石蕊呈中性，无旋光性。每克可溶于61mL水，难溶于乙醇，不溶于乙醚及氯仿。

(2) 生理功能　促进生长发育。肌醇是人、动物和微生物生长所必需的物质，能促进细胞生长，尤其为肝脏和骨髓细胞的生长所必须。人对肌醇的需要量为1～2g/d。

此外，肌醇还具有调节血脂、减肥、保护肝脏的作用。

3. 藻蓝蛋白

藻蓝蛋白为一种藻类。用蓝藻类螺旋属的宽胞节旋藻孢子，在pH8.5～11下以碳酸盐或二氧化碳为碳源的培养基中，在30～35℃下通气培养而得藻体，经干燥后用水抽提其中的色素和可溶性蛋白质，抽提液经真空浓缩后，喷雾干燥而成。

(1) 性状　蓝色颗粒或粉末。属蛋白质结合色素，因此具有与蛋白质相同的性质，等电点pH值3.4。溶于水，不溶于醇和油脂。对热、光、酸不稳定。在弱酸和中性条件下稳定(pH4.5～8)，酸性时(pH4.2)发生沉淀，强碱可至脱色。

(2) 生理功能　藻类蛋白是一种氨基酸配比较好的蛋白质，有促进生长发育，延缓衰老等作用。能抑制肝脏肿瘤细胞，提高淋巴细胞活性，促进免疫系统以抵抗各种疾病。

4. 富锌食品

锌是促进人体生长发育的重要物质之一，对儿童的生长发育非常重要。富锌食品主要有肉类、蛋类、牡蛎、肝脏、蟹、花生、核桃、杏仁、土豆等。

复习思考题

1. 儿童生长发育过程中出现问题新的特点是什么？
2. 具有改善生长发育的物质有哪些？

子情境13　改善视力功能性食品开发

眼睛是人体感官中最重要的器官。大脑中大约有80%的知识和记忆都是通过眼睛获取的。读书认字、看图赏画、看人物、欣赏美景等都要用到眼睛。眼睛能辨别不同的颜色、不同的光线。眼睛是我们获取大部分信息的源泉。随着社会的进步以及经济的发展，我们的生活也变得更加绚丽多彩，对眼睛的应用也就更为频繁，这也无疑增加了眼睛的负荷，因此，开发改善视力的功能性食品更为重要。

一、眼睛结构与视力减退原因

（一）眼的解剖学结构

眼由眼球和它的附属器官构成。眼球位于眼眶的前中部，处于筋膜组成的空腔内，四周被脂肪和结缔组织所包围，只有眼球的前面是暴露的，其前极位于角膜的中央，而后极则通过眼球后部的中心点。处于两极之间的环形区代表眼球的赤道部。

1. 眼的附属器官

包括眼眶、眼外肌、眼睑、结膜和泪器。

2. 眼球的构造

眼球可分球壁与内容两部分。

球壁包括以下几个部分：

（1）最外层的纤维膜，由透明的角膜与不透明的巩膜所组成，角膜是光线可以通过的透明组织，巩膜具有保护作用。

（2）最内层为视网膜和色素上皮，前者主要由接受光刺激的视细胞和传递光冲动的神经组织所组成。

（3）居于两层之间的为葡萄膜，从前到后依次为虹膜、睫状体及脉络膜三个部分，此层富有血管，主要功能是供给内部组织营养。

眼球内容包括三个部分：

（1）最前面的有前房、后房　位于角膜与虹膜和晶状体之间的空间是前房，位于虹膜之后晶状体周围的是后房。前房和后房充满清亮的液体房水。房水由睫状体产生，从后房经过瞳孔流入前房，再流出眼球进入静脉。房水的主要功能是营养眼球和维持眼压。

（2）晶状体　它是一个双凸面的透明体，在虹膜的后面，直径有9～10mm，由许多悬韧带挂在睫状体上。晶状体悬韧带是一种弹性组织，随着睫状体肌肉的收缩或放松，它可以使晶状体变凸或变平，就像照相机上的镜头一样可以调节焦点，使远近的物体都能看清楚。

（3）玻璃体　它是像玻璃一样透明的组织，比鸡蛋清还黏稠些，充满在晶状体后面眼球腔内。它除能透过光线外，主要起支撑眼球的作用。

（二）造成视力减退的原因

视力是机体通过眼睛对电子跃迁而吸收不同波长的光所感知的形象、颜色和运动的能力。在医学上，是指分辨两点之间的最小距离，即对物体形象的精细辨别能力。

造成视力减退的原因多种多样，主要有以下几种：

(1) 各种类型的屈光不正，包括远视、近视、散光。

(2) 晶状体混浊，即白内障。

(3) 角膜混浊。

(4) 玻璃体混浊及出血。

(5) 视神经疾患，如视神经萎缩、视神经炎、球后神经炎、慢性青光眼及中毒性弱视。

(6) 眼球内出血。

(7) 脉络或视网膜的肿瘤及视网膜脱离。

(8) 急性青光眼。

(9) 急性虹膜炎等。

二、改善视力功能性食品开发

(一) 膳食营养与视力

1. 蛋白质

蛋白质是眼部组织不可缺的重要营养素，如果蛋白质长期供给不足，则会加速眼组织衰老，眼功能减退，视力下降。视网膜上视杆细胞的主要作用是对微弱光线的感知，而视锥细胞的作用是对明亮光线的感知。视杆细胞对暗视所以敏感，是因为它有一种特殊物质，称为视素质。视素质是一种由蛋白质和维生素 A 衍生物所组成的物质，如缺乏优质蛋白质和维生素 A，就会影响视素质的再生和合成，从而引起夜盲、白内障。

2. 维生素

维生素 A 除了参与视素质的再生和合成外，还是构成眼感光材料的重要原料。维生素 A 充足，可增大眼角膜的光洁度，使眼睛明亮有神。反之，会引起角膜上皮细胞脱落、增厚、角质化，使原来清澈透明的角膜变得像毛玻璃一样模糊不清，甚至引起夜盲症、白内障等眼疾。

维生素 B_1 是维持并参与视神经等细胞功能和代谢的重要物质，缺乏时可致视神经和眼球干涩，从而影响视力。维生素 B_2 是保护眼睑、眼球角膜和结膜的重要物质，缺乏时可致视力模糊、畏光、结膜充血、眼睑发炎等。维生素 B_2 可以清除氧化了的谷胱甘肽，降低患白内障的风险。

维生素 C 是眼球晶状体的重要营养物质，缺乏时可致晶状体混浊，视力下降，进而导致白内障。维生素 C 可防止眼睛受到紫外线辐射的损害，降低得白内障的风险。

维生素 E 具有抗氧化作用，可抑制睫状体内的过氧化反应，使末梢血管扩张，改善血液循环，对治疗某些眼病有一定辅助作用，如各种白内障、糖尿病视网膜病变、各种脉络视网膜病变、视网膜色素变性、黄斑变性、视神经萎缩、眼肌麻痹、恶性眼球突出、晶体后纤维增生、角膜变性和角膜炎等。

3. 矿物元素

人眼中锌含量可超过 21.86μg/g，其中以视网膜、脉络膜含锌量最高，是视网膜组织细胞中视黄醇还原酶的组成部分。锌能增强视觉神经的敏感度，缺乏时直接影响维生素 A 对视素质的合成和代谢障碍，影响视黄醇的作用，从而减弱对弱光的适应能力。缺锌时还会影响视网膜上视锥细胞的辨色能力。

钙和磷可使巩膜坚韧，并参与视神经的生理活动。钙和磷缺乏易发生视神经疲劳、注意力分散，引起近视。倘若机体内钙缺乏，不仅会造成眼睛视膜的弹力减退，晶状体内压力上升，眼球前后拉长，还可使上角膜、睫状肌发生退化性病变，易造成视力减退或近视。

硒是维持视力的重要微量元素，缺硒可致弱视。如人体注射硒或食用含硒多的食物后，能明显提高视力。据分析，鹰是视力最敏锐的动物之一，其眼睛中硒含量高出人眼百倍。

当人体缺铬时，胰岛素的分泌明显下降，因而导致高血糖，改变血液的渗透压力，使眼球晶状体和眼房水的渗透压力相应增高，从而可导致晶状体变凸、屈光度增加，形成近视。

铜、钼是组成虹膜的重要成分，虹膜可调节瞳孔大小，保证视物。

（二）具有缓解视疲劳的物质

1. 花色苷（类）(欧洲越橘提取物)

花色苷是广泛存在于水果、蔬菜中的一种天然色素，其中对保护视力功能最好的是欧洲越橘和越橘浆果中的花色苷类，已知有 15 种。

（1）性状　一般为红色至深红色膏状或粉末，有特殊香味。溶于水和酸性乙醇，不溶于无水乙醇、氯仿和丙酮。水溶液透明无沉淀。溶液色泽随 pH 值的变化而变化。在酸性条件下呈红色，在碱性条件下呈橙黄色至紫青色。易与铜、铁等离子结合而变色，蛋白质也会变色。对光敏感，耐热性较好。

（2）生理功能　保护毛细血管，促进视红细胞再生，增强对黑暗的适应能力。据法国空军临床试验，能改善夜间视觉，减轻视觉疲劳，提高低亮度的适应能力。欧洲约自 1965 年起即用作眼睛保健用品。给兔子静脉注射后，在黑暗下适应的初期，可促进视紫质的再合成，在适应末期，视网膜中视紫质含量也比对照者高很多。也曾给眼睛疲劳患者每天经口摄入 250mg，能明显改善眼睛疲劳的自觉症状。

2. 叶黄素

叶黄素广泛存在于自然界的蔬菜中，如甘蓝等；以及水果如桃子、芒果、木瓜等中。叶黄素有 8 种异构体，难以人工合成，所以至今只有从植物中提取。一般由牧草或苜蓿或睡莲科植物莲的叶子经皂化除去叶绿素后，用溶剂萃取后而得。

（1）性状　橙黄色粉末、浆状或深黄棕色液体，有弱的似干草气味。不溶于水，溶于乙醇、丙酮、油脂、己烷等。试样的氯仿液在 445nm 处有最大吸收峰。耐热性好，耐光性差，150℃以上高温时不稳定。

（2）生理功能

① 叶黄素是眼睛中黄斑的主要成分，故可预防视网膜黄斑的老化，对视网膜黄复病（一种老年性角膜浑浊）（AMD）有预防作用，以缓解老年性视力衰退等。

② 预防肌肉退化症（ARMD）所导致的盲眼病。由于衰老而发生的肌肉退化症可使 65 岁以上的老年人引发不能恢复的盲眼病。据美国眼健康保护组织估计，现在美国大约有 1300 万人存在肌肉退化症状，有 120 万人因此导致视觉损伤。预计到 2050 年，美国 65 岁以上的人数将达到现今的两倍。因此，这将成为重要的公共卫生问题。叶黄素在预防肌肉退化症方面效果良好，由于叶黄素在人体内不能产生，因此必须从食物中摄取或额外补充，尤其是老年人必须经常选用含叶黄素丰富的食物。为此美国于 1996 年建议 60～65 岁的人每天

需补充叶黄素6mg。

③ 眼睛中的叶黄素对紫外线有过滤作用，有保护由日光、电脑等所发射的紫外线所导致的对眼睛和视力的伤害作用。

3. 富含维生素A的食物

维生素A与正常视觉有密切关系。如果维生素A不足，则视紫红质的再生慢且不完全，暗适应时间延长，严重时造成夜盲症。如果膳食中维生素A继续缺乏或不足将会出现干眼病，此病进一步发展则可导致角膜软化及角膜溃疡，还可出现角膜皱折等。维生素A最好的食物来源是各种动物肝脏、鱼肝油、鱼卵、禽蛋等；胡萝卜、菠菜、苋菜、苜蓿、红心甜薯、南瓜、青辣椒等蔬菜中所含的维生素A原能在体内转化为维生素A。

4. 富含维生素C的食品

维生素C可减弱光线与氧气对眼睛晶状体的损害，从而延缓白内障的发生。富含维生素C的食物有柿子椒、番茄、柠檬、猕猴桃、山楂等新鲜蔬菜和水果。

5. 钙

钙与眼睛构成有关，缺钙会导致近视眼。青少年正处在生长高峰期，体内钙的需要量相对增加，若不注意钙的补充，不仅会影响骨骼发育，而且会使正在发育的眼球壁-巩膜的弹性降低，晶状体内压上升，致使眼球的前后径拉长而导致近视。

我国成人钙的供给量为800mg/d，青少年每日供给量应有1000～1500mg。含钙多的食物，主要有奶类、贝壳类（虾）、骨粉、豆及豆制品、蛋黄、深绿色蔬菜。

6. 铬

缺铬易发生近视，铬能激活胰岛素，使胰岛发挥最大生物效应，如人体铬含量不足，就会使胰岛素功能发生障碍，血浆渗透压增高，致使眼球晶状体、房水的渗透压和屈光度增大，从而诱发近视。人体每日对铬的生理需求量为0.05～0.2mg。铬多存在于糙米、麦麸之中，动物的肝脏、葡萄汁、果仁中也较为丰富。

7. 锌

锌缺乏可导致视力障碍，锌在体内主要分布在骨骼和血液中。眼角膜表皮、虹膜、视网膜及晶状体内也含有锌，锌在眼内参与维生素A的代谢与运输，维持视网膜色素上皮的正常组织状态，维持正常视力功能。含锌较多的食物有牡蛎、肉类、肝、蛋类、花生、小麦、豆类、杂粮等。

8. 珍珠

珍珠含95%以上的碳酸钙及少量氧化镁、氧化铝等无机盐，并含有多种氨基酸，如亮氨酸、蛋氨酸、丙氨酸、甘氨酸、谷氨酸和天冬氨酸等。珍珠粉与龙脑、琥珀等配成的“珍珠散”点眼睛可抑制白内障的形成。

9. 海带

海带除含有碘外还含有1/3的甘露醇。晾干的海带表面有一层厚厚的“白霜”，它就是甘露醇，甘露醇有利尿作用，可减轻眼内压力，对急性青光眼有良好的功效。其他海藻类，如裙带菜，也含有甘露醇，也可用来作为治疗急性青光眼的辅助食品。

复习思考题

1. 造成视力减退的原因有哪些？
2. 具有缓解视疲劳的物质有哪些？

子情境14　改善睡眠功能性食品开发

睡眠是我们日常生活中最熟悉的活动之一。人的一生大约有1/3的时间是在睡眠中度过的。当人们处于睡眠状态中时，可以使人们的大脑和身体得到休息、休整和恢复。有助于人们日常的工作和学习。科学提高睡眠质量，是人们正常工作学习生活的保障。

随着人们生活节奏的加快，生存压力的加大和竞争的日益激烈，人类的睡眠正受到严重的威胁。据统计，约有2/3的美国成人（约5000万人）有睡眠障碍。而我国更是拥有为数众多的睡眠障碍者，轻者夜间数度觉醒，严重者可彻夜未眠。目前，消除睡眠障碍最常用的方法是服用安眠药如苯二氮类睡眠镇静药，它们具有较好的催眠效果，在临床上发挥了巨大的作用，但这些药物生物半衰期长，其药物浓度易残留到第二天，影响第二天的精力。长期服用这些药物会产生耐药性和成瘾性，且有一定的副作用。因此，开发安全有效的改善睡眠的功能性食品具有重要意义。

一、睡眠的节律及功能

一般认为睡眠是中枢神经系统内产生的一种主动过程，与中枢神经系统内某些特定结构有关，也与某些递质的作用有关。中枢递质的研究表明，调节睡眠与觉醒的神经结构活动，都是与中枢递质的动态变化密切相关的。其中5-羟色胺与诱导并维持睡眠有关，而去甲肾上腺素则与觉醒的维持有关。睡眠使身体得到休息，在睡眠时，机体基本上阻断了与周围环境的联系，身体许多系统的活动在睡眠时都会慢慢下降，但此时机体内清除受损细胞、制造新细胞、修复自身的活动并不减弱。研究发现，睡眠时，人体血液中免疫细胞显著增加，尤其是淋巴细胞。失眠是最常见、最普通的一种睡眠紊乱。失眠者要么入睡困难、易醒或早醒，要么睡眠质量低下，睡眠时间明显减少，或几项兼而有之。短期失眠可使人显得憔悴，经常失眠使人加快衰老，严重的失眠常伴有精神低落、感情脆弱、性格孤僻等一系列病态反应。天长日久，会使大脑兴奋与抑制的正常节律被打乱，出现神经系统的功能疾病——神经衰弱，直接影响失眠者的身心健康。

睡眠十分重要，但也不是睡眠时间越多越长越好。睡眠过多，可使身体活动减少，未被利用的多余脂肪积存在体内，因而诱发动脉硬化等危险病症。

（一）睡眠的节律

生物的节律是普遍存在的。当波动的周期接近地球自转的周期时，称为昼夜节律。这一节律通常是自我维持和不被衰减的，是生物体固有的和内在的本质，我们可以形象地称之为“生物钟”。当生物钟自由进行时，昼夜节律是相当准确的，在很大范围内，昼夜节律几乎不受温度影响，对化学物质也不敏感，但它们对光却很敏感。对人体而言，维持睡眠、觉醒周期的正常是非常重要的。一旦这些周期遭到破坏，就造成严重的睡眠障碍。对于睡眠期延迟症候群的睡眠障碍者，其昼夜性节律较迟缓，患者无法在正常的时间入睡。另一种睡眠障碍就是睡眠期提前症候群，患者在晚上8点就开始有睡意，却在凌晨一二点觉醒过来，很多老年人都有这种困扰。还有一种称为非24h睡眠、觉醒周期的睡眠障碍，患者最明显的症状便是清醒及睡眠的时间过长，他们的循环周期甚至可达50h。利用时间疗法即用光线来改善昼夜性节律，可帮助上述患者恢复正常的睡眠模式。

（二）睡眠的功能

（1）睡眠可以让人体获得充分休息，恢复体力和精力，使睡眠后保持良好的觉醒状态。与觉醒对比，人体睡眠时许多生理功能发生了变化。一般表现为以下几个方面：

① 嗅、视、听、触等感觉功能减退。

② 骨骼肌反射运动和肌肉紧张减弱。

③ 伴有一系列植物性功能的变化。例如，心脏跳动减缓、血压降低、瞳孔缩小、发汗功能增强、肌肉处于完全放松状态、基础代谢率下降10%～20%。

（2）睡眠具有产生新细胞，保持能量，修复自身的作用。睡眠不足将导致抵抗力下降。

二、改善睡眠功能性食品开发

对于失眠或睡眠质量有问题的人来说，长期采用安眠药帮助入睡无异于饮鸩止渴。如果能从日常饮食着手，通过调理身体机能，调节内分泌和神经系统，使之正常运转，则是一种从根本上改善睡眠状况的方法。而具有这样一种功能的保健食品必然为人们所期待。

根据现有的研究结果发现，除了由松果体分泌的褪黑素是调节人体生物钟的活性物质外，具有暂时抑制脑神经活动的5-羟基色氨酸，以及作为这两者前体物质的色氨酸，均能有效改善人体入睡及睡眠状况。此外，具有安神、镇静作用的部分植物提取物也具有促进睡眠，保证睡眠质量的作用。

（一）褪黑素

由松果体分泌的褪黑素（Melatonin）是强有效的内源性睡眠诱导剂，其含量呈昼夜周期性变化。褪黑素分泌主要由环境光线的明暗调节。白天因光线刺激视网膜，会抑制褪黑素的分泌；而当黑夜降临时，会发生一系列神经传递和生化反应，促使大脑松果体内褪黑素的合成增加。

研究表明，接受外源性褪黑素的健康受试者，最常见的表现是镇静，且多数能在给予外源褪黑素3～15min后即引起睡眠。1960年观察到成年男性静脉内注射褪黑素能产生镇静作用，1964年发现注射褪黑素于未束缚的猫的下丘脑部位后能诱发睡眠。1984年的双盲交叉试验，观察健康受试者在4周内口服褪黑素2mg/d的效果，发现褪黑素能明显加重受试者夜间困倦感。

褪黑素在促进睡眠的同时，还会对一种促进生殖腺发育的脑激素产生抑制作用。一项最新研究证明，大量或过量服用褪黑素将导致生殖功能障碍。因此，在补充外源性褪黑素的同时，要注意其用量，即每日的剂量不可超过3～5mg。

（二）色氨酸和5-羟基色氨酸

褪黑素是5-羟基色氨酸进一步转化的产物，而色氨酸是合成5-羟基色氨酸的前体物质。因此，可以通过补充色氨酸或5-羟基色氨酸增加褪黑素的含量，达到改善睡眠的效果。

进食适量的面包或馒头后，人体内就会分泌胰岛素，用来消化面包中的营养成分。在氨基酸的代谢中，色氨酸被保留下来，色氨酸是5-羟色胺的前体，而5-羟色胺有催眠作用。因此，如果失眠，吃一点面包，能促进睡眠。但如果白天总想睡觉，可吃一点动物蛋白质，因为动物蛋白质中含酪氨酸，它有抗5-羟色胺的作用，因而可使人兴奋。

（三）维生素与矿物元素

B族维生素被认为能帮助改善睡眠，如维生素B_1具有抗焦虑作用，维生素B_6有镇静安神的功效，而缺乏叶酸或 B_{12} 时容易引起忧郁症。

钙和镁并用能起到放松和镇定的作用。身体如果缺乏铜和铁元素也可能影响睡眠质量。

（四）植物活性成分

1. 酸枣仁提取物

酸枣仁为鼠李科植物酸枣的种子。其皂苷类提取物具有镇静、催眠的作用。在动物试验中，无论是口服还是腹腔注射，也无论白天或是黑夜，即使是对于由咖啡因引起的兴奋状态也有较明显的镇静作用。不过，持续使用会有一定抗药性，但在停用一段时间后，抗药性随即消失。

2. 缬草提取物

缬草是败酱科缬草属多年生草本植物。在欧洲，缬草常被用来治疗焦虑症，近年来以其特殊的镇静作用而备受关注。缬草提取物能治疗失眠，减轻肌肉紧张，缓解极度的情绪压力，解除胀气疼痛及痉挛。而且，其副作用极小，也不会形成依赖性。

3. 西番莲花提取物

西番莲为西番莲科多年生常绿草质或半木质藤本攀缘植物，原产于中南美洲的热带和亚热带地区。西番莲花提取物具有强效镇静作用，还能减轻神经紧张引起的头痛，缓解因紧张引起的骨肉痉挛。鉴于有人在服用后会有昏睡感，因此，开车前或操作机器前不可服用。此外，孕妇忌用。

4. 洋甘菊提取物（Chamonile extract）

洋甘菊，别名黄金菊、春黄菊，是菊科一年生（德国种）或多年生（罗马种）草本植物。洋甘菊最先为埃及人所发现，并推崇为花草之王，用在祭祀中献给太阳神。洋甘菊具有镇静作用，能缓解神经紧张，放松情绪，治疗失眠。此外还能治疗神经痛、背痛以及风湿痛等。

此外，摄入均衡营养，保持身体健康；在入睡前营造良好的睡眠环境，使睡眠过程免受干扰；以及保持平和的心态等，对于入睡和睡眠质量也是极为有益的。

（五）酸枣仁

由鼠李科乔木酸枣（Ziziphus jujuba var. spinosa）成熟果实去果肉、核壳，收集种子，晒干而成。主要产于河北、山东一带。主要成分酸枣仁皂苷（jujuboside）A、B、B_1，白桦脂酸，桦木素等，含油脂约 32%。扁椭圆形，长 5～7mm，宽 5～7mm，厚 2～3mm，红棕至紫褐色。种皮脆硬，可有裂纹，气微，味淡。

酸枣仁具有改善睡眠。对小鼠、豚鼠、猫、兔、犬均有镇静催眠作用。对大鼠作脑电测试，灌胃后睡眠时间（TS）和深睡阶段（SWS2）持续时间分别增加 51min（26.0%）和 41.4min（116.3%），差异非常显著（$P<0.001$）。6h 内 TS 发作频率平均减少 22.7 次（−36.3%），每次发作持续时间增加 3.5min（+95.6%）；6h 内 SWS2 发作频率平均增加 28.3 次（+89.0%），差异均非常显著（$P<0.001$）。

（六）酸奶加香蕉

在一部分失眠或醒后难以再度入睡的人中，其失眠原因是因血糖水平降低所引起的。钙元素对人体有镇静、安眠作用。酸奶中含有糖分及丰富的钙元素。香蕉使人体血糖水平升高，用一杯酸奶加一根香蕉，给失眠病人口服后，可使其血糖高，使病人再度入睡。

（七）葡萄与葡萄酒

葡萄中含有葡萄糖、果糖及多种人体所必需的氨基酸；还含有维生素 B_1、B_2、B_6、C、P、PP 和胡萝卜素。常吃葡萄对神经衰弱和过度疲劳者有益。

葡萄酒中所含的营养成分和葡萄相似，对过度疲劳引起的失眠有镇静和安眠作用。

（八）富含锌、铜的食物

锌、铜都是人体必需的微量元素，在体内都主要是以酶的形式发挥其生理作用，都与神经系统关系密切，有研究发现，神经衰弱者血清中的锌、铜两种微量元素量明显低于正常人。缺锌会影响脑细胞的能量代谢及氧化还原过程，缺铜会使神经系统的内抑过程失调，使内分泌系统处于兴奋状态，而导致失眠，久而久之可发生神经衰弱。由此可见，失眠患者除了经常锻炼身体之外，在饮食上有意识地多吃一些富含锌和铜的食物对改善睡眠有良好的效果。含锌丰富的食物有牡蛎、鱼类、瘦肉、动物肝肾、奶及奶制品。乌贼、鱿鱼、虾、蟹、黄鳝、羊肉、蘑菇以及豌豆、蚕豆、玉米等含铜量较高。

其他如桂圆肉、莲子、远志、柏子仁、猪心、黄花菜等，都有一定的镇静催眠作用，常用来治疗失眠症。

复习思考题

1. 简述睡眠的功能。
2. 具有改善睡眠的物质有哪些？

功能性食品加工技术

学习目标

- 知道各类食品加工新技术的原理。
- 掌握新技术在功能性食品中的应用。
- 能根据不同功能性食品的研发要求选择不同加工技术。
- 掌握常见功能性食品的生产、开发技术。

子情境1　膜分离技术

膜分离技术是用半透膜作为选择障碍层，允许某些组分透过而保留混合物中其他组分，从而达到分离目的的技术。液体中通常含有生物体、可溶性大分子和电解质等复杂物质。通常沉淀、过滤存在澄清不彻底、劳动量大、时间冗长等缺点；离心、超离心又有投资运行费用高、操作与维修困难等问题。在分离浓缩步骤中，可用离子交换、蒸发、色谱等手段，但存在处理量以及有些物质对热与化学环境敏感等问题。而膜分离技术可以避免上述问题。它具有设备简单、操作方便、无相变、无化学变化、处理效率高和节省能量等优点，已作为一种单元操作日益受到人们极大重视。1960 年 Loeb 和 Sourirajan 制备出第一张具有高透水性和高脱盐率的不对称反渗透膜是膜分离技术发展的一个里程碑，使反渗透技术大规模用于水脱盐成为现实。目前，膜分离技术已在电子工业、食品工业、医药工业、环境保护和生物工程等领域中得到广泛应用。

膜分离技术由于具有如下优点而使其能在生物产品分离、提取与纯化过程中发挥作用。

① 处理效率高，设备易于放大。

② 可在室温或低温下操作，适宜于热敏感物质分离浓缩。

③ 化学与机械强度最小，减少失活。

④ 无相转变，节能。

⑤ 有相当好的选择性，可在分离、浓缩的同时达到部分纯化目的。

⑥ 选择合适膜与操作参数，可得到较高回收率。

⑦ 系统可密闭循环，防止外来污染。

⑧ 不外加化学物，透过液（酸、碱或盐溶液）可循环使用，降低了成本，并减少对环境的污染。

一、膜材料与膜种类

分离膜按膜的荷电性可分为中性膜，荷电膜两种，荷电膜又分为荷正电膜与荷负电膜。按膜材料亲疏水性可分为亲水膜与疏水膜。目前国内研究与生产涉及的微滤和超滤膜材料有二乙酸纤维素（CA）、三乙酸纤维素（CTA）、氰乙基纤维素（CN-CA）、聚砜（PS）、磺化聚砜（SPS）、聚砜酰胺（PSA）、圈形聚砜（PDC）、聚丙烯腈（PAN）、聚醚砜（PES）、聚偏氟乙烯（PVDF）、聚醚醚酮（DEEK）、聚氯乙烯（PVC）、聚酰亚胺（PI）、丙烯腈-氯乙烯共聚物和甲基丙烯酸甲酯—丙烯腈共聚物及其他的共混物等。反渗透膜以芳香聚酰胺和聚哌嗪类复合膜为主，也有二乙酸纤维素（CA）、三乙酸纤维素（CTA）等不对称反渗透膜生产。电渗析用离子交换膜有异相膜和均相膜之分，材料有聚烯烃、聚偏氟乙烯（PVDF）、聚苯醚、氟碳聚合物等。渗透蒸发膜主要是亲水性聚合物与硅橡胶类物质等。

二、膜分离技术

根据膜分离的推动力和应用不同，膜分离分为微滤、超滤、反渗透、电渗析、气体渗透、膜乳化液膜分离等几大类。

1. 微滤

微孔过滤是膜分离过程中最早产业化的。微孔过滤膜的孔径一般在 0.02～10μm 左右。但是在滤谱上可以看到，在微孔过滤和超过滤之间有一段是重叠的，没有绝对的界线。

微孔过滤膜的孔径十分均匀，微孔过滤膜的空隙率一般可高达 80%左右。因此，过滤通量大，过滤所需的时间短。大部分微孔过滤膜的厚度在 150μm 左右，仅为深层过滤介质的 1/10，甚至更小。所以，过滤时液体被过滤膜吸附而造成的损失很小。

微孔过滤的截留主要依靠机械筛分作用，吸附截留是次要的。

由醋酸纤维素与硝酸纤维素等混合组成的膜是微孔过滤的标准常用滤膜。此外，已商品化的主要滤膜有再生纤维素膜、聚氯乙烯膜、聚酰胺膜、聚四氟乙烯膜、聚丙烯膜、陶瓷膜等。

在实际应用中，折叠型筒式装置和针头过滤器是微孔过滤的两种常用装置。

2. 超滤

超滤也是一个以压力差为推动力的膜分离过程，其操作压力在 0.1～0.5MPa 左右。一般认为超滤是一种筛孔分离过程。在静压差推动下，原料液中溶剂和小的溶质粒子从高压的料液侧透过膜到低压侧，所得的液体一般称其为滤出液或透过液，而大粒子组分被膜拦住，使它在滤剩液中浓度增大。这种机理不考虑聚合物膜化学性质对膜分离特性的影响。因此，可以用细孔模型来表示超滤的传递过程。但是，另一部分人认为不能这样简单分析超滤现象。孔结构是重要因素，但不是唯一因素，另一个重要因素是膜表面的化学性质。

超滤膜早期用的是醋酸纤维素膜材料，后期逐渐发展起来有聚砜、聚丙烯腈、聚氯乙烯、聚偏氟乙烯、聚酰胺、聚乙烯醇等以及无机膜材料。超滤膜多数为非对称膜，也有复合膜。超滤操作简单，能耗低。

3. 反渗透

在高于溶液渗透压的压力作用下，只有溶液中的水透过膜，而所有溶液中大分子、小分子有机物及无机盐全被截留住。理想的反渗透膜应被认为是无孔的，它分离的基本原理是溶解扩散（也有毛细孔流学说）。膜孔径为 0.1～1nm。采用压力为 1～10MPa。

反渗透过程大致可分为以下三步进行。

① 水从料液主体传递到膜的表面。

② 水从表面进入膜的分离层，并渗透过分离层。

③ 水从膜的分离层进入支撑体的孔道，然后流出膜。

4. 电渗析

它是通过在电位差下用荷电膜从水溶液中分离离子的过程。其原理是阴、阳离子交换膜被交替排在正、负极之间形成许多独立的小单元。当含离子溶液在电场下通过这些单元时，有些单元里的正、负离子可透过正负离子交换膜进入另一些单元而变成脱盐水，另一些单元中正负离子因电场作用和膜电荷排斥作用而留在单元里，加上过来的离子生成浓盐水。

5. 渗透蒸发

它的基本原理是利用膜与被分离有机液体混合物中各组分的亲和力不同而有选择地优先吸附溶液某一组分及各组分在膜中扩散速度的不同来达到分离的目的，因此它不存在蒸馏法中的共沸点的限制，可连续分离、浓缩，直至得到纯有机物。

三、膜分离技术的应用

膜分离技术是一种在常温下无相变的高效、节能、无污染的分离、提纯、浓缩技术。这项技术的特性适合功能性食品的加工，在如下几个方面应用效果明显。

1. 在功能性饮用水加工中的应用

饮料用水一般为软化无菌水，既可用电渗析、离子交换树脂软化，超滤除菌，也可用反渗透一次完成软化除菌。近几年国内已出现纳滤膜，纳滤膜对二价离子的脱除率可达98%左右，因此用纳滤膜来生产饮料用水更经济合理。

用超滤可脱除矿泉水中的铁、锰等高价金属离子胶体、有机物胶体和细菌，用超滤作为矿泉水的终端处理可防止矿泉水的混浊和沉淀，并能保证其卫生指标。

用高脱盐率（>95%）电渗析加超滤二步法或者用高脱盐率（>95%）的反渗透一步法都可达到饮用纯净水的标准。

高氟地区的饮用水会引起人的骨质疏松等多种疾病，用反渗透法可脱除90%以上的氟，而符合国家饮用水卫生标准。

可用膜分离技术制备脱气水。用脱气水浸泡大豆到饱和水分仅需2h，而自来水则需4～6h。用脱气水浸泡大豆还能防止因脂肪氧化酶作用而生的豆腥味；用脱气水加工鱼、肉、香肠时，可减轻腥味，防止褐变；用脱气水制造速溶茶，可提高提取率，缩短萃取时间。

2. 在发酵及生物过程中的应用

用超滤和洗滤二次法可将酶浓缩10倍，纯度可从20%提高到90%以上。用超滤去除味精生产中的微生物，并用反渗透回收漂洗水中的谷氨酸钠。可用超滤去除黄原胶中的色素和蛋白质，并可将黄原胶从1Pa·s浓缩到18Pa·s。可用超滤去除低度白酒中的棕榈酸酯等，解决因低温引起的混浊。超滤还可增加乙醇和水的缔合，使得口感柔和醇厚。用超滤去除上述酒中的果胶、蛋白、多糖等大分子物质，解决由此产生的沉淀。用反渗透法可将赖氨酸、丝氨酸、丙氨酸、脯氨酸、苏氨酸等浓缩二倍。用超滤可把固形物20%的血浆浓缩到30%。用超滤生产的白酱油，可减少高价金属离子的含量，除去细菌和杂质，提高酱油对热和氧的稳定性；用超滤加工的食醋，清亮透明、无菌、无沉淀，并能改善风味。

（1）微孔滤膜过滤技术在鲜生啤酒生产中的应用

① 传统的过滤工艺是发酵液经硅藻土粗滤后再经纸板精滤。现在，膜过滤可用来代纸板精滤，而过滤效果更好，滤后酒的质量更高。

② 巴氏杀菌和高温瞬时杀菌是提高啤酒品质期的常用方法，现在这一方法可以用微孔滤膜过滤技术取代。这是因为过滤工艺中所选择的滤膜孔径足以阻止微生物通过，从而可达到去除啤酒中的污染微生物和残留酵母菌，进而达到提高啤酒的保质期的目的。由于膜过滤避免了高温对鲜啤酒口味和营养的破坏，所以生产出的啤酒口味更纯，这就是通常人们称作的“生鲜啤酒”。

③ 啤酒是一种季节性很强的消费饮品。夏秋两季需求量特别大，为了适应市场需要，不少厂家采用高浓度发酵液的后稀释法来迅速扩大产量。后稀释啤酒所必需的无菌水及CO_2气体质量的高低直接关系到啤酒质量的好坏。我国啤酒厂生产所需CO_2通常直接从发酵罐中回收，压成“干冰”后再使用，几乎没有经过处理，杂质含量高。后稀释所需的无菌水过滤常用普通的深层滤材，一般较难达到无菌水的要求。膜过滤技术的出现为生产厂家很好地解决这一难题。经膜过滤器处理过的水，其大肠杆菌数和各类杂菌均应基本去除。CO_2气体经膜过滤器处理后，纯度可达到95%以上。所有这些工艺对提高酒的质量，提供了可靠的保障。

④ 用反渗透膜生产无醇或低醇酒。用反渗透方法除醇时，水和酒精克服自然渗透压穿过渗透膜。所有较大的分子，如口味和香味物质，停留在啤酒中。因为水被脱除，所以要不停地补充经除气和除盐的纯净水，这样酒精含量便不断下降。膜分离循环一直进行到酒精含量低于0.5%，达到要求的除醇效果为止。

（2）应用错流膜过滤可提高黄酒非生物稳定性　黄酒的非生物混浊沉淀是困扰黄酒行业的老大难问题。影响黄酒非生物稳定性的因素有蛋白质、多酚、糊精、戊聚糖、焦糖色等。下胶、冷冻、过滤是目前提高发酵酒非生物稳定性较普遍采用的方法。下胶效果受下胶温度、澄清剂用量等因素的影响。由于黄酒生产的特殊性，要控制适当的下胶温度和澄清剂用量有一定难度，因而较难达到满意的效果，使其在黄酒中的应用受到制约。比较而言，冷冻和过滤效果稳定、操作方便。错流过滤能够过滤混浊度较高的液体，其作用方式是液体以切线方向流过膜表面，经过膜表面时产生的剪切力可使沉积在膜表面的混浊颗粒扩散回主体流，从而使膜表面污染层保持在一个较薄的稳定水平，防止出现快速堵塞。

（3）应用膜分离技术除去葡萄酒中的酒石　葡萄酒中存在一定浓度的酒石酸盐类，其主要的酒石酸氢钾和酒石酸钙在葡萄酒存放过程中常因各种原因造成溶解度降低，形成沉淀而析出，俗称酒石，影响葡萄酒的稳定性。通过反渗透膜分离法使葡萄酒浓缩造成饱和溶液状态，从而加速酒石的结晶而除去酒石。

3. 在果汁和饮料生产中的应用

可用超滤对果汁进行除菌、澄清、脱果胶及回收果汁中的果胶、蛋白酶等，也可用反渗透对果汁进行浓缩，浓缩浓度可达20%～25%。可用反渗透把速溶咖啡的固形物含量从8%浓缩至35%；速溶茶可浓缩至20%左右。用超滤脱除罗汉果浸提液中的多糖、蛋白质等，再用反渗透进行浓缩，其浓缩浓度为20%～25%。

4. 在色素生产中的应用

用超滤可脱除焦糖色素中的有害成分亚铵盐及不愉快的味道。用超滤可脱除天然食用色素水提取液中 95%以上的果胶和多糖类物质，并可用反渗透法浓缩该浸提液至固含量 20%以上。色价保持率极高。

5. 在食用明胶生产上的应用

用超滤可脱掉食用明胶中的色素及灰分，并把食用明胶的固含量浓缩至 15%。用超滤可脱掉果胶中的糖、酸、色素，其脱除率>98%，并可把果胶浓缩到固含量 3.5%以上。

6. 在蛋白质加工中的应用

用超滤法生产大豆分离蛋白，蛋白质截留率>95%，蛋白质回收率>93%，比传统的酸沉淀法得率提高 10%。用反渗透浓缩蛋清，固含量可从 12%浓缩到 20%；用超滤浓缩全蛋，其固含量可从 24%浓缩到 42%。用超滤可从马铃薯淀粉加工废水、粉丝生产黄浆水、水产品加工废水、大豆分离蛋白加工废水以及葡萄糖生产中回收蛋白。这样既充分利用了资源，又符合环保的要求。

7. 在乳制品加工中的应用

用反渗透法浓缩牛奶，用于生产奶粉和奶酪，牛奶的固形物可浓缩到 25%。亚洲人普遍对乳糖过敏，用超滤法把牛奶中的乳糖脱除，并回收乳糖作工业原料。用超滤法可从干酪乳清中回收并浓缩蛋白。

8. 在芦荟相关制品中的应用

利用膜分离技术将芦荟原汁分成三部分：芦荟水、芦荟苷浓缩液、芦荟多糖浓缩液。芦荟水可作饮料，芦荟苷浓缩液作药用原料，芦荟多糖浓缩液作食品、化妆品添加剂。

9. 在油脂加工工业中的应用

在油脂精炼中可进行除杂、脱胶、脱酸、脱色，还可用于磷脂的制备、分提、催化剂回收等。

浸出后的毛油不可避免地含有一些杂质，包括金属杂质、细小的豆粕和灰尘等，影响油脂的品质。Keurentjes 等人用中空纤维萃取系统脱除混合油中的金属杂质。汪勇等人用不同孔径的无机膜对 30%浓度的大豆油进行微滤除杂，几乎完全除尽混合油中的固体杂质。再进一步制得的浓缩磷脂清澈透明，乙醚不溶物含量和国外优质浓缩磷脂相当。

大豆浸出毛油通常采用水化脱胶或磷酸脱胶，但这样处理很难满足物理精炼对预处理油中磷脂含量极低的要求。采用胶束增浓超滤技术可使毛油中所含磷脂基本完全脱除。

子情境 2　微胶囊技术

日常生活中人们对服用胶囊药物已经司空见惯，那是将药粉或药粒装填到可食性胶囊中，便于吞服并避免了药的苦味和不良气味，这种胶囊已有一百多年历史了。如果将这种胶囊缩小到直径只有 5～200μm 范围内，就是微胶囊。可以说，微胶囊就是指一种具有聚合物壁壳的微型容器或包装物。

胶囊技术就是采用合适的包膜材料，如植物胶、多糖、淀粉类、纤维素、蛋白质等大分子化合物，将固体、液体或气体物质包埋，封存在一种微型胶囊内成为一种固体微粒产品的技术。这是一种比较新颖、用途广泛、发展迅速的新技术，已广泛应用于食品、制药、饲料、精细化工及其他行业。微胶囊技术应用于食品工业，解决了食品加工中的部分难题，使产品由低级向高级转化，与超微粉碎技术、膜分离技术、超临界流体萃取技术、分子蒸馏技术、生物技术和热压反应技术等相结合，为食品工业开发应用高新技术展现了美好的前景。

微胶囊化方法大致可分为化学法、物理法和融合二者的物理化学法。具体方法可有20余种。如喷雾干燥法、喷雾冻凝法、空气悬浮法（又称沸腾床法）、真空蒸发沉积法、多孔离心法、静电结合法、单凝聚法、复合凝聚法、油相分离法、挤压法、锐孔法、粉末床法、熔融分散法、复相乳液法、界面聚合法、原位聚合法、分子包埋法、辐射包埋法等，其中，有一部分还停留在发明专利上，没有形成规模工业生产；部分已应用于医药工业、化学工业上。真正可用于食品工业的微胶囊方法则需符合以下条件：能批量连续化生产，生产成本低。能被食品工业接受，有成套相应设备可引用、设备简单，生产中不产生大量污染物、如含化学物的废水。壁材是可食用的，符合食品卫生法和食品添加剂标准。使用微胶囊技术后确实可简化生产工艺，提高食品质量。因此目前能在食品工业中应用的方法只有少数几种。主要有喷雾干燥法、喷雾冻凝法、空气悬浮法、分子包接法、水相分离法、油相分离法、挤压法、锐孔法等8种方法，另外还有界面聚合法、原位聚合法、粉末床法。随着技术的改进和设备的开发，今后会有更多的造粒技术走向成熟，投入使用。

微胶囊因制作方法的不同有球型、椭球型、柱型、无定型等形状，但最多的是球型。它们可以是单核的，也可以是多核的。微胶囊外壁可以是单层也可以是双层。对于挤压成型再粉碎的产品则是无定型的。应用最广的喷雾干燥法微胶囊为表面有陷凹的球形，内部为众多个不连续的球状芯。

一、食品工业的微胶囊功能

在食品工业中应用最早、最广泛的微胶囊功能是物料形态的改变。即把液态原料固体化，变成微细的可流动性粉末，除便于使用、运输、保存外，还能简化食品生产工艺和开发出新型产品，如粉末香精就是固体饮料开发的前提，粉末油脂的出现促成了许多方便食品的开发，如咖啡伴侣、维生素强化奶粉等。

还可以防止某些不稳定的食品原辅料挥发、氧化、变质。许多香精和香料精油化学性质不稳定，易挥发或被氧化，维生素E、维生素C、高度不饱和的油脂（如DHA、EPA）等材料很易氧化而失去功能，生产中又要求这些成分在食品中高度分散于易被氧化的环境中。微胶囊化就是解决这一矛盾的最好方法。

功能性食品加工过程中可能产生不良气味，某些原料中也会含有难于去除的不良气味或去除工艺复杂，还会破坏应有香气，此时可用微胶囊化方法解决，通常用β-环糊精为壁材的分子包埋法。

壁材，就是构成微胶囊外壳的材料，也称为“包衣”。食品微胶囊的壁材首先应无毒，符合国家食品添加剂卫生标准。它必须性能稳定，不与芯材发生反应，具有一定强度，具有耐摩擦、挤压、耐热等性能。最常用的壁材为植物胶、阿拉伯胶、海藻酸钠、卡拉胶、琼脂等。其次是淀粉及其衍生物，如各种类型的糊精、低聚糖。国外开发出许多淀粉衍生物具有很好的乳化性、成膜性、质密性，是很好的包埋香精的壁材。此外明胶、酪蛋白、大豆蛋白、多种纤维素衍生物也都是很好的壁材。

需要被包埋的材料称“核心物质”（或芯材），是在食品生产中需要保护或改变其形态性能的一些化合物，如易挥发的香精、不稳定的物质及其他化合物，一般是分子较小的物质。

在功能性食品生产中，可作为芯材进行包埋的物质有以下各类：

① 生物活性物质：膳食纤维、活性多糖、超氧化物歧化酶、硒化物、免疫球蛋白等。

② 氨基酸：赖氨酸、精氨酸、组氨酸、胱氨酸等。

③ 维生素：维生素 A、维生素 B_1、维生素 B_2、维生素 C、维生素 E 等。

④ 功能性油脂：玉米油、米糠油、麦胚、月见草油和鱼油等。

⑤ 微生物细胞：乳酸菌、黑曲霉和酵母菌等。

⑥ 甜味剂：甜味素、甜菊苷、甘草甜和二氢查耳酮等。

⑦ 酶制剂：蛋白酶、淀粉酶、果胶酶、维生素酶等。

⑧ 香精香料：橘干香精、柠檬香精、薄荷油、冬青油、大蒜油等。

⑨ 其他：如酸味剂、防腐剂、微量元素、色素等。

控制芯材释放速度是微胶囊技术应用最广泛的功能之一。微胶囊芯材可在水中或其他溶剂中因壁材溶解而释放，这是最常见的释放方法，如喷雾干燥法制造的粉末香精、粉末油脂。也有因温度升高到壁材融化，外壳破坏而释放的，如膨松剂中的酸性材料。也有因挤压摩擦破坏外壳而释放的，如口香糖中的甜味剂和香精。以上几种是瞬时释放。即一旦外壳破坏，芯材立即释放出来。还有因壁材吸水膨胀形成半透膜而使芯材逐渐渗透而缓慢释放的，这种释放直到内外渗透压平衡而停止。食品中有效成分需要控制释放的例子很多。如在焙烤业中，某些膨松剂要求在面胚表面升温到某一程度，淀粉糊化和蛋白质变性已具备了保气功能后再产气，而生成的气体形成气泡不会溢散。酸碱式膨松剂中的一种（通常为酸性材料）应先制成微胶囊，待达到所需温度后再释放气体。日本有微胶囊化乙醇保鲜剂，在密封包装中缓慢释放乙醇蒸气以防止霉菌。还可以利用医药中的肠溶微胶囊技术制某些活菌制品，改善肠道消化状态。中国传统豆腐生产中使用石膏可生产出细嫩的南豆腐，就是利用了石膏的天然缓释 Ca^{2+} 的功能；$MgCl_2$ 没有缓释功能，但豆腐的风味更好，将 $MgCl_2$ 微胶囊化后，就可以结合二者优点。

二、微胶囊技术在功能性食品中的应用

微胶囊技术是一项发展十分迅速的新技术。由于其技术简单，应用广泛，适应性强，因此在食品、制药、饲料、精细化工、照相材料以及其他领域得到广泛应用。在功能性食品中使用微胶囊技术对提高产品质量和功能作用有重要作用。

1. 酶的固定

固定化酶可提高产率、保持稳定、容易分离并提高酶的催化效率，具有很多优点。酶在功能性食品生产中应用很广，但对热、强酸、强碱等一般不稳定，给应用造成诸多不便，因此，常常利用固定化酶。包囊化法就是一个固定化酶的重要方法。利用界面聚合法、原位聚合法、水相分离法、油相分离法等可对葡萄糖异构酶等几十种酶进行固定化处理，应用于高果糖浆、核酸的生产上。常用的包囊剂有聚乙烯醇、阿拉伯酸、琼脂、明胶、果胶、海藻酸钠、卡拉胶、乙基纤维素、大豆蛋白、酪蛋白等。

2. 液体制品的粉末化

利用微胶囊技术可实现油脂粉末化，使许多高档食品的油脂配料也固体化。同时，微胶囊化技术的进步，使许多食品添加剂，如酸味剂、甜味剂、防腐剂、氨基酸、维生素以及许多功能性成分，如活性多糖、多不饱和脂肪酸、活性肽、活性蛋白等不太稳定的物质通过包膜形成微胶囊，增加稳定性和储运性能，也方便了食用。

许多传统液体物质通过微胶囊化可制成固体产品。例如，香料香精经提取、膜浓缩后，进行 β-CD 等包囊、喷雾干燥，可生产高级调料，其风味、香气损失较少，从而使香料的生产、储运和使用都达到一个新水平。

另外，酱油和醋的粉末化也是利用包囊法进行的。

3. 功效成分的生产

通过微胶囊化，可使某些功效成分或生理活性物质保持稳定，提高易劣变的营养素、敏感性生物活性物质的稳定性，同时还可避免多组分食品中不相配伍组分的相互影响，去除异味，减少某些不良副作用等。

① DHA、EPA、γ-亚麻酸都是多烯酸，很不稳定，容易被过氧化，不仅功效降低，而且对人体有害。通过用明胶、阿拉伯胶对其进行微胶囊化，其稳定性大为提高。对鱼油微胶囊化，可得到颗粒产品，能直接作为功能性食品食用。

② 双歧杆菌为厌氧活性菌，当直接添加到食品中时，会遇氧而死亡，采用微胶囊技术使双歧杆菌胶囊化以防其与氧等敏感成分的接触，可延长存活期。

③ 大蒜素具有臭味，影响人们食用，利用微胶囊化可达到去臭效果。灵芝液有苦味，可用β-环糊精去除苦味。活性肽、活性蛋白质可以制成微胶囊化产品，其口感、稳定性都有进步。

④ 维生素 E、维生素 C 都不稳定，而且维生素 E 还是液体物质，利用很不方便，目前的维生素 E 粉、维生素 C 粉都是微胶囊化了的产品，不仅应用方便，而且稳定性提高。

⑤ 以海藻酸钠、蔬菜、天然果汁为原料，微胶囊技术和饮料工艺相结合，制造微胶囊复合果蔬饮料，产品具有叶酸、蛋白质、抗坏血酸（维生素 C）、钙等营养成分。

⑥ 在乳制品中添加的营养物质往往具有不愉快的气味，其性质不稳定易分解，影响产品质量。将这些添加物利用微胶囊技术包埋，可增强产品稳定性，使产品具有独特的风味，无异味、不结块，泡沫均匀细腻、冲调性好、保质期长。利用此法制成的产品有果味奶粉、姜汁奶粉、可乐奶粉、发泡奶粉、膨化乳制品、啤酒奶粉等。

⑦ 微胶囊技术可应用于糖果的调色、调香、调味及糖果的营养强化和品质改善。糖果生产中的天然食用色素、香精、营养强化剂等物质易分解，将其微胶囊化可确保产品质量的稳定。用β-环状糊精包埋胡萝卜素、核黄素、叶绿素铜钠、甜红素等，经日光照射不褪色。直接在烘焙面粉中添加 $FeSO_4$ 强化芝麻酥心糖，则产品易氧化酸败，但经包埋后再添加可防异味并能延长保质期。常用的壁材有水溶性食用胶、环状糊精、纤维素衍生物、明胶、酪蛋白等物质，用此法生产的糖果颜色鲜亮持久，产品货架期长。

⑧ 微胶囊技术还可应用于其他食品行业中。茶叶中含有多种对外界因素（光、热、氧气、酸、碱等）敏感的物质，如维生素 C、B 族维生素、茶多酚以及茶中的芳香物质和色素物质。因此在茶饮料生产中，要对茶叶的敏感物质进行有选择地包埋，避免茶饮料在萃取、杀菌和储藏中发生不利的反应，最大限度地保持茶饮料原有的色泽和风味。β-环糊精具有无味、无毒、化学稳定性好、吸附能力强、在体内易水解等优点，对茶饮料中的组分进行包埋处理以后，可大大提高茶叶敏感物质对外界环境的抵抗力，因而在茶饮料生产中得到广泛的应用。食品添加剂中的某些甜味剂、酸味剂、防腐剂、香精、色素的性质不稳定，利用微胶囊包埋技术制备微胶囊化甜味剂、酸味剂、防腐剂等，既改变了物质的原有状态，又增强了食品添加剂的稳定性，减少了与其他物质产生不良反应的可能性。在酿酒工业中也逐步引入微胶囊化技术研制开发新产品，现已问世的产品有奶味啤酒、螺旋藻悬浮啤酒、粉末化酒等。酒的粉末化需选择一种适当的包囊材料将酒中的酒精和挥发性芳香物质包埋起来，利用喷雾干燥法制成固化微胶囊颗粒，从而改变了传统酒类产品的固有形态。

子情境 3　超临界流体萃取技术

一、超临界流体萃取技术特性

超临界流体萃取技术是以超临界状态下的流体作为溶剂，利用该状态下流体所具有的高渗透能力和高溶解能力萃取分离混合物的过程。

任何物质都具有气、液、固三态，随着压力、温度的变化、物质的存在状态也会相应发生改变，当气-液两相共存线自三相点延伸到气液临界点后，气相与液相混为一体，相间的界线消失，物质成为既非液体也非气体的单一相态，即超临界状态，此时物质不能再被液化。

严格地说，超临界流体是指那些高于又接近流体临界点，以单相形式而存在的流体。流体在临界点附近其物理化学性质与在非临界状态有很大不同，其密度、介电常数、扩散系数、黏度以及溶解度都有显著变化。

人们利用超临界流体对混合物某些组分进行萃取，发现超临界流体具有良好的溶解性能，能够萃取一些重要的化合物。在适当条件下，难溶物质在超临界相中的溶解度比在非临界状态相下要大 10^4 倍。这是由于超临界相的密度增大了，导致溶剂的介电常数和极化度增加，从而增加了溶剂分子与被溶解分子的作用力。

由于在其他条件完全相同的情况下，流体的密度在相当程度上反映了它的溶解能力，而超临界流体的密度又与压力和温度有关。因此，在进行超临界萃取操作时，通过改变体系的温度和压力，从而改变流体密度，进而改变萃取物在流体中的溶解度，以达到萃取和分离的目的。

二、超临界流体萃取剂的选择

用作超临界萃取剂的流体很多，这些流体有的价格昂贵制取困难，有的对设备有腐蚀和破坏性，有的气体有毒有害，不适于提取食品或医药中的有效成分。与其他气体比较，二氧化碳作为超临界溶剂具有较大的优越性：萃取能力强，溶解能力大，效率高，可从原料中提取有用成分或脱出有害成分，而且提取物充分体现天然性能，无氧化或无损失，产品质量优。目前在食品、化妆品、医药、香料的领域中，常用二氧化碳作为超临界萃取剂。二氧化碳基本上能满足非极性提取剂的要求，且价廉易得，还不会引起被萃取物的污染，无毒无害，是食品工业领域超临界流体萃取中一种较理想和使用较普遍的溶剂。

二氧化碳作为超临界萃取溶剂有以下溶解特点。

（1）分子量大于 500 道尔顿的物质具有一定的溶解度。

（2）中、低分子量的卤化物、醛、酮、酯、醇、醚非常易溶。

（3）低分子量、非极性的脂族烃（20 碳以下）及小分子的芳烃化合物是可溶解的。

（4）分子量很低的极性有机物（如羧酸）是可溶解的，酰胺、脲、氨基甲酸乙酯、偶氮染料的溶解性较差。

（5）极性基团（如羟基、氮）的增加通常会降低有机物的溶解性。

（6）脂肪酸及其甘油三酯具有较低的溶解性，单酯化作用可增加脂肪酸的溶解性。

（7）同系物中溶解度随分子量的增加而降低。

(8) 生物碱、类胡萝卜素、氨基酸、水果酸和大多数无机盐是不溶的。

与一般液体相比，超临界流体萃取（SFE）的萃取速率和范围更为扩大，具有以下特点。

(1) 通过调节温度和压力可提取纯度较高的有效成分或脱出有害成分。

(2) 选择适宜的溶剂（如 CO_2），可在较低温度或无氧环境下操作，分离、精制热敏性物质和易氧化物质。

(3) SFE 具有良好的渗透性和溶解性，能从固体或黏稠的原料中快速提取有效成分。

(4) 通过降低超临界流体的密度，容易使溶剂从产品中分离，无溶剂污染，且回收溶剂无相变过程，能耗低。

(5) 兼有萃取和蒸馏的双重功效，可用于有相物的分离和精制。

三、超临界二氧化碳流体萃取技术特点

超临界二氧化碳流体萃取（SFE-CO_2）是一种新型分离技术，通过加压、增温使 CO_2 处于在气、液、固三种状态之外的另一种状态——超临界状态，利用 CO_2 在此状态下溶解度大、萃取温度较低、具有选择性和没有相变化等特性进行物质的提取分离。

(1) 萃取和分离合二为一　当饱含溶解物的二氧化碳超临界流体流经分离器时，由于压力下降使得 CO_2 与萃取物迅速成为两相（气液分离）而立即分开，不存在物料的相变过程，不需回收溶剂，操作方便；不仅萃取效率高，而且能耗较少，节约成本。

(2) 压力和温度都可以成为调节萃取过程的参数　临界点附近，温度、压力的微小变化，都会引起 CO_2 密度显著变化，从而引起待萃取物的溶解度发生变化，可通过控制温度或压力的方法达到萃取目的。压力固定，改变温度可将物质分离；反之温度固定，降低压力使萃取物分离。因此此工艺流程短、耗时少，对环境无污染，萃取流体可循环使用，真正实现了生产过程的绿色化。

(3) 萃取温度低　CO_2 的临界温度为 31.2℃，临界压力为 7.18MPa，可以有效地防止热敏性成分的氧化和逸散，完整保留其生物活性，而且能把高沸点、低挥发、易热解的物质在其沸点温度以下萃取出来。

(4) 超临界 CO_2 流体常态下是气体，无毒，与萃取成分分离后，完全没有溶剂残留，有效地避免了传统提取条件下毒性溶剂的残留。同时也防止了提取过程对人体的毒害和对环境的污染，100%的纯天然。

(5) 超临界流体的极性可以改变，一定温度条件下，只要改变压力或加入适宜的夹带剂即可提取不同极性的物质，可选择范围广。

四、超临界流体萃取技术在食品工程中的应用

超临界二氧化碳萃取在功能性食品生产中的应用时间不长，但发展很快。目前已用于鱼肝油的分离，多不饱和脂肪酸的提取，咖啡因的提取，啤酒花的分离，香精、色素、可可脂的提取等。在日本，利用超临界二氧化碳萃取技术加工特种油脂已实现工业化生产。在欧美国家，通过超临界萃取技术，从天然植物中提取天然色素、香料和风味物质，已被用作优质风味食品的添加剂。

1. 植物精油及香味成分提取

在超临界条件下，精油和特殊的香味成分可同时被抽出，并且植物精油在超临界 CO_2

流体中溶解度很大，与液体 CO_2 几乎能完全互溶，因此精油可以完全从植物组织中被抽提出来。

2. 天然香辛料、食用色素的提取

超临界流体 CO_2 萃取技术生产天然辛香料的植物原料很多，如啤酒花、生姜、大蒜、洋葱、辣根、砂仁和八角茴香等。从墨红花、桂花等中用超临界 CO_2 提取的精油（或浸膏）香气与鲜花相近。从桂花、肉桂、辣椒、柠檬皮、红花等中提取天然香精，其香料的成分和香气更接近天然，质量更佳，可作为功能性食品的调香剂。从辣椒中提取辣椒红色素，从红花中提取红花色素，其色阶远远高于普通溶剂提取的产品，已有批量工业化生产。

3. 功能性油脂的提取

利用超临界萃取可以从月见草、红花籽、玉米胚、小麦胚、米糠中提取功能性油脂，不仅使油脂中的必需脂肪酸和维生素不受损失，而且还使油的质量得以提高，避免了常规提取溶剂的残留。用于鱼油的提取，可防止多不饱和脂肪酸的氧化。果树种子含油量高，且含有大量不饱和脂肪酸和营养保健成分。猕猴桃籽中脂肪酸含量达 29.6%，其中含 α-亚麻酸达 60%以上。利用 SFE 萃取猕猴桃籽中油脂，回收率高，不含杂质，不饱和脂肪酸不易被氧化，并可通过调节萃取条件，对不饱和脂肪酸等成分实现选择性分离。目前已有用 SFE 萃取了葡萄籽油、沙棘籽油、荔枝种仁油、猕猴桃籽油、樱桃核油的报道。

4. 有害物质的分离和去除

从茶叶中脱除咖啡因、使橙汁脱苦等。咖啡因富含于咖啡豆和茶叶中。许多人饮用咖啡或茶时，不喜欢咖啡因含量过高；而且从植物中脱除的咖啡因可做药用，因此从咖啡豆和茶叶中提取咖啡因是一举两得的事。用超临界 CO_2 萃取咖啡豆和茶叶，不仅得到了咖啡因，而且保留了咖啡和茶叶的原香、原味。用同一原理处理烟草，能获得低尼古丁含量却又保留原烟草香气的烟草叶。另外，可以脱除乳脂、蛋黄中的胆固醇，用于生产低胆固醇功能性食品。分离天然色素，如胡萝卜素、黄色素、叶绿素和辣椒红色素、番茄红素、可可色素等。

5. 多不饱和脂肪酸、磷脂的提取

通过控制萃取条件，可使脂肪酸混合物得以分别萃取，可获得高浓度的 DHA 和 EPA，作为功能食品应用。通过磷脂的萃取分离，可生产高纯度功能性基料。

6. 糖及苷类的提取

糖及苷类的化合物分子量较大、羟基多、极性大，用纯 CO_2 提取产率低，加入夹带剂或加大压力则可提高产率。

7. 生化制品的分离提取

通过添加一定的夹带剂，可用于氨基酸、活性蛋白质、多肽、酶的提取分离，能最大限度地保持这类物质的生物活性。

8. 植物中功效成分的提取

植物功效成分，如大蒜素、姜酚、茶酚、银杏叶黄酮、维生素 E、β-胡萝卜素等，利用超临界二氧化碳萃取，可获得高纯度、高质量产品。对生姜萃取，萃取物含有丰富的姜辣素，而在蒸馏法所得姜油中其含量很低。同时，该技术提取过程中姜酚不发生变化，具有抗风湿功能，而普通姜油则由于姜酚的氧化无此功效。从药用植物中萃取生物活性分子，生物碱的萃取和分离。从多种植物中萃取抗癌物质，特别是从红豆杉树皮和树叶中获得紫杉醇防治癌症。已用 SFE 技术从红葡萄皮中提取白藜芦醇，从葡萄籽中提取原花青素，从葡萄籽皮渣中提取多酚类物质，从酸橙皮中提取萜烯，从银杏叶中提取黄酮类化合物、萜内酯等，并生产出了相应的保健产品。

超临界二氧化碳萃取技术是一个新工艺，许多化合物的萃取规律和工艺参数研究尚不充分。但其萃取产品的全天然和高品质已引起人们的高度关注。随着研究广度和深度的加大，随着我国设备生产能力和生产水平的进步，超临界二氧化碳萃取技术在功能性食品生产中的应用将会越来越广。

子情境 4　生物技术

现代生物技术是在 20 世纪 70 年代伴随着 DNA 重组、细胞融合等新技术的出现而发展起来的，是以生命科学为基础，以基因工程为核心，包括细胞工程、酶工程和发酵工程等内容，利用生物体系和工程原理，对加工对象进行加工处理的一种综合技术。由于它是在分子生物学、生物化学、应用微生物学、化学工程、发酵工程和电子计算机的最新科学成就基础上形成的综合性学科，被列入当今世界七大高科技领域之一。

目前，从世界范围来看，日本的功能性食品生产技术是较为先进的，其开发的功能性食品，主要是采用浓缩等物理方法以及酶反应和生物化学、生物技术、生物工艺学等先进的科学技术方法精制而成的。世界各国之所以都十分重视生物技术的研究和开发，其原因主要在于以下几个方面。

① 生物技术的发展，特别是基因重组技术的成功，使人类进入按自己的需要人工创建新生物的时代。

② 生物技术是当今世界高新技术之一，将是下一代新兴产业的基础技术，而今后 10～20 年的时间里，是建立和发展这一新产业的重要时期。

③ 生物技术是现实的生产力，同时又是更大的潜在生产力。在一些发达国家，以生物技术为基础的工业部门已经成为国民经济的重要支柱。但生物技术还只是崭露头角，它对生产技术的革新和人类社会的发展将产生极其深远的影响。

④ 从生物技术研究、开发的前景看，它将为解决世界面临的能源、粮食、人口、资源及污染等严重问题开辟新的解决途径，直接关系到医药卫生、轻工食品、农牧渔业以及能源、化工、冶金等传统产业的改造和新兴产业的形成。

现代食品生物技术主要是指生物技术在食品工业中的应用，包括为食品工业提供基础原料、食品添加剂、保健食品的功能性基料，以及在食品加工技术、包装、检测和污水处理等方面的应用。生物技术还是功能性食品开发中最重要的新技术之一，对功能性食品向更高层次发展具有极为重要的作用。许多功能性配料都可以通过生物工程获取，并不断开发新的功能性材料。

一、生物技术的研究内容

1. 基因工程

以分子遗传学为基础，以 DNA 重组技术为手段，实现动物、植物、微生物等物种之间的基因转移或 DNA 重组，达到食品原料或食品微生物的改良。或者在此基础上，采用 DNA 分子克隆对蛋白质分子进行定位突变的所谓蛋白质工程，这对提高食品营养价值及食品加工性能，具有重要的科学价值和应用前景。

2. 细胞工程

应用细胞生物学方法，按照人们预定的设计，有计划地改造遗传物质和细胞培养技术，包括细胞融合技术以及动物、植物大量控制性培养技术，以生产各种功能性食品有效成分、新型食品和食品添加剂。

3. 酶工程

酶是活细胞产生的具有高度催化活性和高度专一性的生物催化剂。为了提高酶催化各种物质转化，以实现控制性工程的能力，因此，酶工程的主要内容是把游离酶固定化，称为固定化酶，或者把经过培养发酵产生目的酶活力高峰时的整个微生物细胞再固定化，称为固定化细胞。这样，便可直接应用于食品生产过程中物质的转化。

4. 发酵工程

这是采用现代发酵设备，使经优选的细胞或经现代技术改造的菌株进行放大培养和控制性发酵，获得工业化生产预定的食品或食品的功能成分。

二、生物技术在功能性食品开发中的应用

生物技术起源于传统的食品发酵，并首先在食品加工中得到广泛的应用。目前，甜味剂中木糖醇、甘露糖醇、阿拉伯糖醇、甜味多肽等都可用生物技术生产。

通过把风味前体转变为风味物质的酶基因的克隆，或通过微生物发酵产生风味物质都可使食品芳香风味得以增强。

目前，维生素中抗坏血酸（维生素C）、核黄素（维生素 B_2）和钴胺素（维生素 B_{12}）已能用发酵技术制取，并且维生素 B_2 和维生素C已有商品化基因工程产品，另外用工程菌株生物合成生物素、肌醇和胡萝卜素也已开始研制。

利用细胞杂交和细胞培养技术还可生产独特的食品香味和风味的添加剂，如香草素、可可香素、菠萝风味剂以及高级的天然色素，如咖喱黄、类胡萝卜素、紫色素、花色苷素、辣椒素、靛蓝等，并且通过杂种选育，培养的色素含量高、色调和稳定性好，如转基因的E. coli的玉米黄素最高产量可达289μg/g。

（一）基因工程技术在食品加工中的应用

1. 基因工程改良食品加工生产用的原料

（1）动物基因工程　向动物体内转入外源基因的技术主要有显微注射法、动物病毒载体法、电转移法、胚胎干细胞法、精子载体法、定位整合技术等。例如，利用转基因技术可以把疫苗基因转入牛羊的乳腺，利用这种动物生物反应器来生产免疫球蛋白等功能因子。如澳大利亚专家用显微注射的方法，将生长激素基因导入猪胚胎中，获得带有生长激素基因的小猪。这种小猪每天可增长1.3kg，17周龄体重可达90kg，而且都是瘦肉型。

（2）植物基因工程　向植物体内转移外源基因的研究主要有三类，即农杆菌介导的基因转移、以原生质体或细胞作为受体的直接基因转移及种系系统的基因转移。现已成功地培育出抗病毒、抗虫、抗除草剂的转基因植物。如美国采用基因工程技术，在番茄中引入具有能使部分多聚半乳糖醛酸酶（PE）基因失活的反向核糖核酸序列的DNA，获得了耐储藏番茄，并已获准上市销售。一般番茄的果实是在绿熟期或转色期就要采下储存或销售，中间可能还经过冷藏，所以风味很差。而上述转基因番茄果实，是在完全红熟时才采收。果实采收时PE减少，果实虽然已经转红但仍坚硬，在室温下可储存2周，品质也大大改善。这种类

似的技术也已应用在香蕉、苹果、甜瓜等果蔬上。

转基因植物研究的另一个热点是利用植物系统生产疫苗。人们设想让食用植物表达疫苗，这样人们通过食用这些转基因植物就起到了接种疫苗的作用，可以节约大量的费用。

2. 基因工程改良微生物菌种性能

发酵工业的关键是优良菌株的获取，除选用常用的诱变、杂交和原生质体融合等传统方法外，还与基因工程结合，改造菌种，给发酵工业带来了生机。基因工程已使得许多酶和蛋白质的基因克隆整入宿主微生物细胞，如制造干酪的凝乳酶就是利用基因工程改造大肠杆菌而生产的。

第一个采用基因工程改造的食品微生物是面包酵母，把具有优良特性的酶基因转移至该菌中，使该菌含有的麦芽糖透性酶及麦芽糖酶的含量比普通面包酵母高，面包加工中产生CO_2气体的量也较高，反映到产品质量上就是膨发性能良好，产品松软可口。若将含有地丝菌属 LIPZ 基因质粒转化到面包酵母中，可以使面包蓬松，内部结构更均匀。另外利用基因工程技术将麦芽中的α-淀粉酶基因转入啤酒酵母细胞中高效表达，可以简化啤酒生产工艺，而应用到氨基酸生产中则可提高氨基酸的产量。由基因工程改造后的菌种，不仅可以使生产的添加剂产品的产量和风味获得改进，而且可以使原来从动植物中提取的各种食品添加剂（如天然香料、天然色素等）转到由微生物直接转化而来。利用基因工程技术，不但可成倍地提高酶的活力，还可将生物酶基因克隆到微生物中，构建基因菌，使许多酶基因得以克隆和表达。例如利用基因工程菌生产凝乳酶是解决凝乳酶供不应求的理想途径。

（二）细胞工程在食品工业中的应用

1. 动物细胞工程及其应用

动物细胞工程是应用工程技术的手段，大量培养细胞或动物本身，以期获得细胞或有用的代谢产物以及可供利用的动物的一种技术。

目前动物细胞培养的应用领域主要集中于疫苗、干扰素、免疫球蛋白和生长激素等临床制品的生产中，利用动物细胞培养可获得许多宝贵的生理活性物质，在医药和保健食品中有广阔的应用前景。

利用动物细胞工程技术，从优良牲畜中分离出卵细胞与精子，在体外受精，然后再将人工控制的新型受精卵种植到种质较差的母畜子宫内，繁殖优良新个体，有可能创造出高产奶牛以及瘦肉型猪等新品种。

2. 植物细胞工程及其应用

植物细胞工程主要指植物细胞培养技术，是一种将植物的组织、器官或细胞在适当的培养基上进行无菌培养的技术。无菌培养出种类繁多的植物，除可提供粮食、纤维和油脂以外，还可提供药物、食品添加剂、香料、色素和杀虫剂等多种多样的化学产品。

3000 多种天然化合物中有 80%以上来自植物。这些天然植物由于结构复杂，大部分无法用人工方法来合成。植物自然生长受环境因素的影响，产量受到限制，而植物细胞培养不受自然条件影响，培养物生长迅速，周期短，能够在人工控制的条件下提高产量和质量，可以实行工业化生产，现在已有 600 多种植物能够借助组织培养的手段进行快速繁殖，多种具有重要经济价值的粮食作物、果蔬、花卉、药用植物等实现了大规模的工业化、商品化生产。目前利用植物细胞工程生产可用于食品工业的产品主要有色素类、风味物质、甜味剂和油类等，如紫草宁、人参皂苷等已培养成功。

3. 微生物细胞工程及其应用

在食品生物工程领域中，可以利用各种微生物发酵生产蛋白质、酶制剂、氨基酸、维生素、多糖、低聚糖及食品添加剂等产品。为了使其高产优质，除了通过各种化学、物理方法进行诱变育种及基因工程育种外，采用细胞融合技术或原生质体融合技术改造微生物种性以及创造新品系也是一种有效的途径和方法。

(三) 酶工程在食品工业中的应用

酶是生物催化剂，是生物体产生的具有活性的蛋白质。它可高效、专一地催化特定的生化反应，酶的催化作用可使反应速度提高 10^8～10^{20}倍，比一般化学催化剂效率高 10^7～10^{13}倍。

目前已经定性的酶有 2000 多种，其中商品酶约有 200 种。其来源有动物、植物与微生物。其中微生物酶制剂是工业酶制剂的主体。工业上用量较大的酶制剂有 α-淀粉酶、糖化酶、葡萄糖异构酶、凝乳酶和碱性蛋白酶等 10 多种。

酶工程是当前功能性食品生产中不可分割的组成部分，无论是产品制造、食品风味、质量改善、工艺技术的革新等都与酶的应用密切相关。超氧化物歧化酶、谷胱甘肽酶等，本身就是功能性食品的重要功效成分。而在食品生产中，更多的酶是作为催化剂应用于酶促反应中来促进反应顺利完成的。

生物技术在食品工业中应用的代表就是酶的应用。与此有关的各种酶如淀粉酶、葡萄糖异构酶、乳糖酶、凝乳糖酶、蛋白酶等的总销售几乎占酶制剂市场总营业额的60%以上。

1. 蛋白制品

蛋白质是食品中的主要营养成分之一。以蛋白质为主要成分的制品称为蛋白制品，如蛋制品、鱼制品和乳制品等。对人体有营养的氨基酸口服液都是利用动物蛋白或植物蛋白为原料，在蛋白酶的作用下水解而成的。酶在蛋白制品加工中的主要用途是改善组织、嫩化肉类、转化废弃蛋白质成为供人类使用或作为饲料的蛋白质浓缩液，因而可以增加蛋白质的价值和可利用性。例如，牲畜屠宰后，为了提高肉的嫩度，常外加蛋白酶进行人工嫩化，主要是酶促肌原纤维分解达到提高嫩度的目的。

酶在乳制品工业中最主要的应用是用凝乳酶凝乳生产奶酪。在功能性食品中应用广泛的低聚肽也是利用蛋白酶在温和条件下水解而获得，大豆多肽、玉米多肽、谷胱甘肽等都是通过酶法制取的。另外，酶在乳制品工业改进产品生产过程、改善乳制品生产的质量和安全性以及质量检测中也有许多应用。

2. 淀粉制品

淀粉制品在保健食品中具有重要作用。用酶水解法可以将淀粉转化为各种食品和食品添加剂。利用 α-淀粉酶可生成麦芽糊精、环状糊精、白糊精；加 β-淀粉酶、异淀粉酶可转化为麦芽糖、麦芽糖醇，再加糖化酶可生产葡萄糖、山梨醇、果葡糖浆等。具有预防龋齿、促进双歧杆菌增殖及降血脂、减肥等生理功效的低聚果糖，可广泛用于各种功能性食品的生产中，其工业化生产目前一般是采用黑曲霉等产生的果糖转移酶作用于高浓度的蔗糖溶液，经过一系列的酶转移作用而获得的。

3. 活性成分的提取

许多植物组织由于结构紧密或含有大量果胶，从中提出营养、功能成分比较困难，提取率低，常用加入合适的生物酶处理，使纤维素、半纤维素、果胶破坏，使部分淀粉水解，从而改善了提取工艺。像灵芝、香菇等食用菌直接提取比较费时，如果先加纤维素酶、半纤维素酶处理再提取，则溶出物要多得多。又如，用动物血红蛋白经酶处理可获得高铁含量的正铁血红素，从与铁盐共存下的酵母发酵液中可获得低聚糖铁，这种属于矿物营养素类的活性成分铁，对氢的稳定性和对水的溶解性极高，不受温度和 pH 变化的影响，吸收利用率极高。

4. 磷脂的酶法改性

磷脂是功能性食品重要的活性物质，一般是从植物油精炼过程中分离出来的，是制油工业最重要的一种副产品。作为功能性食品基料最好是精制磷脂或分提磷脂，因其纯度高、无异味，可较大量地添加使用，以保证磷脂生理功能的充分发挥。高纯度磷脂主要是通过各种磷脂酶对磷脂进行改性，即制取酶改性磷脂获得。工业化是用磷脂酶 A_2 作用于磷脂分子中的 β-碳位上酯键，使其水解成为溶血体磷脂，从而其亲水-亲油平衡值发生变化。酶反应后减压浓缩，经丙酮脱油提纯得溶血体磷脂产品，还可用乙醇进一步分提，制得高纯度的溶血体卵磷脂和脑磷脂制品。

子情境 5　微粉碎与超微粉碎技术

根据被粉碎物料和成品粒度的大小，粉碎可分成粗粉碎、中粉碎、微粉碎和超微粉碎等四种。粗粉碎的原料粒度在 40～1500mm 范围内，成品颗粒粒度 5～50mm；中粉碎的原料粒度在 10～100mm 范围内，成品颗粒粒度 5～10mm；微粉碎的原料粒度在 5～10mm 范围内，成品颗粒粒度 100μm 以下；超微粉碎的原料粒度在 0.5～5mm 范围内，成品颗粒粒度在 10～25μm 以下。

在功能性食品生产上，某些微量活性物质（如硒）的添加量很小，如果颗粒稍大，就可能带来毒副作用。这就需要非常有效的超微粉碎手段将之粉碎至足够细小的粒度，加上有效的混合操作才能保证它在食品中的均匀分布，使功能性活性成分更好地发挥作用。因此，超微粉碎技术已成为功能性食品加工的重要新技术之一。

一、干法超微粉碎和微粉碎

1. 气流式超微粉碎

气流式超微粉碎的基本原理是利用空气、蒸汽或其他气体通过一定压力的喷嘴喷射产生高度的湍流和能量转换流，物料颗粒在这高能气流作用下悬浮输送着，相互之间发生剧烈的冲击、碰撞和摩擦作用，加上高速喷射气流对颗粒的剪切冲击作用，使得物料颗粒间得到充足的研磨而粉碎成超微粒子，同时进行均匀混合。由于欲粉碎的食品物料大多熔点较低或者不耐热，故通常使用空气。被压缩的空气在粉碎室中膨胀，产生的冷却效应与粉碎时产生的热效应相互抵消。

气流式超微粉碎概括起来有以下几方面特点：粉碎比大，粉碎颗粒成品的平均粒径在 5μm 以下；粉碎设备结构紧凑、磨损小且维修容易，但动力消耗大；在粉碎过程中设置一定的分级作用，粗粒由于受到离心力作用不会混到细粒成品中，这保证了成品粒度的均匀一致；易实现多单元联合操作，在粉碎同时还能对两种配合比例相差很远的物料进行很好的混合，此外在粉碎的同时可喷入所需的包囊溶液对粉碎颗粒进行包囊处理；易实现无菌操作，卫生条件好。

2. 高频振动式超微粉碎

高频振动式超微粉碎的原理是利用球形或棒形研磨介质作高频振动时产生的冲击、摩擦和剪切等作用力，来实现对物料颗粒的超微粉碎，并同时起到混合分散作用。振动磨是进行高频振动式超微粉碎的专门设备，它在干法或湿法状态下均可工作。

3. 旋转球（棒）磨式超微粉碎或微粉碎

旋转球（棒）磨式超微粉碎或微粉碎的原理是利用水平回转筒体中的球或棒状研磨介质，后者由于受到离心力的影响产生了冲击和摩擦等作用力，达到对物料颗粒粉碎的目的。它与高频振动式超微粉碎的相同之处都是利用研磨介质实现对物料的超微粉碎，但两者在引发研磨介质产生作用力方式上存在差异。

4. 转辊式微或超微粉碎

这种微或超微粉碎技术是利用转动的辊子在另一相对表面之间产生摩擦、挤压或剪切等作用力，达到粉碎物料的目的。根据相对表面形式的不同，有盘辊研磨机和辊磨机两大类型的专用设备。

5. 锤击式和盘击式微粉碎

锤击式微粉碎的原理是利用高速旋转锤头产生的强大冲击力，受锤头离心力作用冲向内壁产生的冲击、摩擦和剪切力以及颗粒间相互强烈地冲击、摩擦和剪切等作用力将物料粉碎成微细粒子。经锤击式粉碎的物料平均粒度可达 40μm 以下，属于微粉碎范畴。

二、湿法超微粉碎

超微粉碎技术除了干法处理外，还有湿法处理。有些干法处理设备，也适合于用湿法处理。

三、超微粉碎技术在功能性食品中的应用

超微粉碎的目的主要是利用微粉的一些特性，如表面积大、表面能大、表面活性高。食品超微粉碎技术的应用是食品加工业的一种新尝试，日本、美国市售的果味凉茶、冻干水果粉、超低温速冻龟鳖粉等都是应用超微粉碎技术加工而成的。我国于 20 世纪 80 年代就将此技术应用于花粉破壁。随后，一些口感好、营养配比合理、易消化吸收的功能性食品便应运而生。

功能性食品基料是生产功能性食品的关键。就目前而言，确认具有生理活性的基料包括膳食纤维、真菌多糖、功能性甜味剂、多不饱和脂肪酸酯、复合脂质、油脂替代品、自由基清除剂、维生素、微量活性元素、活性肽、活性蛋白质和乳酸菌等十余种。超微粉碎技术在部分功能性食品基料的制备生产上有重要的作用。

人的口腔对一定大小和形状颗粒的感知程度有一阈值，小于这一阈值时颗粒状就不会被感觉出，并呈现奶油状、滑腻的口感特性。利用湿法超微粉碎技术将蛋白质颗粒的粒径降低至这一阈值，便得到可用来代替油脂的功能性食品基料。

1. 超微粉碎技术大大丰富了功能性食品的种类

传统的饮茶方法是用开水冲泡茶叶，但是人体并没有完全吸收茶叶中的全部营养成分，一些不溶性或难溶的成分，诸如维生素 A、维生素 K、维生素 E 及绝大部分蛋白质、碳水化合物、胡萝卜素以及部分矿物质等都大量留存于茶渣中，大大地影响了茶叶的营养及保健功能。如果将茶叶在常温、干燥状态下制成茶粉，使粉体的粒径小于 5μm，则茶叶的全部

营养成分易被人体肠胃直接吸收，用水冲饮时成为溶液状，无沉淀。茶叶超微粉不仅冲泡方便，利用率高，还可用于生产茶味冰淇淋、雪糕、茶味糖果、茶味巧克力等，给市场创造新的食品品种。

将功能性基料加工成超微粉添加到各种食品中，可增加食品的营养，增进食品的色香味，改善食品的品质，增添食品的品种。由于食品超微粉的溶解性、分散性好，容易消化吸收，在保健食品的生产中有广阔的应用前景，如超微粉碎技术用于超细珍珠粉及超细花粉的制造。超微粉碎的珍珠粉，氨基酸种类多达20余种，其质量优于传统水解工艺生产的珍珠粉；采用超微粉碎生产的超细花粉其破壳（壁）率可达到100%；超微粉碎还可用于南瓜粉、大蒜粉、芹菜粉、补钙食品、高膳食纤维食品等的加工制造。

2. 超微粉碎技术有利于食物资源的充分利用

小麦麸皮、燕麦皮、玉米皮、玉米胚芽渣、豆皮、米糠、甜菜渣和甘蔗渣等含有丰富的维生素、微量元素等，具有很好的营养价值，但由于常规粉碎的纤维粒度大，影响食品的口感，而使消费者难以接受。通过对纤维的微粒化，能显著地改善纤维食品的口感和吸收性，从而使食物资源得到了充分的利用，而且丰富了食品的营养。一些动植物体的不可食部分如骨、壳（如蛋壳)、虾皮等也可通过超微化而成为易被人体吸收、利用的钙源和甲壳素。各种畜、禽鲜骨中含有丰富的蛋白质和脂肪、磷脂质、磷蛋白，能促进儿童大脑神经的发育，有健脑增智之功效。一般将鲜骨煮、熬之后食用，实际上鲜骨的营养成分没有被人体吸收，造成资源浪费。利用气流式超微粉碎技术将鲜骨多级粉碎加工成超细骨泥或经脱水制成骨粉，既能保持95%以上的营养素，而且营养成分又易被人体直接吸收利用，吸收率可达90%以上。而果皮、果核经超微粉碎也可转变为食品。

膳食纤维是一种重要的功能性食品基料。自然界中富含纤维的原料很多，诸如小麦麸皮、燕麦皮、玉米皮、豆皮、米糠、甜菜渣和蔗渣等均可用来生产膳食纤维添加剂。以蔗渣为例，其生产工艺包括原料清理、粗粉碎、浸泡漂洗、异味脱除、二次漂洗、漂白脱色、脱水干燥、微粉碎、功能活化和超微粉碎等主要步骤，其中就使用了微粉碎和超微粉碎技术。

子情境6　其他技术

一、分子蒸馏萃取技术

分子蒸馏的分离作用是利用液体分子受热会从液面逸出，而且不同种类分子逸出后，其分子运动平均自由度不同这一特性来实现的。采用该技术可以从油中分离维生素A和维生素E。该技术也可用于热敏性物料的浓缩和提取，如用于处理蜂蜜、果汁和各种糖液等。

（一）分子蒸馏技术的特点

分子蒸馏技术与普通蒸馏或真空蒸馏技术相比，具有如下一些特点。

1. 蒸馏温度低

常规蒸馏是在物料沸点温度下进行操作的，而分子蒸馏是利用不同种类分子逸出液面后的平均自由程不同的性质来实现分离的，只要冷热两面之间达到足够的温度差，就可在任何温度下进行分离，物料并不需要沸腾，加之分子蒸馏的操作真空度更高，这又进一步降低了操作温度。例如某种液体混合物在真空蒸馏时的操作温度为 260℃，而分子蒸馏仅为 150℃左右，由此可见，分子蒸馏技术更有利于节约能源，特别适宜一些高沸点热敏性物料的分离。

2. 蒸馏压力低

由于分子蒸馏装置内部结构比较简单，压降极小，所以极易获得相对较高的真空度，更有利于进行物料的分离。

3. 物料受热时间短

一般的真空蒸馏，被分离组分从沸腾的液面逸出到冷凝馏出，由于所走的路程较长，所以受热的时间较长。分子蒸馏在蒸发过程中，物料被强制形成很薄的液膜，并被定向推动，气态分子从液面逸出到冷凝面冷凝所走的路径要小于其平均自由程，距离较短，所以物料处于气态这一受热状态的时间就短，一般仅为 0.05～15s。特别是轻分子，一经逸出就马上冷凝，受热时间更短，一般为几秒。这样，使物料的热损伤很小，特别是给热敏性物质的净化过程提供了传统蒸馏无法比拟的优越条件。

4. 分离程度高

分子蒸馏常常用来分离常规蒸馏不易分开的物质（不包括同分异构体的分离）。特别适合于不同组分分子平均自由程相差较大的混合物的分离。还可进行多级分子蒸馏，适用于较为复杂的混合物的分离提纯，产率较高，可得到纯净安全的产物。

5. 不可逆性

普通蒸馏的蒸发与冷凝是可逆过程，液相和气相之间呈动态平衡；分子蒸馏过程中从加热面逸出的分子直接飞射到冷凝面上，理论上没有返回到加热面的可能性。所以分子蒸馏是不可逆过程。

6. 纯净安全

环保分子蒸馏的产物无毒、无害、无污染、无残留。

（二）分子蒸馏技术的基本过程

分子蒸馏过程可以分为以下 5 个步骤。

（1）物料在加热表面上形成液膜。通过重力或机械力在蒸发面形成快速移动、厚度均匀的薄膜。

（2）分子在液膜表面自由蒸发。分子在高真空和远低于常压沸点的温度下进行蒸发。

（3）分子从加热面向冷凝面的运动。只要分子蒸馏器保证足够高的真空度，使蒸发分子的平均自由程大于或等于加热面和冷凝面之间的距离，则分子向冷凝面的运动和蒸发过程就可以迅速进行。

（4）分子在冷凝面的捕获。只要加热面和冷凝面之间达到足够的温度差，冷凝而的形状合理且光滑，轻组分就会在冷凝面上瞬间冷凝。

（5）馏出物和残留物的收集。馏出物在冷凝器底部收集，残留物在加热器底部收集。

在分子蒸馏设备中，蒸发器表面与冷凝器表面之间的距离很短，约 2～5cm。仅为不凝性气体平均自由路程的一半。这不仅满足了分子蒸馏的先决条件，而且有助于缩短物料汽化分子处于沸腾状态的时间，该时间仅为数秒钟。

分子蒸馏设备主要有薄膜式短程蒸发器、离心式分子蒸馏釜、降膜回流式分子蒸馏釜等。现在实验室级的分子蒸馏设备一般是刮板式结构，生产级的分子蒸馏设备一般是离心式结构。

（三）分子蒸馏技术在功能性食品中的应用

分子蒸馏是一种新技术，在轻化工、食品、制药等行业中都有应用，由于其分离效率高、物料温度低、受热时间短，因而可避免不稳定组分的破坏。分子蒸馏在功能性食品生产中有重要应用前景，特别是对某些功能因子的分离纯化，可获得比常规方法更纯更好的产品。用来制备高档功能性食品。

1. 从混合物中分离低含量的成分

随着生活水平的提高，人们对功能性食品的需求越来越大。天然维生素主要存在于一些植物组织中，如大豆油、花生油、小麦胚芽油以及油脂加工的脱臭馏分和油渣中。因维生素具有热敏性，沸点很高，用普通的真空精馏很容易使其分解。利用分子蒸馏技术提取维生素E，浓度达到30%以上只需两步。

2. 进行天然香料的单离

天然精油中常含有复杂的香料成分，用一般分馏法只能进行大致分离，很难得到纯度很高的单组分产物。利用分子蒸馏工艺，可使某些香料成分单离并达到较高的纯度。

3. 用于不同沸点产品的分离

如脂肪酸甘油单酯的分离。脂肪酸甘油单酯是一种优质高效食用乳化剂和表面活性剂，它是由脂肪酸甘油三酯水解而成的。该水解产物由甘油单酯和甘油双酯组成，其中甘油单酯约占50%。甘油单酯对温度较为敏感，不能用分馏方法提纯，只能用分子蒸馏法分离。采用二级分子蒸馏流程，可得含量大于90%的甘油单酯产品，收率在80%以上。此外，链长不等的脂肪酸也可用分子蒸馏法进行分离。

4. 从蒸馏残液中分离微量的挥发性成分

辣椒红色素是从辣椒果皮中提取出的一种优良的天然色素。由于在提取过程中加入了有机溶剂，普通的真空精馏对其进行脱溶剂处理后，辣椒红色素中仍残存1%～2%的溶剂，不能满足产品的卫生标准。用分子蒸馏技术对辣椒红色素进行处理后，产品中溶剂残留体积分数仅为2×10^{-5}，完全符合质量要求。传统提取类胡萝卜素的方法有皂化萃取、吸附和酯基转移法，但由于有剩余溶剂的存在等问题影响了产品质量。用分子蒸馏从脱蜡的甜橙油中进一步提取得到类胡萝卜素，产品具有很高的色阶，而且不含外来的有机溶剂。此外，从乳脂中分离杀菌剂以及香料的脱臭等都可采用二级分子蒸馏装置进行。

5. 不饱和脂肪酸的分离和除臭

分子蒸馏技术用于不饱和脂肪酸的除臭，处理后的不饱和脂肪酸完全没有臭味。

分子蒸馏也可用于热敏性物料的浓缩中，如用于处理蜂蜜、果汁和各种糖液等。由于在高真空条件下进行，且沸腾时间短，可避免热敏成分的损失。

二、喷雾干燥技术

喷雾干燥技术是近代干燥新技术之一。通过机械的作用，将需干燥的物料，分散成很细的像雾一样的微粒，与热空气接触后，在瞬间将大部分水分除去，而使物料中的固体物质干燥成粉末。

喷雾干燥目前在国内外已广泛采用，在食品工业中有奶粉、奶油粉、乳清粉、蛋粉、果汁粉、速溶咖啡、速溶茶等产品的干燥过程都采用了这项技术。并具有以下特点：

1. 干燥速率高、时间短

由于料液被雾化成几十微米大小的液滴，故所进行的热交换和质交换非常迅速，一般只需几秒到几十秒钟就干燥完毕，具有瞬间干燥的特点。

2. 物料温度较低

虽然采用较高温度的干燥介质，但液滴有大量水分存在时，物料表面温度一般不超过热空气的湿球温度。如对奶粉干燥，约为50～60℃。因此，非常适宜于热敏性物料的干燥，能保持产品的营养，色泽和香味。

3. 制品有良好的分散性和溶解性

根据工艺要求选用适当的雾化器，可使产品制成粉末或空气球。因此，制品的疏松性、分散性好，不粉碎也能在水中迅速溶解。

4. 产品纯度高

由于干燥是在密闭的容器中进行的，杂质不会混入产品中。

5. 生产过程简单，操作控制方便

即使含水量达90%的料液，不经浓缩同样也能一次获得均匀的干燥产品。大部分产品干燥后不需粉碎和筛选，简化了生产工艺流程。而且，对于产品粒度和含水量等质量指标，可通过改变操作条件进行调整，且控制管理都很方便。

6. 适宜于连续化生产

干燥后的产品经连续排料，在后处理上结合冷却器和气力输送，组成连续生产作业线，有利于实现自动化大规模生产。

喷雾干燥技术除具备上述优点外，也具有如下缺点：

(1) 设备比较复杂，一次投资较大，当用160℃以下的热空气进行干燥时，所需干燥设备体积较大，一般情况下干燥室的水分蒸发强度仅能达到(2.5～4)kg/m^3。

(2) 使被干燥物料雾化成细小微粒和从废气中回收夹带的粉末，需要一套价格较高的复杂设备。

(3) 为了降低产品中水分含量，以致需要较多的空气量，从而增加鼓风机的电能消耗与回收装置的容量。

(4) 热效率不高，热消耗大，每蒸发1kg水分约需2～3kg的蒸汽，相当于1500～1700kcal热量。

三、冷冻干燥技术

冷冻干燥是目前应用很广的低温技术，又称为冷冻升华干燥、真空冷冻干燥等。它是将食物中的水分冻结（低温：－60℃～100℃）成冰后，在真空（高真空：6.67～40Pa）下使冰直接汽化的干燥方法。其优点在于产品保持了食品原有的物理、化学、生物学性质，以及感官性质不变，复水性好，可长期保藏，且能完整地保存功能性食品中的热敏性功能成分的生理活性。

冷冻干燥需要高真空度及低温，因而适用于受热易分解的功能性物料。冷冻干燥的成品呈海绵状，易于溶解，故一些蛋白质类药品和生物制品，如酶、激素、天花粉蛋白、血浆、抗生素、疫苗，以及一些需呈固体而临用前溶解的注射剂多用次法。

冷冻干燥装置系统包括制冷系统、真空系统、加热系统、干燥系统等四部分。制品的冷冻干燥过程包括预冻、升华和再干燥三个阶段。

1. 冷冻干燥的优点

① 由于食品的冷冻干燥在低温及高真空度下进行，避免了食品中热敏性成分的破坏和易氧化成分的氧化，食品的营养成分和生理活性成分损失率最低。

② 食品冻结后水变成冰形成了一个稳定的固体骨架，当水分冷冻后直接干燥升华，仍使固体骨架基本维持不变。因此，冻干食品的收缩率远远低于其他干制品，能够保持新鲜食品的形态。

③ 冻干食品由于脱水较彻底，包装适当，不加任何防腐剂，对储存时的环境温度没有特别的要求，即在常温下可安全地储存较长的时间。

④ 由于食品冻结后进行升华干燥，食品内细小冰晶在升华后留下大量空穴，呈多孔海绵状，在复水时能迅速渗入并与干物料充分接触，可使冻干食品在几分钟甚至数十秒钟内完全复水，因而最大限度地保留了新鲜食品的色、香、味。所以，冻干食品具有优异的复水性能。

⑤ 食品在冷冻干燥时，由于低温使得各种化学反应速率较低，故食品的各种色素分解造成的褪色、酶及氨基酸引起的褐变几乎不会发生。所以，冻干食品不需添加任何色素，最大限度地保留了食品的原有色泽。

⑥ 由于物料中的水分在预冻结后以冰晶形态存在，原来溶于水中的无机盐被均匀地分配在物料中，而升华时，溶于水中的无机盐就地析出，这样就避免了一般干燥方法因内部水分向表面扩散，所携带的无机盐也移向表面而造成的表面硬化现象。因此，冷冻干燥制品复水后易于恢复其原有的性质和形状。

⑦ 因物料处于冰冻的状态，升华所需的热可采用常温或温度稍高的液体或气体为加热剂，所以热能利用很经济。

2. 冷冻干燥的缺点

① 食品的比表面积（表面积与其体积之比）较大，在储存期间食品中的脂肪容易氧化造成脂肪酸败。所以，真空冷冻干燥食品要真空包装，最好充氮包装。

② 食品暴露于空气中容易吸湿吸潮，故包装材料要绝对隔湿防潮。

③ 食品一般所占体积相对较大，不利于包装、运输和销售，所以冻干食品常被压缩之后再包装。

④ 食品因具有多孔海绵状疏松结构，在运输、销售中易破碎及粉末化。所以，对不便压缩包装的冻干食品，应采用有保护作用的包装材料或形式。

⑤ 由于低温干燥操作是在高真空和低温下进行，需要有一整套高真空获得设备和制冷设备，故投资费用和操作费用都很大，因而产品成本高。

真空冷冻干燥技术发展到今天，已在许多领域得到成功应用。但与其他干燥方法相比，其设备投资依然较大，能源消耗及产品成本依然较高，限制了该技术的进一步发展。因此，如何在确保产品质量的同时，实现节能降耗、降低生产成本是真空冷冻干燥技术当前面临的最主要的问题。

3. 冷冻干燥技术在功能性食品中的应用

冷冻干燥技术广泛应用于生物制品、血液制品以及各种疫苗、药品的研究和生产中。在食品生产中，主要用于宇航、军队、登山、航行、探险等特殊场合的食品及一些高附加值食品的生产，同时在民用食品中也获得越来越多的应用。

许多功能性食品功效成分不稳定，用普通干燥法干燥常造成部分破坏或活性降低，最好的干燥方法是冷冻干燥。某些贵重药食两用原料的干燥，如人参、蜂王浆、蜂胶、蚕蛹提取物、花粉制品等用冷冻干燥法脱水，其有效成分可充分得到保护，特别是某些活性物质可以不受损失。功能性食品及中药材如山药粉、芦笋粉、保健茶、蜂王精、营养冲剂、活性人参粉、天麻粉等的加工制造也用冷冻干燥法。此外，SOD、谷胱甘肽过氧化物酶以及某些食品生产中常用的酶的干燥，最好用冷冻干燥法，以保持其活性。还有活性干酵母、活性干乳酸菌、活性蛋白、活性肽的干制也在广泛使用冷冻干燥技术。冷冻干燥的水果和蔬菜在国外很受欢迎。例如冻干草莓、香蕉、青梅等，具有保持原有水果风味、色泽以及复原性好等特点，也可用于高档功能性食品的配料。

冷冻干燥在功能性食品生产中应用越来越广，随着技术的进步和冻干设备制造成本的降低，许多用量较小但作用很大的成分逐渐改为冷冻法干制，使功能性食品的功能作用得到进一步提高。

四、冷杀菌技术

在食品生产中，无论是普通食品还是功能性食品，杀菌工艺都占有极其重要的地位。最大限度地杀灭食品中的有害微生物和能够引起食物成分变质的酶类，才能保证食品的安全性，并保证食品在储存、运输过程中不会腐败变质。过去，应用加热杀死微生物的原理，发展了各种加热杀菌技术，但是对于热敏感的食品在加热杀菌中会发生负面的影响，因为化学变化会导致营养组分的破坏、损失，或导致不良风味等。为此，人们一方面发展了减少加热损害的杀菌技术，一方面则发展了非加热的冷杀菌技术，如超高压杀菌、微波杀菌、欧姆杀菌、磁力杀菌和辐照保鲜等新的食品杀菌技术。

冷杀菌技术的特点是在杀菌过程中食品温度并不明显升高，这样就有利于保持食品中功能成分的生理活性，也有利于保持食品的色香味及营养成分。特别是对热敏性功能成分的保存更为有利。

（一）超高压杀菌

随着科技的发展，目前在众多的食品加工和储存方法中，食品超高压处理技术成为一项很有发展前景的食品加工新方法。

1. 超高压杀菌概念

所谓超高压杀菌，就是将食品物料以柔性材料包装后，置于压力在200MPa以上的高压装置中经高压处理，使之达到杀菌目的的一种新型杀菌方法。

超高压杀菌的基本原理就是压力对微生物的致死作用。高压可导致微生物的形态结构、生物化学反应、基因机制以及细胞壁膜发生多方面的变化，从而影响微生物原有的生理活动机能，甚至使原有功能被破坏或发生不可逆变化，导致微生物死亡。

超高压处理过程是一个纯物理过程，只有物理变化，没有化学变化，故不会产生副作用，因而它与传统的食品加热处理工艺机理完全不同。高压会生成或破坏非共价键（氢键、离子键和疏水键），使生物高分子物质结构发生变化，相反，传统加热所引起的变性则是共价键的形成或破坏所致，从而导致了风味物质、维生素、色素等的改变（如变味）。因此，高压对形成蛋白质等高分子物质以及维生素、色素和风味物质等低分子物质的共价键无任何影响，故此高压食品很好地保持了原有的营养价值、色泽和天然风味。这些就是超高压技术的意义所在。

2. 超高压处理设备

超高压杀菌在技术和设备上要求很高，一般设备需要耐压200MPa以上，高者达600MPa。材料和设备制造的困难将在相当一段时间内影响其在生产中的大量应用。在食品加工中采用超高压处理技术，关键是要有安全、卫生、操作方便的高压装置。超高压处理装置主要由高压容器、加压装置及其辅助装置构成。按加压方式分，高压处理装置有外部加压式和内部加压式两类。近年来又出现小型的内、外筒双层结构高压装置。按高压容器的放置位置分立式、卧式两种。生产的立式高压处理设备相对卧式占地面积小，但物料的装卸需专门装置。而使用卧式高压处理设备，物料的进出较为方便，但占地面积较大。

3. 超高压技术处理食品的特点

超高压技术进行食品加工具有的独特之处在于它不会使食品的温度升高，而只是作用于非共价键，共价键基本不被破坏，所以对食品原有的色、香、味及营养成分影响较小。与传统的加热处理食品比较，其独具特色的优点如下所述：

（1）营养成分高　超高压处理的范围是只对生物高分子物质立体结构中非共价键结合产生影响。因此对食品中维生素等营养成分和风味物质没有任何影响，最大限度地保持了其原有的营养成分，并容易被人体消化吸收。通过对超高压处理的豆浆凝胶特性的研究发现，高压处理会使豆浆中蛋白质颗粒解聚变小，从而更便于人体的消化吸收。超高压处理的草莓酱可保留95%的氨基酸，在口感和风味上明显超过加热处理的果酱。

（2）产生新的组织结构，不会产生异味　超高压食品在最大限度地保持其原有营养成分不变的同时，能更好地保持食品的自然风味。各理化指标将不同于其他加工方法处理的食品，感官特性有了较大的改善，可以改变食品物质性质，改善食品高分子物质的构象，获得新型物性的食品，特别是蛋白质和淀粉的表面状态与热处理完全不同，这就可以用压力处理出至今尚没有出现的各种新的食品素材。如作用于肉类和水产品，提高了肉制品的嫩度和风味；作用于原料乳，有利于干酪的成熟和干酪的最终风味，还可使干酪的产量增加。

超高压会使食品组分间的美拉德反应速度减缓，多酚反应速度加快；而食品的黏度均匀性及结构等特性变化较为敏感，这将在很大程度上改变食品的口感及感官特性，消除传统的热加工引起共价键的形成或破坏，从而导致了产品的变色、发黄及加热过程中出现的不愉快异味，如加热臭等弊端。

（3）经过超高压处理的食品无“回生”现象　超高压处理后的食品中的淀粉属于压致糊化，不存在热致糊化后的老化、“回生”现象。与此同时，食品中的其他组分的分子在经一定的高压作用之后，也同样会发生一些不可逆的变化。

（4）利用超高压处理技术，原料的利用率高　超高压处理过程是一个纯物理过程，瞬间压缩，作用均匀，操作安全、耗能低，有利于生态环境的保护和可持续发展战略的推进。该过程从原料到产品的生产周期短，生产工艺简单，污染机会相对减少，生产过程无“三废”，产品的卫生水平高。

超高压技术不仅被应用于各种食品的杀菌，而且在植物蛋白的组织化、淀粉的糊化、肉类品质的改善、动物蛋白的变性处理、乳产品的加工处理以及发酵工业中酒类的催陈等领域均已有了成功而广泛的应用，并以其独特的领先优势在食品各领域中保持着良好的发展势头。

（二）微波杀菌

微波是含有辐射能的电磁波，与其他电磁辐射如光波和无线电波的不同点仅在于波长和频率。微波处于无线电波和红外辐射之间，其波长在2500万至7.5亿纳米之间，相当于0.025～0.75m。对应用于食品而言，最终使用的微波频率为2450MHz和915MHz。

1. 微波杀菌概念

微波杀菌就是将食品经微波处理后，使食品中的微生物丧失活力或死亡，从而达到延长保存期的目的。

微波杀菌不仅有热效应，而且有非热效应。一方面，当微波进入食品内部时，食品中的极性分子，如水分子等不断改变极性方向，导致食品的温度急剧升高而达到杀菌的效果。另一方面，微波能的非热效应在杀菌中起到了常规物理杀菌所没有的特殊作用，细菌细胞在一定强度微波场作用下，改变了它们的生物性排列组合状态及运动规律，同时吸收微波能升温，使体内蛋白质同时受到无极性热运动和极性转动两方面的作用，使其空间结构发生变化或破坏，导致蛋白质变性，最终失去生物活性。另外微波还可破坏微生物的生存环境，导致细胞中DNA和RNA受损，从而中断正常繁殖能力。因此，微波杀菌主要是在微波热效应和非热效应的作用下，使微生物体内的蛋白质和生理活性物质发生变异和破坏，从而导致细胞的死亡。

2. 微波杀菌的特点

微波加热在食品工业中用途广泛、潜力巨大，而且越来越重要。与加热杀菌比较其有以下特点：

（1）节能高效、安全无害　常规热力干燥、杀菌往往需要通过环境或传热介质的加热，才能把热量传至食品，而微波加热时，食品直接吸收微波能而发热，设备本身不吸收或只吸收极少能量，故节省能源，一般可节电30%～50%。微波加热不产生烟尘、有害气体，既不污染食品，也不污染环境。通常微波能是在金属制成的封闭加热室内和波导管中工作，所以能量泄漏极小，大大低于国家标准，十分安全可靠。

（2）加热时间短、速度快、食品受热均匀　常规加热需较长时间才能达到所需干燥、杀菌的温度。由于微波能够深入到物料内部而不是靠物体本身的热传导进行加热，所以，微波加热的速度快。微波杀菌一般只需要几秒至几十秒就能达到满意的效果。微波能均匀地穿透食品达几厘米，而不致出现表面褐变或结硬壳现象。

（3）保持食品的营养成分和风味　微波干燥、杀菌是通过热效应和非热效应共同作用的，因而与常规热力加热比较，能在较低的温度就获得所需的干燥、杀菌效果。微波加热温度均匀，产品质量高，不仅能高度保持食品原有的营养成分，而且保持了食品的色、香、味、形。

（4）易于控制、反应灵敏、工艺先进　微波加热控制只需调整微波输出功率，物料的加热情况可以瞬间改变，便于连续生产，实现自动化控制，提高劳动效率，改善劳动条件，也可节省投资等。

（5）微波灭菌比常规灭菌方法更利于保存活性物质　能保证产品中具有生理活性的营养成分和功效成分不被破坏是微波灭菌的一大特点。因此它应用于人参、香菇、猴头、花粉、天麻、蚕蛹及其他功能性基料的干燥和灭菌是非常适宜的。

（三）欧姆杀菌

欧姆杀菌是一种新型热杀菌的加热方法，它借通入的电流使食品内部产生热量而达到杀灭细菌的目的。目前，英国APU Baker公司已制造出工业化规模的欧姆加热设备，可使高温瞬间技术推广应用到含颗粒（粒径高达25mm）食品的加工中。自1991年来，英国、日本、法国和美国已将该技术应用于低酸或高酸性食品的加工中。

1. 欧姆杀菌概念

欧姆加热是利用电极，将电流直接导入食品，由食品本身介电性质所产生的热量，直接杀灭食品中的细菌。所用电流为50～60Hz的低频交流电，食物的电导率、密度、形状、温度等对欧姆加热都有不同程度的影响。

欧姆加热的热效应与微波加热时相似，无需以物体表面和内部存在的温度差作为传热动力，而是电能贯穿食品体积时按容量转化成热能。但它与微波加热不同之处是：欧姆加热的穿透深度实际上不受物料厚度的影响。它的加热程度决定于食品的电导率的特别均匀性和在加热器中的停留时间的长短等。

2. 欧姆杀菌特点

欧姆杀菌可使颗粒的加热速率与液体的加热速率十分接近，并获得比常规方法更快的颗粒加热速率（1～2℃/s）。因而可缩短加工时间，得到高品质产品。

欧姆杀菌具有许多优点，可产生新鲜、味美的大颗粒产品，并产生高附加值；能加热连续流动的产品而不需要热交换表面；操作平稳、维护简单、易于控制。同时，欧姆杀菌对维生素等的破坏较小。

欧姆杀菌是新技术，在国外尚处于试用阶段，但随着技术的不断完善，不久的将来会应用于我国功能性食品的生产中。

（四）辐射杀菌

辐射杀菌技术是利用电离射线所产生的生物效应，使食品的保藏期延长的技术。利用射线照射食品，可以达到杀菌、杀虫、抑制果实发芽、延迟后熟等目的。

1. 辐射杀菌概念

辐射杀菌即利用电磁波中的X射线、γ射线和放射性同位素（如^{60}Co）射线杀灭微生物的方法。其基本作用是破坏菌体的脱氧核糖核酸（DNA），同时有杀虫，抑制马铃薯、葱头发芽等作用。采用辐射杀菌应遵照我国辐射食品卫生管理的有关规定，选择适当的照射剂量及时间，以保证辐照食品的安全。

2. 辐射杀菌技术特点

辐射杀菌是一项发展较快的食品保藏新技术和新方法。与传统的方法相比，辐射保鲜有许多优点，主要体现在以下方面：

① 食品在辐射过程中升温甚微，在冷冻状态下也能进行处理，从而可以保持食品的原有的新鲜感官特征。

② 对包装无严格要求，食品可在包装以后不再拆包的情况下接受辐射处理，节省了材料，也避免了再次污染，十分方便。

③ 操作适应范围广，同一射线处理场所可以处理各种形态、类型、体积的食品。

④ 经安全剂量射线照射处理过的食品不会留下任何残留物。

⑤ 加工效率高，射线穿透程度高、均匀，与加热相比较，辐射过程可以精确控制，节约能源，可连续作业，易于实现自动化。

我国食品辐射中心主要利用^{60}Co作为辐射源，主要是利用其衰变过程中放出的γ射线。^{60}Co广泛应用于肉类及其制品、调味品、鱼虾禽肉、谷物、水果蔬菜的辐射保鲜，用于大蒜、洋葱、马铃薯等可抑制其发芽。

3. 辐射杀菌的安全问题

辐射剂量过高、过低都会产生不利影响，过低达不到目的，甚至会促进食品变质；过高，可能会对食品产生生理伤害，引起食品的营养成分，如蛋白质、脂肪、碳水化合物、维生素的分解、破坏，影响产品的品质和口感。

我国对辐射食品管理有严格的规定。第一，并不是所有食品都可以进行辐射处理，必须按照辐射食品管理办法的规定实施。第二，辐射剂量有严格规定，不同食品应按照规定的剂量进行处理。第三，凡经过辐射的食品在包装和标签上必须注明“辐照食品”。由此看来，辐射保鲜与上述杀菌技术不同，不能随意采用。

尽管食品杀菌技术发展迅速，但目前应用最多的还是热杀菌法，各类功能性食品应根据具体情况采用适宜的杀菌方法和杀菌设备，以保证产品的安全可靠。

复习思考题

1. 功能性食品生产中常用的新技术有哪些？
2. 什么是膜分离技术？在功能性食品生产中有哪些应用？
3. 什么是微胶囊技术？功能食品进行微胶囊化有什么好处？
4. 二氧化碳超临界流体萃取技术有哪些特点？
5. 什么是生物技术？包括哪些内容？
6. 什么是超微粉碎技术？与食品生产中通常所用的粉碎技术有什么不同？

学习情境三 功能性食品的质量管理

学习目标

- 熟悉功能性食品毒理学评价的基本内容及评价程序。
- 了解功能性食品的功能学评价。
- 了解功能性食品对工厂、从业人员及设备的要求。
- 了解功能性食品的审批程序及生产经营管理。
- 掌握功能性食品的监控与品质管理，功能性食品管理的一般原则。

子情境1 功能性食品的评价

功能性食品的评价包括毒理学评价、功能学评价和卫生学评价。

一、毒理学评价

对功能食品的毒理学评价是确保人群食用安全的前提。我国从1980年开始，提出了食品安全性评价的程序问题，1983年我国卫生部颁布《食品安全性毒理学评价程序（试行）》，1994年颁发了《食品安全性毒理学评价程序和方法》标准，2003年，卫生部对该评价程序和方法又进行了修改，目前在进行功能性食品毒理学评价时，应严格按照2003年颁布的标准进行执行。该程序主要评价食品生产、加工、保藏、运输和销售过程中使用的化学和生物物质以及在这些过程中产生和污染的有害物质、食物新资源及其成分和新资源食品、辐照食品、食品容器与包装材料、食品工具、设备、洗涤剂、消毒剂、农药残留、兽药残留、食品工业用微生物等。对于功能性食品及功效成分必须进行《食品安全性毒理学评价程序和方法》中规定的第一、第二阶段的毒理学试验，并依据评判结果决定是否进行三、第四阶段的毒理学试验。若功能性食品的原料选自普通食品原料或已批准的药食两用原料则不再进行试验。

（一）受试物的要求

（1）对于单一的化学物质，应提供受试物（必要时包括其杂志）的物理、化学性质（包括化学结构、纯度、稳定性等）。对于配方产品，应提供受试物的配方，必要时应提供受试物各组成成分的物理、化学性质（包括化学名称、结构、纯度、稳定性、溶解度等）有关材料。

(2) 提供原料来源、生产工艺、人体可能的摄入量等有关资料。

(3) 受试物必须是符合既定配方的规格化产品，其组成成分、比例及纯度应与实际应用的相同，在需要检测高纯度受试物及其可能存在的杂质的毒性或进行特殊试验时可选用纯品，或以纯品及杂质分布进行毒性检测。

(二) 不同受试物选择毒性试验原则

功能性食品特别是功效成分的毒理学评价可参照下列原则进行：

(1) 凡属我国创新的物质一般要求进行四个阶段的试验　特别是对其中化学结构提示有慢性毒性、遗传毒性或致癌性可能者或产量大、使用范围广、摄入机会多者，必须进行全部四个阶段的毒性试验。

(2) 凡属已知物质（指经过安全性评价并允许使用者）的化学结构基本相同的衍生物或类似物，则根据第一、第二、第三阶段毒性试验结果判断是否需进行第四阶段的毒性试验。

(3) 凡属已知的化学物质，世界卫生组织已公布每人每日容许摄入量（ADI），同时又有资料证明我国产品的质量规格与国外产品一致，则可先进行第一、第二阶段毒性试验，若试验结果与国外产品的结果一致，一般不要求进行进一步的毒性试验，否则应进行第三阶段毒性试验。

(4) 食品新资源及其食品原则上应进行第一、第二、第三个阶段毒性试验，以及必要的人群流行病学调查。必要时应进行第四阶段试验。若根据有关文献资料及成分分析，未发现有或虽有但量甚少，不至构成对健康有害的物质，以及较大数量人群有长期食用历史而未发现有害作用的天然动植物（包括作为调料的天然动植物的粗提制品）可以先进行第一、第二阶段毒性试验，经初步评价后，决定是否需要进行进一步的毒性试验。

(5) 凡属毒理学资料比较完整，世界卫生组织已公布日许量或不需规定 ADI，要求进行急性毒性试验和一项致突变试验，首选 Ames 试验和骨髓细胞微核试验。但生产工艺、成品的纯度和杂质来源不同者，进行第一、第二阶段毒性试验后，根据试验结果考虑是否进行下阶段试验。

(6) 凡属有一个国际组织或国家批准使用，但世界卫生组织未公布 ADI，或资料不完整者，在进行第一、第二阶段毒性试验后作初步评价，以决定是否需进行进一步的毒性试验。

(7) 对于由天然动、植物或微生物制取的单一组分，高纯度的添加剂，凡属新产品需先进行第一、第二、第三阶段毒性试验，凡属国外已批准使用的，则进行第一、第二阶段毒性试验，经初步评价后，决定是否需进行进一步试验。

(8) 凡属尚无资料可查、国际组织未允许使用的，先进行第一、第二阶段毒性试验，经初步评价后，决定是否需进行进一步试验。

(三) 食品安全性毒理学评价试验的四个阶段、试验目的及内容

1. 第一阶段：急性毒性试验

(1) 目的　测定 LD_{50}（半致死剂量），了解受试物的毒性强度、性质和可能的靶器官，为进一步进行毒性试验的剂量和毒性观察指标的选择提供依据，并根据 LD_{50} 进行毒性分级。

(2) 试验内容　经口急性毒性（LD_{50}）试验、联合急性毒性试验。

2. 第二阶段：遗传毒性试验、传统致畸试验、短期喂养试验。

(1) 目的

① 遗传毒性试验：对受试物的遗传毒性以及是否具有潜在致癌作用进行筛选。

② 传统致畸试验：了解受试物对胎仔是否具有致畸作用。

③ 短期喂养试验：对只需进行第一、第二阶段毒性试验的受试物，在急性毒性试验的基础上，通过30天喂养试验，进一步了解其毒性作用，观察对生长发育的影响，并可初步估计最大未观察到有害作用的剂量。

(2) 试验内容

遗传毒性试验的组合应该考虑原核细胞与真核细胞、体内试验与体外试验相结合的原则。从鼠伤寒沙门氏菌/哺乳动物微粒体酶试验（Ames试验）或V79/HGPRT基因突变试验、骨髓细胞微核试验或哺乳动物骨髓细胞染色体畸变试验、TK基因突变试验或小鼠精子畸形分析或睾丸染色体畸变分析试验中各选一项。

① 基因突变试验。鼠伤寒沙门氏菌/哺乳动物微粒体酶试验（Ames试验）为首选项目，其次考虑V79/HGPRT基因突变试验，必要时可另选和加选其他试验。

② 骨髓细胞微核试验或哺乳动物骨髓细胞染色体畸变试验。

③ TK基因突变试验。

④ 小鼠精子畸形分析或睾丸染色体畸变分析试验。

⑤ 其他备选遗传毒性试验为：显性致死试验、果蝇伴性隐性致死试验、非程序性DNA合成试验。

⑥ 传统致畸试验。

⑦ 30天喂养试验。如受试动物需进行第三、第四阶段毒性试验者，可不进行本试验。

3. 第三阶段：亚慢性毒性试验（90天喂养试验）、繁殖试验和代谢试验

(1) 目的

① 90天喂养试验：观察受试物以不同剂量水平经较长期喂养后对动物的毒性作用性质和靶器官，了解受试动物繁殖及对子代的发育毒性，观察对生长发育的影响，并初步确定未观察到有害作用剂量和致癌的可能性，为慢性毒性和致癌试验的剂量选择提供依据。

② 代谢试验：了解受试动物在体内的吸收、分布和排泄速度以及蓄积性，寻找可能的靶器官；为选择慢性毒性试验的合适动物种、系提供依据；了解代谢产物的形成情况。

(2) 试验内容　90天喂养试验、繁殖试验。

4. 第四阶段：慢性毒性实验（包括致癌试验）

(1) 目的　了解经长期接触受试物后出现的毒性作用以及致癌作用；最后确定最大未观察到有害作用剂量，为受试物能否应用于食品的最终评价提供依据。

(2) 内容　慢性毒性实验（包括致癌试验）。

(四) 食品毒理学试验结果的判定

1. 急性毒性试验

如LD_{50}剂量小于人的可能摄入量的10倍，则放弃该受试物用于食品，不再继续其他毒理学试验。如大于10倍者，可进入下一阶段毒理学试验。凡LD_{50}在人的可能摄入量的10倍左右时，应进行重复试验，或用另一种方法进行验证。

2. 遗传毒性试验

(1) 如三项试验（鼠伤寒沙门氏菌/哺乳动物微粒体酶试验（Ames试验）或V79/HG-

PRT 基因突变试验，骨髓细胞微核试验或哺乳动物骨髓细胞染色体畸变试验，及 TK 基因突变试验或小鼠精子畸形分析或睾丸染色体畸变分析试验中的任一项）中，体内、体外各有一项或以上试验阳性，则表示该受试物很可能具有遗传毒性作用和致癌作用，一般应放弃该受试物应用于食品；无须进行其他项目的毒理学试验。

（2）如三项试验中一项体内试验为阳性或两项体外试验阳性，则再选两项备选试验（至少一项为体内试验）。如果再选的试验均为阴性，则可继续进行下一步的毒性试验；如果其中一项试验为阳性，则结合其他试验结果，经专家讨论决定，再作其他备选试验或进入下一步的毒性试验。

（3）如果三项试验均为阴性，则可继续进行下一步的毒性试验。

3. 30 天喂养试验

对只要求进行第一、第二阶段毒理学试验的受试物，若短期喂养试验未发现有明显毒性作用，综合其他各项试验即可作出初步评价；若试验中发现有明显毒性作用，尤其是有剂量-反应关系时，则考虑进一步的毒性试验。

4. 90 天喂养试验、繁殖试验、传统致畸试验

根据三项试验中所采用的最敏感指标所得最大未观察到有害作用剂量进行评价，原则是：

（1）最大未观察到有害作用剂量小于或等于人的可能摄入量的 100 倍者表示毒性较强，应放弃该受试物用于食品。

（2）最大未观察到有害作用剂量大于 100 倍而小于 300 倍者，应进行毒性试验。

（3）大于或等于 300 倍者则不必进行慢性毒性试验，可进行安全性评价。

5. 慢性毒性

根据慢性毒性试验所得的最大未观察到有害作用剂量进行评价的原则是：

（1）最大未观察到有害作用剂量小于或等于人的可能摄入量的 50 倍者，表示毒性较强，应放弃该受试物用于食品。

（2）最大未观察到有害作用剂量大于 50 倍而小于 100 倍者，经安全性评价后，决定该受试物可否用于食品。

（3）最大未观察到有害作用剂量大于或等于 100 倍者，则可考虑允许使用于食品。

6. 致癌试验

根据致癌试验所得的肿瘤发生率、潜伏期和多发性等进行致癌试验结果判定的原则是：凡符合下列情况之一，并经统计学处理有显著性差异者，可认为致癌试验结果阳性。若存在剂量-反应关系，则判断阳性更可靠。

（1）肿瘤只发生在试验组动物，对照组中无肿瘤发生。

（2）试验组与对照组动物均发生肿瘤，但实验组发生率高。

（3）试验组动物中多发性肿瘤明显，对照组中无多发性肿瘤，或只是少数动物有多发性肿瘤。

（4）试验组与对照组动物肿瘤发生率虽无明显差异，但试验组中发生时间较早。

7. 其他

新资源食品等受试物在进行试验时，若受试物掺入饲料的最大加入量（超过 5%时，应补充蛋白质等到与对照组相当的含量，添加的受试物原则上最高不超过饲料的 10%）或液体受试物经浓缩后仍达不到最大未观察到有害作用剂量为人的可能摄入量的规定倍数时，则

可以综合其他的毒性试验结果和实际食用或饮用量进行安全性评价。

（五）保健食品毒理学评价时应考虑的因素

1. 试验指标的统计学意义和生物学意义

在分析试验组与对照组指标统计学上差异的显著性时，应根据其有无剂量-反应关系、同类指标横向比较及与本实验室的历史性对照值范围比较的原则等来综合考虑指标差异有无生物学意义。此外，如在受试物组发现某种肿瘤发生率增高，即使在统计学上与对照组比较差异无显著性，仍要给以关注。

2. 生理作用与毒性作用

对实验中某些指标的异常改变，在结果分析评价时要注意区分是生理学表现还是受试物的毒性作用。

3. 人可能摄入较大量的保健食品

应考虑给予保健食品量过大时，可能影响营养素摄入量及其生物利用率，从而导致某些毒理学表现，而非受试物的毒性作用所致。

4. 时间-毒性效应关系

对由受试物引起的毒性效应进行分析评价时，要考虑在同一剂量水平下毒性效应随时间的变化情况。

5. 特殊人群和敏感人群的摄入量

对孕妇、乳母或儿童食用的保健食品，应特别注意其胚胎毒性或生殖发育毒性、神经毒性和免疫毒性。

6. 人体资料

由于存在着动物与人之间的种属差异，在评价保健食品的安全性时，应尽可能收集人群食用受试物后反应的资料，如职业性接触和意外事故接触等。志愿受试者的体内代谢资料对于将动物试验结果推论到人具有很重要的意义。在确保安全的条件下，可遵照有关规定进行人体试食试验。

7. 动物毒性试验和体外试验资料

各项动物毒性试验和体外试验系统虽然有待完善，却是目前水平下所得到的最重要的资料，也是进行评价的主要依据。在试验得到阳性结果，而且结果的判定涉及受试物能否应用于食品时，需要考虑结果的重要性和剂量-反应关系。

8. 安全系数

由动物毒性试验结果推论到人时，鉴于动物、人的种属和个体之间的生物特性差异，一般采用安全系数的方法，以确保对人的安全性。安全系数通常为100倍，但可根据受试物的理化性质、毒性大小、代谢特点、接触的人群范围、食品中的使用量及使用范围等因素，综合考虑增大或减小安全系数。

9. 代谢试验的资料

代谢研究是对化学物质进行毒理学评价的一个重要方面，因为不同化学物质、剂量大小，在代谢方面的差别往往对毒性作用影响很大。在毒性试验中，原则上应尽量使用与人具有相同代谢途径和模式的动物种系来进行试验。研究受试物在实验动物和人体内吸收、分布、排泄和生物转化方面的差别，对于将动物试验结果比较正确地推论到人具有重要意义。

10. 其他因素

含乙醇的保健食品对试验中出现的某些指标的异常改变，在结果分析/评价时应注意区分是乙醇本身还是其他成分的作用。动物年龄对试验结果的影响对某些功能类型的保健食品进行安全性评价时，对试验中出现的某些指标的异常改变，要考虑是否因为动物年龄选择不当所致而非受试物的毒性作用，因为幼年动物和老年动物可能对受试物更为敏感。

11. 综合评价

在进行最后评价时，必须综合考虑受试物的原料来源、理化性质、毒性大小、代谢特点、蓄积性、接触的人群范围、食品中的使用量与使用范围、人的可能摄入量及保健功能等因素，在受试物可能对人体健康造成的危害以及其可能的有益作用之间进行权衡，确保其对人体健康的安全性。评价的依据不仅是科学试验资料，而且与当时的科学水平、技术条件，以及社会因素有关。因此，随着时间的推移，很可能结论也不同。随着情况的不断改变，科学技术的进步和研究工作的不断进展，对已通过评价的化学物质需进行重新评价，作出新的结论。

对于已在食品中应用了相当长时间的物质，对接触人群进行流行病学调查具有重大意义，但往往难以获得剂量-反应关系方面的可靠资料；对于新的受试物质，则只能依靠动物试验和其他试验研究资料。然而，即使有了完整和详尽的动物试验资料和一部分人类接触者的流行病学研究资料，由于人类的种族和个体差异，也很难做出能保证每个人都安全的评价。所谓绝对的安全实际上是不存在的。根据上述材料，进行最终评价时，应全面权衡和考虑实际可能，从确保发挥该受试物的最大效益，以及对人体健康和环境造成最小危害的前提下做出结论。

二、功能性食品的功能学评价

对功能性食品进行功能学评价是功能性食品科学研究的核心内容，主要针对功能性食品所宣称的生理功效进行动物学甚至是人体试验。功能学试验，是指检验机构按照国家食品药品监督管理局颁布的或者企业提供的保健食品功能学评价程序和检验方法，对申请人送检的样品进行的以验证保健功能为目的的动物试验和/或人体试食试验。本节将评价功能性食品的统一程序和试验规程。

（一）功能学评价的基本要求

1. 对受试样品的要求

（1）应提供受试样品的原料组成或尽可能提供受试样品的物理、化学性质（包括化学结构、纯度、稳定性等）有关资料。

（2）受试样品必须是规格化的定型产品，即符合既定的配方、生产工艺及质量标准。

（3）提供受试样品的安全性毒理学评价的资料以及卫生学检验报告，受试样品必须是已经通过食品安全性毒理学评价确认为安全的食品。功能学评价的样品与安全性毒理学评价、卫生学检验的样品必须为同一批次（安全性毒理学评价和功能学评价实验周期超过受试样品保质期的除外）。

（4）提供功效成分或特征成分、营养成分的名称及含量。

（5）如需提供受试样品违禁药物检测报告时，应提交与功能学评价同一批次样品的违禁药物检测报告。

2. 实验动物的要求

（1）根据各项实验的具体要求，合理选择实验动物。常用大鼠和小鼠，品系不限，推荐使用近交系动物。

（2）动物的性别、年龄依实验需要进行选择。实验动物的数量要求为小鼠每组 10～15 只（单一性别），大鼠每组 8～12 只（单一性别）。

（3）动物应符合国家对实验动物的有关规定。

3. 对给受试样品剂量及时间的要求

（1）各种动物实验至少应设 3 个剂量组，另设阴性对照组，必要时可设阳性对照组或空白对照组。剂量选择应合理，尽可能找出最低有效剂量。在 3 个剂量组中，其中一个剂量应相当于人体推荐摄入量（折算为每千克体重的剂量）的 5 倍（大鼠）或 10 倍（小鼠），且最高剂量不得超过人体推荐摄入量的 30 倍（特殊情况除外），受试样品的功能实验剂量必须在毒理学评价确定的安全剂量范围之内。

（2）给受试样品的时间应根据具体实验而定，一般为 30 天。当给予受试样品的时间已达 30 天而实验结果仍为阴性时，则可终止实验。

4. 对受试样品处理的要求

对受试物进行不同的试验时，应针对试验的特点和受试物的理化性质进行相应的样品处理。

（1）受试样品推荐量较大，超过实验动物的灌胃量、掺入饲料的承受量等情况时，可适当减少受试样品的非功效成分的含量。

（2）对于含乙醇的受试样品，原则上应使用其定型的产品进行功能实验，其三个剂量组的乙醇含量与定型产品相同。如受试样品的推荐量较大，超过动物最大灌胃量时，允许将其进行浓缩，但最终的浓缩液体应恢复原乙醇含量，如乙醇含量超过 15%，允许将其含量降至 15%。调整受试样品乙醇含量应使用原产品的酒基。

（3）液体受试样品需要浓缩时，应尽可能选择不破坏其功效成分的方法。一般可选择 60～70℃减压进行浓缩。浓缩的倍数依具体实验要求而定。

（4）对于以冲泡形式饮用的受试样品（如袋泡剂），可使用该受试样品的水提取物进行功能实验，提取的方式应与产品推荐饮用的方式相同。如产品无特殊推荐饮用方式，则采用下述提取的条件：常压，温度 80～90℃，时间 30～60min，水量为受试样品体积的 10 倍以上，提取 2 次，将其合并浓缩至所需浓度。

（5）介质的选择　应选择适合于受试物的溶剂、乳化剂或助悬剂。所选溶剂、乳化剂或助悬剂本身应不产生毒性作用，与受试物各成分之间不发生化学反应，且保持其稳定性。一般可选用蒸馏水、食用植物油、淀粉、明胶、羧甲基纤维素等。

（6）膨胀系数较高的受试物处理　应考虑受试物的膨胀系数对受试物给予剂量的影响，依次来选择合适的受试物给予方法（灌胃或掺入饲料）。

（7）含有人体必需营养素等物质的功能性食品的处理　如产品配方中含有某一毒性明显的人体必需营养素（如维生素 A、硒等），在按其推荐量设计试验剂量时，如该物质量达到已知的毒作用剂量，在原有剂量设计的基础上，则应考虑增设去除该物质或降低该物质剂量（如降至最大未观察到有害作用剂量，NOAEL）的受试物剂量组，以便对保健食品中其他成分的毒性作用及该物质与其他成分的联合毒性作用做出评价。

（8）益生菌等微生物类保健食品处理　益生菌类或其他微生物类保健食品在进行 Ames 试验或体外细胞试验时，应将微生物灭活后进行。

(9) 在以鸡蛋等食品为载体的特殊保健食品的处理　在进行喂养试验时，允许将其加入饲料，并按动物的营养需要调整饲料配方后进行试验。

5. 对给受试样品方式的要求

必须经口给予受试样品，首选灌胃。如无法灌胃则加入饮水或掺入饲料中，计算受试样品的给予量。

6. 对合理设置对照组的要求

以载体和功效成分（或原料）组成的受试样品，当载体本身可能具有相同功能时，应将该载体作为对照。

7. 人体试食试验规程

评价食品保健作用时要考虑的因素

(1) 人的可能摄入量　除一般人群的摄入量外，还应考虑特殊的和敏感的人群（如儿童、孕妇及高摄入量人群）。

(2) 人体资料　由于存在动物与人之间的种属差异，在将动物试验结果外推到人时，应尽可能收集人群服用受试物的效应资料，若体外或体内动物试验未观察到或不易观察到食品的保健效应或观察到不同效应，而有关资料提示对人有保健作用时，在保证安全的前提下，应进行必要的人体试食试验。

(3) 结果的重复性和剂量反应关系　在将评价程序所列试验的阳性结果用于评价食品的保健作用时，应考虑结果的重复性和剂量反应关系，并由此找出其最小有作用剂量。

(二) 试验项目、试验原则及结果判定

1. 免疫调节作用

(1) 试验项目

① 动物试验

脏器/体重比值：胸腺/体重比值、脾脏/体重比值。

细胞免疫功能测定：包括小鼠脾淋巴细胞转化实验、迟发型变态反应。

体液免疫功能测定：包括抗体生成细胞检测、血清溶血素测定。

单核-巨噬细胞功能测定：包括小鼠碳廓清试验、小鼠腹腔巨噬细胞吞噬鸡红细胞试验。

NK 细胞活性测定。

② 人体试食试验

细胞免疫功能测定：外周血淋巴细胞转化试验。

体液免疫功能试验：单向免疫扩散法测定 IgG、IgA、IgM。

非特异性免疫功能测定：吞噬与杀菌试验。

NK 细胞活性测定。

(2) 试验原则。所列指标均为必做项目。采用正常或免疫功能低下的模型动物进行试验。要求选择一组能够全面反映免疫系统各方面功能的试验，其中细胞免疫、体液免疫和单核-巨噬细胞功能三个方面至少各选择 1 种试验，在确保安全的前提下尽可能进行人体试食试验。

(3) 结果判定　增强免疫力功能判定：在细胞免疫功能、体液免疫功能、单核-巨噬细胞功能、NK 细胞活性四个方面中的任两个方面结果阳性，可判定该受试样品具有增强免疫力功能作用。

其中细胞免疫功能测定项目中的两个实验结果均为阳性，或任一个实验的两个剂量组结果阳性，可判定细胞免疫功能测定结果阳性。体液免疫功能测定项目中的两个实验结果均为阳性，或任一个实验的两个剂量组结果阳性，可判定体液免疫功能测定结果阳性。单核-巨噬细胞功能测定项目中的两个实验结果均为阳性，或任一个实验的两个剂量组结果阳性，可判定单核-巨噬细胞功能结果阳性。NK 细胞活性测定实验的一个以上剂量组结果阳性，可判定 NK 细胞活性结果阳性。

2. 减肥作用

（1）减肥原则

① 减除体现人多余的脂肪，不单纯以减轻体重为标准。

② 每日营养素的摄入量应基本保证机体正常生命活动的要求。

③ 对机体健康无明显损害。

（2）试验项目

① 动物试验（首先建立动物肥胖模型）。包括体重测定、体内脂肪重量测定。

② 人体试食试验。主要测定指标：体重、体重指数、腰围、腹围、臀围、体内脂肪含量。

（3）试验原则　在进行减肥试验时，除上述指标必测外，还应进行机体营养状况检测，运动耐力测试以及与健康有关的其他指标的观察。该功能的人体试食试验为必做项目，动物试验与人体试食试验相结合，综合进行评价。

（4）结果判定　在动物试验中，体重及体内脂肪重量 2 个指标均阳性，并且对机体健康无明显损害，即可初步判定该受试物具有减肥作用。

在人体试食试验中，体内脂肪量显著减少，且对机体健康无明显损害，可判定该受试物具有减肥作用。

3. 延缓衰老作用

（1）试验项目

① 动物试验

a. 生存试验：包括小鼠生存试验、大鼠生存试验、果蝇生存试验。

b. 过氧化脂质含量测定：包括血（或组织）中过氧化脂质降解产物丙二醛（MDA）含量测定、组织中脂褐质含量测定。

c. 抗氧化活力测定：包括血（或组织）中超氧化物歧化酶（SOD）活力测定、血（或组织）中谷胱甘肽过氧化物酶（GSH-P_X）活力测定

② 人体试食试验。主要包括血中过氧化脂质降解产物丙二醛（MDA）含量测定、血中超氧化物歧化酶（SOD）活力测定、血中谷胱甘肽过氧化物酶（GSH-P_X）活力测定。

（2）试验原则　衰老机制比较复杂，迄今尚无一种公认的衰老机制学说，因而无单一、简便、实用的衰老指标可供应用，应采用尽可能多的试验方法，以保证试验结果的可信性。动物试验，除上述生存试验，过氧化脂质含量测定、抗氧化酶活力测定 3 个方面各选一项必做外，可能时应多选择一些指标[如脑、肝组织中单胺氧化酶（MAO-B）活力测定等]加以辅助。生存试验是最直观、最可靠的实验方法，果蝇具有自下而上期短，繁殖快，饲养简便等优点，通常多选果蝇作生存试验，但果蝇种系分类地位与人较远，故必须辅助过氧化脂质含量测定及抗氧化活力测定才能判断是否具有延缓衰老作用。生化指标测定应选用老龄鼠，除设老龄对照外，最好同时增设少龄对照，以比较受试物抗氧化的程度，必要时可将动

物试验与人体试食试验相结合综合评价。

（3）结果判定　若大鼠或小鼠生存试验为阳性，即可判定该受试物具有延缓衰老的作用。

若果蝇生存试验、过氧化脂质和抗氧化酶三项指标均为阳性，即可判定该受试物具有延缓衰老的作用。

若过氧化脂质和抗氧化酶两项为阳性，可判定该受试物具有抗氧化作用，并提示可能具有延缓衰老作用。

4. 美容

美容表现在多方面，具体功能应予明确。

（1）祛痤疮功能

① 试验项目。人体试验：痤疮数量、皮肤损害情况、皮脂分泌状况。

② 结果判定。人体试验所列三项指标中两项阳性，且不产生新痤疮，检测结果判定为有祛痤疮功能。

皮脂分泌减少，不产生新痤疮，其他两项指标虽无明显改善，可认为有减少皮腺分泌作用。

（2）祛黄褐斑功能

① 试验项目。人体试验：黄褐斑面积、黄褐斑颜色。

② 结果判定。黄褐斑面积与颜色有改善，且不产生新黄褐斑，检测结果判定为有祛黄褐斑功能。

（3）祛老年斑功能

① 试验项目

a. 动物试验：过氧化脂质（如脂褐质）含量、抗氧化酶（SOD、GSH-PX）活性、皮肤羟脯氨酸含量。

b. 人体试验：老年斑面积或数量、老年斑颜色、过氧化脂质含量、抗氧化酶（SOD、GSH-PX）活性。

② 试验原则。所列动物及人体试验项目均为必测项目。人体试验还应加测一般健康指标。

③ 结果判定

a. 动物试验：三项中有二项阳性，检测结果判定为阳性。

b. 人体试验：老年斑面积或数量、老年斑颜色明显改善；过氧化脂质含量、抗氧化酶（SOD、GSH-PX）活性有一项阳性，可判定受试物有祛老年斑功能。

（4）保持皮肤水分、油脂和 pH

① 试验项目。人体试验：包括皮肤水分、皮肤油脂、皮肤 pH 测定。

② 试验原则。所列项目必测。

③ 结果判定。皮肤水分及油脂保持、皮肤 pH 测定阳性，检测结果判定为有保持皮肤水分、油脂和 pH 功能。对皮肤水分及油脂保持也可分别测定。

（5）丰乳功能

① 试验项目。人体试验：乳房体积、体重、体内脂肪含量、性激素的测定。

② 试验原则。用多种方法测乳房体积，保证结果准确。所列项目必测外，还应做乳腺钼靶 X 线摄像及一般健康指标。检测被检样品是否含性激素。

③ 结果判定。乳房体积增加，体重与体内脂肪含量无明显变化，性激素在正常水平，检测结果判定为有丰乳功能。

5. 改善营养性贫血

(1) 试验项目

① 动物试验（所列项目均为必测项目）：包括体重、血红蛋白、红细胞压积、血清铁蛋白、红细胞游离原卟啉、组织细胞铁。

② 人体试验：包括体重、血红蛋白、红细胞压积、血清铁蛋白、红细胞游离原卟啉。

(2) 试验原则

① 所列项目均为必测项目。

② 人体可加测一般健康指标。

③ 贫血：按现行临床标准诊断。

(3) 结果判定

① 动物实验。血红蛋白阳性，红细胞压积、血清铁蛋白、红细胞游离原卟啉、组织细胞铁四项中任一项阳性，检测结果判定为阳性。

② 人体实验。血红蛋白为阳性红细胞压积、血清铁蛋白、红细胞游离原卟啉三项中任一项阳性，结果判定为有改善营养性贫血功能。

6. 辅助降血脂

(1) 试验项目

① 动物实验：测定项目有体重、血清总胆固醇、甘油三酯、高密度脂蛋白胆固醇。

② 人体试食试验：测定项目有血清总胆固醇、甘油三酯、高密度脂蛋白胆固醇。

(2) 试验原则

① 动物实验和人体试食试验所列指标均为必测项目。

② 动物实验选用脂代谢紊乱模型法，预防性或治疗性任选一种。用高胆固醇和脂类饲料喂养动物可形成酯代谢紊乱动物模型，再给予动物受试样品或同时给予受试样品，可检测受试样品对高脂血症的影响，并可判定受试样品对脂质的吸收、脂蛋白的形成、脂质的降解或排泄产生的影响。

③ 在进行人体试食试验时，应对受试样品的食用安全性作进一步的观察后进行。选择单纯血脂异常的人群，保持平常饮食，半年内采血 2 次，如两次血清总胆固醇（TC）均为 5.2～6.24mmol/L 或血清甘油三酯（TG）1.65～2.2mmol/L，均可作为备选对象，受试者最好为非住院的高脂血症患者，自愿参加试验。受试期间保持平日的生活和饮食习惯，空腹取血测定各项指标。但年龄在 18 岁以下或 65 岁以上者、妊娠或哺乳期妇女、对功能性食品过敏者、合并有心、肝、肾和造血系统等严重疾病、精神病患者、短期内服用与受试功能有关的物品，影响到对结果的判断者、未按规定食用受试样品，无法判定功效或资料不全影响功效或安全性判断者不可作为人体试食试验对象。

(3) 结果判定

① 动物实验。

a. 辅助降血脂结果判定：在血清总胆固醇、甘油三酯、高密度脂蛋白胆固醇三项指标检测中血清总胆固醇和甘油三酯二项指标阳性，可判定该受试样品辅助降血脂动物实验结果阳性。

b. 辅助降低甘油三酯结果判定：甘油三酯二个剂量组结果阳性；甘油三酯一个剂量组

结果阳性，同时高密度脂蛋白胆固醇结果阳性，可判定该受试样品辅助降低甘油三酯动物实验结果阳性。

c. 辅助降低血清总胆固醇结果判定：血清总胆固醇二个剂量组结果阳性；血清总胆固醇一个剂量组结果阳性，同时高密度脂蛋白胆固醇结果阳性，可判定该受试样品辅助降低血清总胆固醇动物实验结果阳性。

② 人体试食试验。血清总胆固醇、甘油三酯、高密度脂蛋白胆固醇三项指标检测中，血清总胆固醇和甘油三酯二项指标阳性，可判定该受试样品具有辅助降血脂作用；血清总胆固醇、甘油三酯两项指标中任一项指标阳性，同时高密度脂蛋白胆固醇结果阳性，可判定该受试样品具有辅助降低血清总胆固醇或辅助降低甘油三酯作用。

7. 调节血糖

（1）试验项目

① 动物实验：包括高血糖模型动物的空腹血糖值、糖耐量试验；正常动物的降糖试验。

② 人体试食试验：包括空腹血糖值、糖耐量试验、胰岛素测定、尿糖测定。

（2）试验原则

① 建立高血糖动物模型，常用四氧嘧啶作为建模药物。

② 人体试食试验是必须项目，在动物学试验有效基础上并对受试样品的食用安全性作进一步的观察后进行。试验人群为Ⅱ型糖尿病患者，除测定规定的指标外，应加测一般健康指标。

（3）结果判定

① 动物实验　动物学试验有一项指标阳性。

② 人体试食试验的空腹血糖值、糖耐量试验两项指标中有一项阳性，胰岛素又未升高，可判定受试样品有降血糖作用。

8. 调节血压

（1）试验项目

① 动物实验：体重、血压。

② 人体试验：血压、心率、症状与体征。

（2）试验原则

① 所列动物与人的项目必测。人体可加测一般健康指标。

② 动物试验可用高血压模型和正常动物。

③ 人体试验可在治疗基础上进行。

（3）结果判定

① 实验动物血压下降，对照动物血压无影响，检测结果判定为阳性。

② 人体血压下降症状体征改善，检测结果判定有调节血压功能。其中，舒张压下降2.7kPa（19mmHg），收缩压下降4kPa（30mmHg）以上为有效；舒张压恢复正常或下降20mmHg以上为显效。

9. 抑制肿瘤作用

（1）试验项目

① 动物诱发性肿瘤试验。

② 动物移植性肿瘤试验。

③ 免疫功能试验：包括NK细胞活性测定、单核-巨噬细胞功能测定。

（2）试验原则 动物诱发性肿瘤试验及动物移植性肿瘤试验两项中任选一项，同时必做二项免疫功能试验。

（3）结果判定 动物诱发性肿瘤试验及动物移植性肿瘤试验两项试验中有一项为阳性，并且对免疫功能无抑制作用，则可判定该受试物具有抑制肿瘤的作用。

10．改善胃肠道功能

改善胃肠功能表现在多方面：促进消化吸收功能、改善胃肠道菌群功能、润肠通便、保护胃黏膜功能。分述如下：

（1）促进消化吸收功能

① 试验项目

a．动物试验：包括体重、食物利用率、胃肠运动实验、消化酶活性、小肠吸收实验。

b．人体实验：包括食欲、食量、胃胀腹感、大便性状与次数、体征症状、体重、血红蛋白、胃肠运动实验、小肠吸收实验。

② 试验原则。动物试验与人体试验中的所列项目均为必做项目，人体试验还应增加一般健康指标。

针对纠正儿童食欲不良或成人消化不良者可从所列项目中选择重点项目。

③ 结果判定。动物实验中胃肠运动实验、消化酶活性、小肠吸收实验三项中一项阳性，检测结果判定为阳性。

针对纠正儿童食欲不振时，重点观察人体试验中食欲、食量明显增加，体重、血红蛋白项中有一项阳性，检测结果判定为有促进消化吸收功能。

针对成人消化不良时，项目中体征症状、胃肠运动实验、小肠吸收实验项中一项阳性，检测结果判定为有促进消化吸收功能。

（2）改善胃肠道菌群功能

① 试验项目（肠道菌群以 cfu/g 粪便计）

a．动物试验：双歧杆菌、乳杆菌、肠球菌、肠杆菌、产气荚膜梭菌。

b．人体实验：双歧杆菌、乳杆菌、肠杆菌、产气荚膜梭菌。

② 试验原则。动物与人体所列检验项目均为必测项目。人体试验为必做项目，还可以加测一般健康指标。动物可用正常动物或肠道菌群紊乱动物模型。

③ 结果判定

a．动物试验。A 双歧杆菌、乳杆菌明显增加，肠球菌、肠杆菌增加但幅度小于双歧杆菌、乳杆菌的增幅，产气荚膜梭菌减少或无变化；B 双歧杆菌、乳杆菌明显增加而产气荚膜梭菌减少或无变化、肠球菌、肠杆菌无变化。上 A、B 两项中一项符合可判定为阳性。

b．人体试食试验。A 双歧杆菌、乳杆菌明显增加，肠球菌、肠杆菌增加但幅度小于双歧杆菌、乳杆菌的增幅，产气荚膜梭菌减少或无变化；B 双歧杆菌、乳杆菌明显增加而产气荚膜梭菌减少或无变化、肠球菌、肠杆菌无变化。上两项中一项符合可判定有改善胃肠道菌群功能。

（3）润肠通便功能

① 试验项目。动物试验：体重、小肠吸收实验（小肠推进速度）、排便时间、粪便重量或粒数、粪便性状。

② 试验原则。制造便秘动物模型，与正常对照动物一起实验。不得引起动物腹泻。

③ 结果判定。动物实验：粪便重量或粒数明显增加，小肠吸收实验、排便时间一项阳

性，检测结果判定为有润肠通便功能。

(4) 保护胃黏膜功能

① 试验项目。动物试验：胃黏膜损伤情况（损伤面积、溃疡情况）；人体试验：胃部症状、体征、X线钡餐或胃镜检查胃黏膜情况。

② 试验原则。人体试验为必测项目。人体试验还可加测一般健康状况指标。

③ 结果判定。动物试验：胃黏膜损伤情况有明显改善，判定为阳性；人体试食试验：胃部症状、体征明显改善，胃黏膜损伤症状好转，可判定为有保护胃黏膜功能。

11. 促进生长发育作用

(1) 试验项目　本功能试验研究是以动物学试验为研究基础。

① 胎仔情况。包括活胎数、雌雄比例、死胎数、分娩胎仔总数。

② 体重及食物利用率。记录出生时及生后4、7、14、21、30、60d幼鼠的体重，计算断乳后幼鼠的食物利用率。

③ 生理发育指标。记录耳郭分离、门齿萌出、开眼、长毛时间、阴道开放、睾丸下降时间。

④ 神经反射指标。平面翻正、前肢抓力、悬崖回避、嗅觉定位、听觉警戒、负趋地性、回旋运动、视觉发育、空中翻正、游泳发育。

(2) 试验原则

① 给受试物的时间可根据具体情况选择在母鼠孕期或哺乳期至成年期。

② 在神经反射指标中应选择一组（5个以上）的行为学试验方法，以保证结果的可靠性。

(3) 结果判定　在胎仔情况、体重及食物利用率、生理发育、神经反射4类指标中有3类以上（含3类）指标为阳性，可认为受试物有促进生长发育的作用。

12. 改善记忆作用

(1) 试验项目

① 动物试验。包括跳台试验、避暗试验、穿梭箱试验、水迷宫试验。

② 人体试食试验。包括韦氏记忆量表、临床记忆量表。

(2) 试验原则

① 试验应通过训练前、训练后及重测验前3种不同的给予受试物方法观察其对记忆全过程的影响。

② 应采用一组（2个以上）行为学试验方法，以保证实验结果的可靠性。

③ 人体试食试验为必做项目，并应在动物试验有效的前提下进行。

④ 除上述试验项目外，还可以选用嗅觉厌恶试验、味觉厌恶试验、操作式条件反射试验、连续强化程序试验、比率程序试验、间隔程序试验。

(3) 结果判定　动物试验二项或二项以上的指标为阳性，且2次或2次以上的重复测试结果一致，可以认为该受试物具有改善该类动物记忆作用。

人体试食试验结果阳性，则可认为该受试物具有改善人体记忆作用。

13. 改善视力

(1) 试验项目　人体试验如下：

① 一般健康状况临床检查。

② 眼部自觉症状。

③ 视力、屈光度、暗适应检测。

（2）试验原则　排除眼外伤、感染、器质性病变及其他非保健食品所能纠正的眼疾患人群。

（3）结果判定

① 试验组试验前后比较和试验后试验组与对照组比较。

② 眼部症状积分提高，裸眼视力提高，屈光度降低 0.50D 以上，暗适应恢复或改善，一般健康状况无异常，检测结果判定为有改善视力功能。其中，裸眼视力提高二行以上为有效、三行以上为显效。

14. 改善睡眠

（1）试验项目

① 动物试验。包括体重、睡眠时间、睡眠发生率、睡眠潜伏期。

② 观察指标：给被检样品在阈上剂量有催眠作用下是否延长睡眠时间；在阈下剂量作用下是否加快入睡时间。

（2）试验原则

① 体重及另三项为必测项目。

② 观测被检样品对催眠剂（巴比妥或戊巴比妥）在阈上或阈下剂量时的催眠作用。

（3）结果判定　体重以外三项检测项目中两项为阳性，检测结果判定为有改善睡眠功能。

其他参阅《保健食品检验与评价技术规范（2003 版）》。

子情境 2　功能性食品的质量控制

为了对功能性食品企业的人员、设施、原料、生产过程、成品储存与运输、品质和卫生管理方面的基本技术进行规范，我国卫生部于 1998 年颁布了《保健食品良好生产规范》(GB 17405—1998)，该规范适用于所有功能性食品生产企业。

一、人员

1. 人员层次与结构的要求

（1）功能性食品生产企业必须具有与所生产的功能性食品相适应的具有医药学（或生物学、食品科学）等相关专业知识的技术人员和具有生产及组织能力的管理人员。专职技术人员的比例应不低于职工总数的 5%。

（2）主管技术的企业负责人必须具有大专以上或相应的学历，并具有功能性食品生产及质量、卫生管理的经验。

（3）功能性食品生产和品质管理部门的负责人必须是专职人员。应具有与所从事专业相适应的大专以上或相应的学历，有能力对功能性食品生产和品质管理中出现的实际问题，做出正确的判断和处理。

（4）功能性食品生产企业必须有专职的质检人员。质检人员必须具有中专以上学历；采购人员应掌握鉴别原料是否符合质量、卫生要求的知识和技能。

（5）从业人员上岗前必须经过卫生法规教育及相应技术培训，企业应建立培训及考核档案。企业负责人及生产、品质管理部门负责人还应接受省级以上卫生监督部门有关功能性食品的专业培训，并取得合格证书。

2. 个人卫生与健康要求

(1) 从业人员（包括临时工）必须进行健康检查，并取得健康证后方可上岗，以后每年必须进行一次健康检查。

(2) 从业人员上岗前要先经过卫生培训教育，方可上岗。

(3) 上岗时，要做好个人卫生，防止污染食品。

① 进车间前，必须穿戴整洁划一的工作服、帽、靴、鞋，工作服应盖住外衣，头发不得露于帽外，并要把双手洗净。

② 化妆、染指甲、喷洒香水禁止进入车间。

③ 手接触脏物、进厕所、吸烟、用餐后，都必须把双手洗净才能进行工作。

④ 上班前不许酗酒，工作时不准吸烟、饮酒、吃食物及做其他有碍食品卫生的活动。

⑤ 操作人员手部受到外伤，不得接触食品或原料，经过包扎治疗戴上防护手套后，方可参加不直接接触食品的工作。

⑥ 不准穿工作服、鞋进厕所或离开生产加工场所。

⑦ 生产车间不得带入或存放个人生活用品，如衣物、食品、烟酒、药品、化妆品等。

⑧ 进入生产加工车间的其他人员（包括参观人员）均应遵守本规范的规定。

二、工厂设计与设施

（一）工厂设计

1. 设计

(1) 凡新建、扩建改建的工程项目有关食品卫生部分均应按本规范和各该类食品厂的卫生规范的有关规定，进行设计和施工。

(2) 各类食品厂应将本厂的总平面布置图，原材料、半成品、成品的质量和卫生标准，生产工艺规程以及其他有关资料，报当地食品卫生监督机构备查。

2. 选址

(1) 要选择地势干燥、交通方便、有充足的水源的地区。厂区不应设于受污染河流的下游。

(2) 厂区周围不得有粉尘、有害气体、放射性物质和其他扩散性污染源；不得有昆虫大量孳生的潜在场所，避免危及产品卫生。

(3) 厂区要远离有害场所。生产区建筑物与外缘公路或道路应有防护地带。其距离可根据各类食品厂的特点由各类食品厂卫生规范另行规定。

3. 总平面布置（布局）

(1) 各类食品厂应根据本厂特点制订整体规划。

(2) 要合理布局，划分生产区和生活区；生产区应在生活区的下风向。

(3) 建筑物、设备布局与工艺流程三者衔接合理，建筑结构完善，并能满足生产工艺和质量卫生要求；原料与半成品和成品、生原料与熟食品均应杜绝交叉污染。

(4) 建筑物和设备布置还应考虑生产工艺对温、湿度和其他工艺参数的要求，防止毗邻车间受到干扰。

(5) 道路　厂区道路应通畅，便于机动车通行，有条件的应修设环行路且便于消防车辆到达各车间。厂区道路应采用便于清洗的混凝土、沥青及其他硬质材料铺设，防止积水及尘土飞扬。

（6）绿化　厂房之间、厂房与外缘公路或道路应保持一定距离，中间设绿化带。厂区内各车间的裸露地面应进行绿化。

（7）给排水　给排水系统应能适应生产需要，设施应合理有效，经常保持畅通，有防止污染水源和鼠类、昆虫通过排水管道潜入车间的有效措施。

（8）生产用水必须符合生活饮用水卫生标准（GB 5749—2006）之规定。

（9）污水排放必须符合国家规定的标准，必要时应采取净化设施达标后才可排放。净化和排放设施不得位于生产车间主风向的上方

（10）污物　污物（加工后的废弃物）存放应远离生产车间，且不得位于生产车间上风向。存放设施应密闭或带盖，要便于清洗、消毒。

（11）烟尘　锅炉烟筒高度和排放粉尘量应符合 GB 3841 的规定，烟道出口与引风机之间须设置除尘装置其他排烟、除尘装置也应达标准后再排放，防止污染环境。排烟除尘装置应设置在主导风向的下风向。季节性生产厂应设置在季节风向的下风向。实验动物待加工禽畜饲养区应与生产车间保持一定距离，且不得位于主导风向的上风向。

（二）设备、工具、管道

1. 材质

凡接触食品物料的设备、工具、管道，必须用无毒、无味、抗腐蚀、不吸水、不变形的材料制作。

2. 结构

设备、工具、管道表面要清洁，边角圆滑，无死角，不易积垢，不漏隙，便于拆卸、清洗和消毒。

3. 设置

设备设置应根据工艺要求，布局合理。上、下工序衔接要紧凑。各种管道、管线尽可能集中走向。冷水管不宜在生产线和设备包装台上方通过，防止冷凝水滴入食品。其他管线和阀门也不应设置在暴露原料和成品的上方。

4. 安装

安装应符合工艺卫生要求，与屋顶（天花板）、墙壁等应有足够的距离，设备一般应用脚架固定，与地面应有一定的距离。传动部分应有防水、防尘罩，以便于清洗和消毒。各类料液输送管道应避免死角或盲端，设排污阀或排污口，便于清洗、消毒，防止堵塞。

（三）建筑物和施工

1. 生产厂房高度与地面

生产厂房的高度应能满足工艺、卫生要求以及设备安装、维护、保养的需要。

生产车间人均占地面积（不包括设备占位）不能少于 1.50m，高度不低于 3m。生产车间地面应使用不渗水、不吸水、无毒、防滑材料（如耐酸砖、水磨石、混凝土等）铺砌，应有适当坡度，在地面最低点设置地漏，以保证不积水。其他厂房也要根据卫生要求进行。地面应平整、无裂隙、略高于道路路面，便于清扫和消毒。

2. 屋顶与墙壁

屋顶或天花板应选用不吸水、表面光洁、耐腐蚀、耐温、浅色材料覆涂或装修，要有适当的坡度，在结构上减少凝结水滴落，防止虫害和霉菌滋生，以便于洗刷、消毒。生产车间

墙壁要用浅色、不吸水、不渗水、无毒材料覆涂，并用白瓷砖或其他防腐蚀材料装修高度不低于1.50m的墙裙。墙壁表面应平整光滑，其四壁和地面交界面要呈漫弯形，防止污垢积存，并便于清洗。

3. 门窗

门、窗、天窗要严密不变形，防护门要能两面开，设置位置适当，并便于卫生防护设施的设置。窗台要设于地面1m以上，内侧要下斜45°。非全年使用空调的车间、门、窗应有防蚊蝇、防尘设施，纱门应便于拆下洗刷。

4. 通道

通道要宽畅，便于运输和卫生防护设施的设置。楼梯、电梯传送设备等处要便于维护和清扫、洗刷和消毒。

5. 通风

生产车间、仓库应有良好通风，采用自然通风时通风面积与地面积之比不应小于1∶16；采用机械通风时换气量不应小于每小时换气三次。机械通风管道进风口要距地面2m以上，并远离污染源和排风口，开口处应设防护罩。饮料、熟食、成品包装等生产车间或工序必要时应增设水幕、风幕或空调设备。

6. 车间或工作地应有充足的自然采光或人工照明

车间采光系数不应低于标准Ⅳ级；检验场所工作面混合照度不应低于540lx；加工场所工作面不应低于220lx；其他场所一般不应低于110lx。位于工作台、食品和原料上方的照明设备应加防护罩。建筑物及各项设施应根据生产工艺卫生要求和原材料储存等特点，相应设置有效的防鼠、防蚊蝇、防尘、防飞鸟、防昆虫的侵入、隐藏和滋生的设施，防止受其危害和污染。

（四）厂房与厂房设施

（1）厂房应按生产工艺流程及所要求的洁净级别进行合理布局，同一厂房和邻近厂房进行的各项生产操作不得相互妨碍。

（2）必须按照生产工艺和卫生、质量要求，划分洁净级别，原则上分为一般生产区、10万级区。

（3）洁净厂房的设计和安装应符合洁净厂房设计规范（GB J73—48）的要求。

（4）净化级别必须满足生产加工保健食品对空气净化的需要。生产片剂、胶囊、丸剂以及不能在最后容器中灭菌的口服液等产品应当采用十万级洁净厂房。

（5）厂房、设备布局与工艺流程三者应衔接合理，建筑结构完善，并能满足生产工艺和质量、卫生的要求；厂房应有足够的空间和场所，以安置设备、物料；用于中间产品、待包装品的储存间应与生产要求相适应。

（6）洁净厂房的温度和相对湿度应与生产工艺要求相适应。

（7）洁净厂房内安装的下水道、洗手及其他卫生清洁设施不得对保健食品的生产带来污染。

（8）洁净级别不同的厂房之间、厂房与通道之间应有缓冲设施。应分别设置与洁净级别相适应的人员和物料通道。

（9）原料的前处理（如提取、浓缩等）应在与其生产规模和工艺要求相适应的场所进行，并装备有必要的通风、除尘、降温设施。原料的前处理不得与成品生产使用同一生产厂房。

(10) 保健食品生产应设有备料室，备料室的洁净级别应与生产工艺要求相一致。

(11) 洁净厂房的空气净化设施、设备应定期检修，检修过程中应采取适当措施，不得对保健食品的生产造成污染。

(12) 生产发酵产品应具备专用发酵车间，并应有与发酵、喷雾相应的专用设备。

(13) 凡与原料、中间产品直接接触的生产用工具、设备应使用符合产品质量和卫生要求的材质。

三、生产过程的监控与品质管理

(一) 原料

功能性食品的原料是指与功能（保健）食品功能相关的初始物料。功能性食品的辅料是指生产功能（保健）食品时所用的赋形剂及其他附加物料。原料和辅料应当符合国家标准和卫生要求。无国家标准的，应当提供行业标准或者自行制定的质量标准，并提供与该原料和辅料相关的资料。功能性食品所使用的原料和辅料应当对人体健康安全无害。有限量要求的物质，其用量不得超过国家有关规定。

国家食品药品监督管理局公布的可用于保健食品的、卫生部公布或者批准可以食用的以及生产普通食品所使用的原料和辅料可以作为保健食品的原料和辅料。申请注册的保健食品所使用的原料和辅料不在此范围内的，应当按照有关规定提供该原料和辅料相应的安全性毒理学评价试验报告及相关的食用安全资料。功能性食品的原料应符合下列要求：

(1) 功能性食品生产所需原料的购入、使用等应制定验收、储存、使用、检验等制度，并由专人负责。

(2) 原料必须符合食品卫生要求，原料的品种、来源、规格和质量应与批准的配方及产品企业标准相一致。

(3) 采购原料必须按有关规定索取有效的检验报告单，属食品新资源的原料需索取卫生部批准证书（复印件）。

(4) 以菌类经人工发酵制得的菌丝体，或菌丝体与发酵产物的混合物及微生态类原料，必须索取菌株鉴定报告、稳定性报告及菌株不含耐药因子的证明资料。

(5) 以藻类、动物及动物组织器官等为原料的，必须索取品种鉴定报告。从动、植物中提取的单一有效物质或以生物、化学合成物为原料的，应索取该物质的理化性质及含量的检测报告。

(6) 对于含有兴奋剂或激素的原料，应索取其含量检测报告。经放射性辐射的原料，应索取辐照剂量的有关资料。

(7) 原料的运输工具等应符合卫生要求。应根据原料特点，配备相应的保温、冷藏、保鲜、防雨防尘等设施，以保证质量和卫生需要。运输过程不得与有毒、有害物品同车或同一容器混装。

(8) 原料购进后对来源、规格、包装情况进行初步检查，按验收制度的规定填写入库账、卡，入库后应向质检部门申请取样检验。

(9) 各种原料应按待检、合格、不合格分类存放，并有明显标志；合格备用的原料还应按不同批次分开存放。同一库内不得储存相互影响风味的原料。

(10) 对有温度、湿度及特殊要求的原料应按规定条件储存，一般原料的储存场所或仓库，应地面平整，便于通风换气，有防鼠、防虫设施。

（11）应制定原料的储存期，采用先进先出的原则。对不合格或过期原料应加注标志并及早处理。

（12）以菌类经人工发酵制得的菌丝体或以微生态类为原料的产品，应严格控制菌株保存条件，菌种应定期筛选、纯化，必要时进行鉴定，防止杂菌污染、菌种退化和变异产毒。

（二）生产过程

1. 制定生产操作规程

（1）工厂应结合自身产品的生产工艺特点，制定生产工艺规程及岗位操作规程　生产工艺规程需符合功能性食品加工过程中功效成分不损失、不破坏、不转化和不产生有害中间体的工艺要求，其内容应包括产品配方、各组分的制备、成品加工过程的主要技术条件及关键工序的质量和卫生监控点，如成品加工过程中的温度、压力、时间、pH、中间产品的质量指标等。

岗位操作规程应对各生产主要工序规定具体操作要求，明确各车间、工序和个人的岗位职责。

（2）各生产车间的生产技术和管理人员，应按照生产过程中各关键工序控制项目及检查要求，对每批次产品从原料配制、中间产品产量、产品质量和卫生指标等情况进行记录。

2. 原辅料的领取和投料

（1）投产前的原料必须进行严格的检查，核对品名、规格、数量，对于霉变、生虫、混有异物、感官性状异常、不符合质量标准要求的原料不得投产使用。凡规定有储存期限的原料，过期不得使用。液体的原辅料应过滤除去异物；固体原辅料需粉碎、过筛的应粉碎至规定细度。

（2）车间工作人员按生产需要领取原辅料，根据配方正确计算、称量和投料，配方原料的计算、称量及投料需两人复核后记录备查。

（3）生产用水的水质必须符合 GB 5749《生活饮用水卫生标准》的规定，对于特殊规定的工艺用水应按工艺要求进一步纯化处理。

3. 配料和加工

（1）产品配料前，需检查配料罐及容器管道是否清洗干净、是否符合工艺所要求的标准。利用发酵工艺生产用的发酵罐、容器及管道必须彻底清洁、消毒处理后，方能用于生产。每一班次都应做好器具清洁、消毒记录。

（2）生产操作应衔接合理，传递快捷、方便，防止交叉污染。应将原料处理、中间产品加工、包装材料和容器的清洁、消毒、成品包装和检验等工序分开设置。同一车间不得同时生产不同的产品，不同工序的容器应有明显标记，不得混用。

（3）生产操作人员应严格按照一般生产区与洁净区的不同要求，搞好个人卫生。生产人员因调换工作岗位有可能导致产品污染时，必须更换工作服、鞋、帽，重新进行消毒。用于洁净区的工作服、帽、鞋等必须严格清洗、消毒，每日更换，并且只允许在洁净区内穿用，不准带出区外。

（4）原辅料进入生产区，必须经过物料通道进入。凡进入洁净厂房、车间的物料，必须除去外包装。若外包装脱不掉，则要擦洗干净或换成室内包装桶。

（5）配制过程原、辅料必须混合均匀，需要热熔化、热提取或蒸发浓缩的物料必须严格控制加热温度和时间。需要调整含量、pH 等技术参数的中间产品，调整后须经对含量、pH、相对密度、防腐剂等重新测定复核。

（6）各项工艺操作，应在符合工艺要求的良好状态下进行。口服液、饮料等液体产品生产过程需要过滤的，应注意选用无纤维脱落且符合卫生要求的滤材，禁止使用石棉做滤材。胶囊、片剂、冲剂等固体产品，需要干燥的应严格控制烘房（箱）的温度与时间，防止颗粒融熔与变质；粉碎、压片、筛分或整粒设备，应选用符合卫生要求的材料制作，并定期清洗和维护，以避免铁锈及金属污染物的污染。

（7）产品压片、分装胶囊和冲剂、液体产品的灌装等均应在洁净室内进行，应控制操作室的温度、湿度。手工分装胶囊应在具有相应洁净级别的有机玻璃罩内进行，操作台不得低于 0.7m。

（8）配制好的物料须放在清洁的密闭容器中，及时进入灌装、压片和分装胶囊等工序，需储存的不得超过规定期限。

4. 包装容器的洗涤、灭菌和保洁

（1）应使用符合卫生标准和卫生管理办法规定的允许使用的食品容器、包装材料、洗涤剂、消毒剂。

（2）使用的空胶囊、糖衣等原料必须符合卫生要求，禁止使用非食用色素。

（3）产品包装用各种玻璃瓶（管）、塑料瓶（管）、瓶盖、瓶垫、瓶塞、铝塑包装材料等，凡是直接接触产品的内包装材料均应采取适当方法清洗、干燥和灭菌，灭菌后应置于洁净室内冷却备用。储存时间超过规定期限应重新洗涤、灭菌。

5. 产品杀菌

（1）各类产品的杀菌应选用有效的杀菌或灭菌的设备和方法。对于需要灭菌又不能热压灭菌的产品，可根据不同工艺和食品卫生要求，使用精滤、微波、辐照等方法，以确保灭菌效果。采用辐照灭菌方法时，应严格按照辐照食品卫生管理办法的规定，严格控制辐照吸收剂量和时间。

（2）应对杀菌或灭菌装置内温度的均一性、可重复性等定期做可靠性验证，对温度、压力等检测仪器定期校验。在杀菌或灭菌操作中，应准确记录温度、压力及时间等指标。

6. 产品灌装或装填

（1）每批待灌装或装填产品，应检查其质量是否符合要求，计算产出率，并与实际产出率进行核对。若有明显差异，必须查明原因，在得出合理解释并确认无潜在质量事故后，经品质管理部门批准后方可按正常产品处理。

（2）液体产品灌装，固体产品的造粒、压片及装填应根据相应要求在洁净区内进行。除胶囊外，产品的灌装、装填须使用自动机械装置，不得使用手工操作。

（3）灌装前应检查灌装设备、针头、管道等，是否用新鲜蒸馏水冲洗干净、消毒或灭菌。

（4）操作人员必须经常检查灌装及封口后的半成品质量，随时调整灌装（封）机器，保证灌封质量。

（5）凡需要灭菌的产品，从灌封到灭菌的时间，应控制在工艺规程要求的时间限度内。

（6）口服安瓿制剂及直形玻璃瓶等瓶装液体制剂灌封后应进行灯检。每批灯检结束后，必须做好清场工作，剔除品应标明品名、规格和批号，置于清洁容器中交专人负责处理。

7. 包装

（1）功能性食品的包装材料和标签应由专人保管，每批产品标签凭指令发放、领用，销毁的包装材料应有记录。

（2）经灯检和检验合格的半成品，在印字或贴签过程中，应随时抽查印字或贴签质量。印字要清晰，贴签要贴正、贴牢。

（3）成品包装内，不得夹放与食品无关的物品。

（4）产品外包装上，应标明最大承受压力（重量）。

8. 标识

（1）产品标识必须符合《保健食品标识规定》和 GB 7718《食品标签通用标准》的要求。

（2）功能性食品的产品说明书、标签的印制等应与卫生部批准的内容相一致。

9. 成品的储存和运输

（1）储存与运输的一般性卫生要求应符合 GB 14881《食品企业通用卫生规范》的要求。

（2）成品储存方式及环境应避光、防雨淋，温度、湿度应控制在适当范围，并避免撞击与振动。

（3）含有生物活性物质的产品应采用相应的冷藏措施，并以冷链方式储存和运输。

（4）非常温下保存的功能性食品，如某些微生态类功能性食品，应根据产品不同特性，按照要求的温度进行储运。

（5）仓库应有收、发货检查制度。成品出厂应执行"先产先销"的原则。

（6）成品入库应有存量记录。成品出库应有出货记录，内容至少包括批号、出货时间、地点、对象、数量等，以便发现问题及时回收。

（三）产品品质管理

工厂必须设置独立的与生产能力相适应的品质管理机构，直属工厂负责人领导。各车间设专职质检员，各班组设兼职质检员，形成一个完整而有效的品质监控体系，负责生产全过程的品质监督。

1. 品质管理制度的制定与执行

品质管理机构必须制定完善的管理制度，品质管理制度应包括以下内容：

（1）原辅料、中间产品、成品以及不合格品的管理制度。

（2）原料鉴别与质量检查、中间产品的检查、成品的检验技术规程，如质量规格、检验项目、检验标准、抽样和检验方法等的管理制度。

（3）留样观察制度和实验室管理制度。

（4）生产工艺操作核查制度。

（5）清场管理制度。

（6）各种原始记录和批生产记录管理制度。

（7）档案管理制度。

以上管理制度应切实可行、便于操作和检查。

必须设置与生产产品种类相适应的检验室和化验室，应具备对原料、半成品、成品进行检验所需的房间、仪器、设备及器材，并定期鉴定，使其经常处于良好状态。

2. 原料的品质管理

必须按照国家或有关部门规定设质检人员，逐批对原料进行鉴别和质量检查，不合格者不得使用。要检查和管理原料的存放场所，存放条件不符合要求的原料不得使用。

3. 加工过程的品质管理

找出制造过程中的危害分析关键控制点，至少要监控下列环节，并做好记录：

（1）投料的名称与重量（或体积）。

（2）有效成分提取工艺中的温度、压力、时间、pH 等技术参数。

（3）中间产品及成品的产出率及质量规格。

（4）直接接触食品的内包装材料的卫生状况。

（5）成品灭菌方法的技术参数。

要对重要的生产设备和计量器具定期检修，用于灭菌设备的温度计、压力计至少半年检修一次，并做检修记录。

应具备对生产环境进行监测的能力，并定期对关键工艺环境的温度、湿度、空气净化度等指标进行监测。

应具备对生产用水的监测能力，并定期监测。对品质管理过程中发现的异常情况，应迅速查明原因做好记录，并加以纠正。

4. 成品的品质管理

（1）必须逐批次对成品进行感官卫生及质量指标的检验，不合格产品不得出厂。

（2）应具备产品主要功效因子或功效成分的检测能力，并按每次投料所生产的产品的功效因子或主要功效成分进行检测，不合格产品不得出厂。

（3）每批产品均应有留样，留样应存放于专设的留样库（或区）内，按品种、批号分类存放，并有明显标志。应定期进行产品的稳定性实验。

（4）必须对产品的包装材料、标志、说明书进行检查，不合格产品不得使用。检查和管理成品库房存放条件，不得使用不符合存放条件的库房。

5. 品质管理的其他要求

（1）应对用户提出的质量意见和使用中出现的不良反应详细记录，并做好调查处理工作，并作记录备查。

（2）必须建立完整的质量管理档案，设有档案柜和档案管理人员，各种记录分类归档，保存 2～3 年备查。

（3）应定期对生产和质量进行全面检查，对生产和管理中的各项操作规程、岗位责任制进行验证。对检查或验证中发现的问题进行调整，定期向卫生行政部门汇报产品的生产质量情况。

6. 卫生管理

食品厂必须建立相应的卫生管理机构，对本单位的食品卫生工作进行全面管理。管理机构应配备经专业培训的专职或兼职的食品卫生管理人员。

（1）维修、保养工作　建筑物和各种机械设备、装置、设施、给排水系统等均应保持良好状态，确保正常运行和整齐洁净，不污染食品。建立健全维修保养制度，定期检查、维修，杜绝隐患，防止污染食品。

（2）清洗和消毒工作　应制订有效的清洗及消毒方法和制度，以确保所有场所清洁卫生，防止污染食品。使用清洗剂和消毒剂时，应采取适当措施，防止人身、食品受到污染。

（3）除虫、灭害的管理　厂区应定期或在必要时进行除虫灭害工作，要采取有效措施防止鼠类、蚊、蝇、昆虫等的聚集和滋生。对已经发生的场所，应采取紧急措施加以控制和消灭，防止蔓延和对食品的污染。

使用各类杀虫剂或其他药剂前，应做好对人身、食品、设备工具的污染和中毒的预防措施，用药后将所有设备、工具彻底清洗，消除污染。

(4) 有毒有害物管理　清洗剂、消毒剂、杀虫剂以及其他有毒有害物品，均应有固定包装，并在明显处标示“有毒品”字样，储存于专门库房或柜橱内，加锁并由专人负责保管，建立管理制度。

使用时应由经过培训的人员按照使用方法进行，防止污染和人身中毒。除卫生和工艺需要，均不得在生产车间使用和存放可能污染食品的任何种类的药剂。各种药剂的使用品种和范围，须经省（自治区、直辖市）卫生监督部门同意。

(5) 饲养动物的管理　厂内除供实验动物和待加工禽畜外，一律不得饲养家禽、家畜。应加强对实验动物和待加工禽畜的管理，防止污染食品。

(6) 污水、污物的管理　污水排放应符合国家规定标准，不符合标准者应采取净化措施，达标后排放。厂区设置的污物收集设施，应为密闭式或带盖，要定期清洗、消毒，污物不得外溢，应于24h之内运出厂区处理。做到日产日清，防止有害动物集聚滋生。

(7) 副产品的管理　副产品（加工后的下料和废弃物）应及时从生产车间运出，按照卫生要求，储存于副产品仓库，废弃物则收集于污物设施内，及时运出厂区处理。使用的运输工具和容器应经常清洗、消毒，保持清洁卫生。

(8) 卫生设施的管理　洗手、消毒池，靴、鞋消毒池，更衣室、淋浴室、厕所等卫生设施，应有专人管理，建立管理制度，责任到人，应经常保持良好状态。

(9) 工作服的管理　工作服包括淡色工作衣、裤、发帽、鞋靴等，某些工序（种）还应配备口罩、围裙、套袖等卫生防护用品。工作服应有清洗保洁制度。凡直接接触食品的工作人员必须每日更换。其他人员也应定期更换，保持清洁。

(10) 健康管理　食品厂全体工作人员，每年至少进行一次体格检查，没有取得卫生监督机构颁发的体检合格证者，一律不得从事食品生产工作。

对直接接触入口食品的人员还须进行粪便培养和病毒性肝炎带毒试验。凡体检确认患有：肝炎（病毒性肝炎和带毒者）；活动性肺结核；肠伤寒和肠伤寒带菌者；细菌性痢疾和痢疾带菌者；化脓性或渗出性脱屑性皮肤病；其他有碍食品卫生的疾病或疾患的人员均不得从事食品生产工作。

子情境3　功能性食品的管理

一、功能性食品的申报、审批

功能性食品的项目审批依据是《中华人民共和国食品安全法》、《中华人民共和国行政许可法》和国家食品药品监督管理局颁布的《保健食品注册管理办法（试行）》。这里的“保健食品”就是功能性食品，以下均称为“保健食品”。

（一）审批机构

国家食品药品监督管理局（SFDA）主管全国保健食品注册管理工作，负责对保健食品的审批。SFDA 药品注册司具体承担保健食品的审批职责。

省、自治区、直辖市食品药品监督管理部门受国家食品药品监督管理局委托，负责对国产保健食品注册申请资料的受理和形式审查，对申请注册的保健食品试验和样品试制的现场进行核查，组织对样品进行检验。

SFDA 保健食品评审中心负责组织保健食品技术审评。委员会的组成从专家库随机抽取所需数量的专家组成，由评审中心指定主任委员和副主任委员。

国家食品药品监督管理局确定的检验机构负责申请注册的保健食品的安全性毒理学试验、功能学试验（包括动物试验和/或人体试食试验）、功效成分或标志性成分检测、卫生学试验、稳定性试验等；承担样品检验和复核检验等具体工作。

（二）申请与审批

保健食品产品注册申请包括国产保健食品注册申请和进口保健食品注册申请。国产保健食品注册申请，是指申请人拟在中国境内生产和/或销售保健食品的注册申请。进口保健食品注册申请，是指已在中国境外生产销售 1 年以上的保健食品拟在中国境内上市销售的注册申请。

保健食品的申请与审批主要包括 6 方面：产品注册申请与审批；产品技术转让注册申请与审批；变更申请与审批；注册时限；保健食品技术审评结论；保健食品批准证有效期和批准文号的格式。

1. 产品注册申请与审批

（1）国产保健食品产品注册申请申报资料项目　国产保健食品产品注册申请所附资料内容包括如下：

① 国产保健食品注册申请表。

② 申请人营业执照或身份证或其他机构合法登记证明文件复印件。

③ 保健食品的通用名称与已经批准注册的药品名称不重名的检索材料。

④ 申请人对他人已取得的专利不构成侵权的保证书。

⑤ 商标注册证复印件（未注册商标的不需提供）。

⑥ 产品研发报告。

⑦ 产品配方及配方依据，原辅料的来源及使用依据。

⑧ 功效成分/标志性成分、含量及功效成分/标志性成分的检验方法。

⑨ 生产工艺简图、详细说明及有关的研究资料。

⑩ 产品质量标准（企业标准）和起草说明以及原辅料的质量标准。

⑪ 直接接触产品的包装材料的种类、名称、质量标准及选择依据。

⑫ 检验机构出具的检验报告，主要包括：

a. 试验申请表；

b. 检验单位的检验受理通知书；

c. 安全性毒理学试验报告；

d. 功能学试验报告；

e. 兴奋剂、违禁药物等检测报告（申报缓解体力疲劳、减肥、改善生长发育功能的注册申请）；

f. 功效成分检测报告；

g. 稳定性试验报告；

h. 卫生学试验报告；

i. 其他检验报告（如原料鉴定报告、菌种毒力试验报告等）。

⑬ 产品标签、说明书样稿。

⑭ 其他有助于产品审评的资料。

⑮ 未启封的最小销售包装的样品 2 件。

（2）申请人

① 保健食品注册申请人，是指提出保健食品注册申请承担相应法律责任，并在该申请获得批准后持有保健食品批准证书者。

② 境内申请人应当是在中国境内合法登记的公民、法人或者其他组织。

③ 境外申请人应当是境外合法的保健食品生产厂商。境外申请人办理进口保健食品注册，应当由其驻中国境内的办事机构或者由其委托的中国境内的代理机构办理。

（3）国产保健食品注册申请与审批程序　国产保健食品注册申请与审批程序见图 3-1。

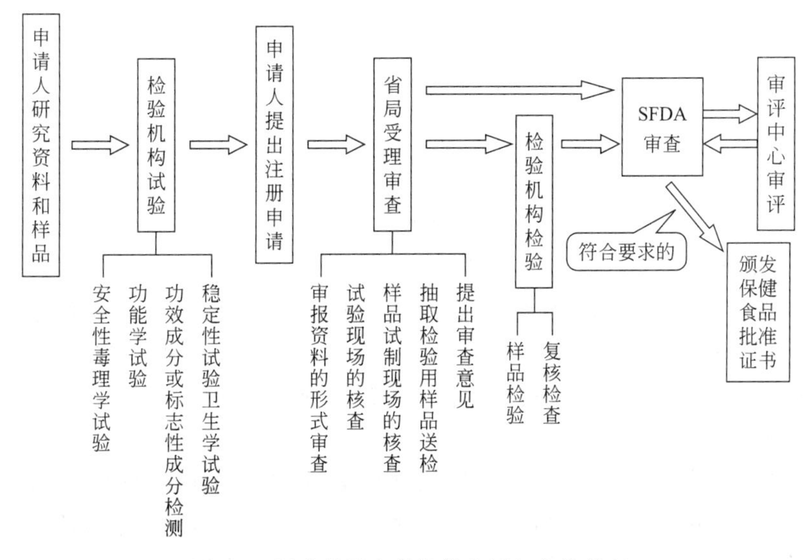

图 3-1　国产保健食品注册申请与审批程序

① 检验。根据产品功能，到认可的检验机构进行卫生学、稳定性、毒理学、功能学检测，检验机构接受企业的委托，完成企业要求的检测后，为企业提供相关的检测报告。

② 整理申报资料。根据国家食品药品监督管理局（SFDA）的要求，整理一套符合评审规范的资料。

③ 申请初审。到当地省级食品药品监督管理部门申请参加保健食品初审。

④ 申请终审产品。初审后，根据初审委员会的意见，进一步完善申报资料，取得当地食品药品监督管理部门同意上报的许可后，到 SFDA 监督审批办公室申请参加终审。

⑤ 终审。SFDA 监督审批办公室对申请终审的产品资料进行初步审核，认为符合终审要求的，组织安排 SFDA 保健食品评审委员会的终审。

终审结束后，评委会如认为产品符合或基本符合保健食品的要求，则企业根据评委会的意见，对产品质量标准或标签、说明书等进行相应的修改后，重新将产品资料送至 SFDA 食品监督审批办公室，审批办公室将产品资料进行进一步的审核或直接进入上报 SFDA 批复流程。如评委会认为该产品需补做某些试验，或应提供某些重要资料，则该产品可能会重新参加大会评审。如评委会认为该产品不宜作为保健食品申报，则在报请 SFDA 同意后，通知企业领取不予批准意见通知书。

（4）进口保健食品注册申请与审批程序　进口保健食品注册申请与审批程序见图 3-2。

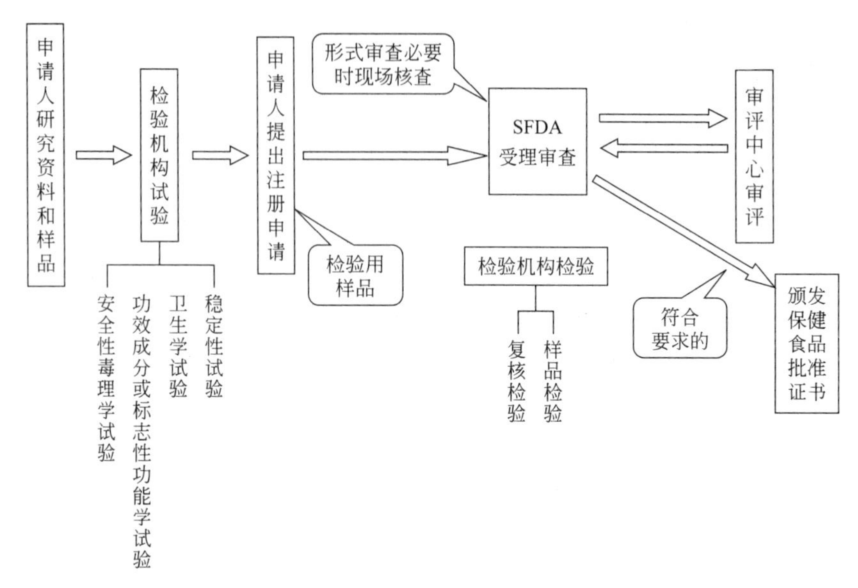

图 3-2　进口保健食品注册申请与审批程序

（5）进口与国产保健食品注册的区别

① 国产保健食品：取得国产保健食品批准证书后，还需向卫生行政部门申请生产卫生许可证。卫生行政部门需对其生产条件进行考查，对符合要求的颁发生产卫生许可证。取得生产卫生许可证后方可进行生产、销售。在审批过程中，必须对每个申请注册的产品试验和样品试制现场进行核查。

② 进口保健食品：取得进口保健食品批准证书后，经进出口检验检疫部门检验合格，海关便可准许其直接进入我国市场销售。在审批过程中，必要时对申请注册产品的试验和样品试制现场进行核查。申请注册的产品需在生产国（地区）生产销售 1 年以上。

2. 产品技术转让注册申请与审批

保健食品技术转让产品注册申请是指保健食品批准证书的持有者，将产品生产销售权和生产技术全权转让给保健食品生产企业，并与其共同申请为受让方核发新的保健食品批准证书的行为。接受转让的保健食品生产企业，必须是依法取得保健食品卫生许可证并符合《保健食品良好生产规范》的企业。

（1）国产保健食品技术转让产品注册申请与审批程序　国产保健食品技术转让产品注册申请与审批程序见图 3-3。

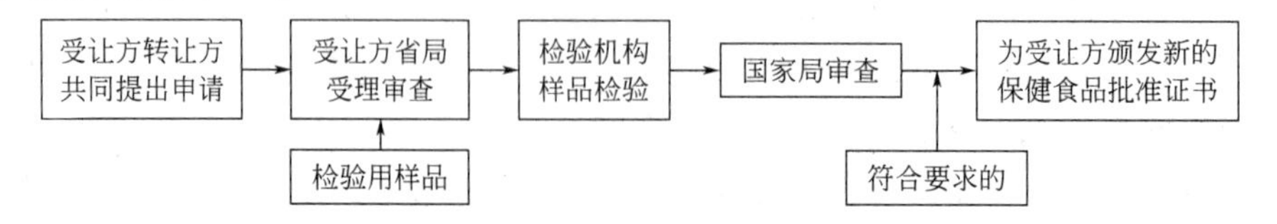

图 3-3　国产保健食品技术转让产品注册申请与审批程序

注：新的批准证书与原证书的批准文号和有效期保持一致

(2) 进口保健食品技术转让产品注册申请与审批程序　进口保健食品技术转让产品注册申请与审批程序见图 3-4。

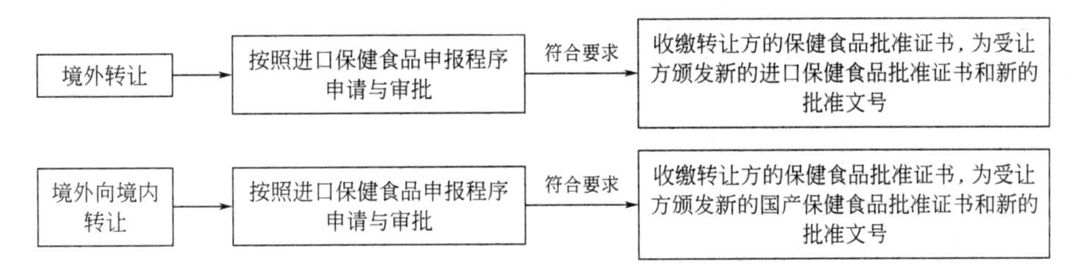

图 3-4　进口保健食品技术转让产品注册申请与审批程序

注：安全毒理学试验和功能学试验报告可使用转让方原申请注册使用的资料

(3) 技术转让产品注册申请申报资料具体要求

① 所有申报资料均应加盖转让方和受让方印章。

② 转让方与受让方签订的技术转让合同中应包含以下内容。转让方将转让产品的配方、生产工艺、质量标准及与产品生产有关的全部技术资料全权转让给受让方，并指导受让方生产出连续三批的合格产品。转让方应承诺不再生产和销售该产品。

③ 技术转让合同应清晰、完整，不得涂改，应经中国境内公证机关公证。

④ 省级保健食品生产监督管理部门出具的受让方的卫生许可证及符合《保健食品良好生产规范》的证明文件应在有效期内，载明的企业名称应与受让方名称一致，许可范围应包含申报产品。

⑤ 进口保健食品技术转让产品注册申报资料还需符合以下要求：

a. 申请人委托境内代理机构办理注册事务的，需提供委托书原件（委托书应符合进口产品申报资料要求中有关委托书的要求）。

b. 进口保健食品在境外转让的，合同需经受让方所在国（地区）公证机关公证和驻所在国中国使（领）馆确认。应译为规范的中文，并经中国境内公证机关公证。

3. 变更申请与审批

(1) 变更申请是指申请人提出变更保健食品批准证书及其附件所载明内容的申请。

(2) 申请人应当是保健食品批准证书的持有者。

(3) 保健食品变更批件的有效期与原批准证书的有效期相同。

(4) 证书及其附件所载明的下列内容不得变更：功能名称、原料、工艺、食用方法以及其他可能影响安全、功能的内容。

(5) 变更下列内容需报国家局审批：缩小适宜人群范围，增加不适宜人群范围、注意事项、功能项目，减少食用量，改变保健食品的产品名称、产品规格、保质期、辅料和进口保健食品内部改变生产场地。

(6) 报国家食品药品监督管理局备案：变更申请人自身名称、地址及境内代理机构（申请人应在该事项变更后的 20 日内）。

(7) 进口保健食品变更申请直接报国家局审批。对符合要求的，颁发保健食品变更批件。保健食品变更申请申报资料具体要求如下：

① 申请人应当是保健食品批准证书持有者。

② 申请变更保健食品批准证书及其附件载明的内容的，申请人应当提交书面变更申请并写明变更事项的具体名称、理由及依据，注明申请日期，加盖申请人印章。

③ 申报资料中所有复印件均应加盖申请人印章。

④ 需提交试验报告的，试验报告应由国家食品药品监督管理局确定的机构出具。

⑤ 进口保健食品变更申请除按上述要求提供资料外，若申请人委托境内的代理机构办理变更事宜的，还需提供经公证的委托书原件（委托书应符合新产品申报资料要求中对委托书的要求）。

4. 注册时限（工作日）

（1）受理时限5日。

（2）省局初审时限新产品注册申请15日，变更与技术转让产品注册申请10日。

（3）国家局审查时限

① 新产品注册申请50日。

② 变更申请不需要检验的50日，需要检验的60日。

③ 国产保健食品技术转让产品注册申请20日。

④ 检验机构检验时限。新产品的检验时限（样品检验、复核检验）50日。变更申请和技术转让产品注册申请检验时限30日。

⑤ 总的审查时限。新产品注册申请国产产品100日；进口产品90日。变更申请65～75日。国产保健食品技术转让申请65日。

⑥ 批准证书送达时限10日。

⑦ 需要补充资料的注册申请的审查时限新产品在原审查时限的基础上延长30日，变更申请延长10日。

5. 保健食品技术审评结论

保健食品技术审评结论包括下列结论：

（1）建议批准　指产品均符合要求，未发现问题者。

（2）补充资料后，建议批准。

① 修改说明书、标签。

② 需要对质量标准进行文字或格式修改。

③ 修改产品名称。

④ 工艺基本合理，需要提供个别技术参数或对工艺个别部分进行详细说明。

⑤ 需要提供某些原料的品种或菌种鉴定报告。

⑥ 配方依据不完善，需要补充时。

⑦ 需要补充功效成分、标志性成分指标者。

⑧ 提供某些原料质量标准或来源说明。

⑨ 卫生学/稳定性需要补充非功效成分及污染物指标。

⑩ 安全性和功效试验真实合格基础上，报告格式不合格，需重新出具或补做Ames试验的某指标。

（3）补充资料后，大会再审。

① 检验报告项目不全或检验方法或试验设计不符合有关规定要求者，需要补（重）做某试验，如毒理学、功能学。

② 需提供配方的支持试验和国内外研究资料。

③ 缺少原料制备工艺或产品生产工艺不清者。

④ 无功效成分、标志性成分或关键功效成分、标志性成分指标，需提供功效成分、标

志性成分的检验结果，

⑤ 企业标准缺项或其中的指标不适宜，需要重新提供者。

(4) 建议不批准

① 生产工艺不合理，工艺过程中可能会产生有害物质。

② 产工艺不合理，所用的工艺和物料可能会产生安全性方面的问题。

③ 生产工艺对配方中主要功效成分、标志性成分会产生破坏作用者。

④ 功能试验结果不支持其保健功能者。

⑤ 毒理学试验结果提示其存在着潜在的安全性问题。

⑥ 稳定性试验和卫生学检查结果表明不支持其安全性、有效性和质量可控性。

⑦ 2/3 以上（含 2/3）的专家同意"建议不批准"者。

(5) 咨询　包括新的技术问题、共性技术问题、共性管理问题、需要征求更多专家的意见时。

(6) 违规　违规是提供的产品配方不真实，伪造试验数据以及其他弄虚作假的情况。采取的处理办法是上报 SFDA 和按照相关规定进行处理。

6. 保健食品批准证书有效期和批准文号的格式

保健食品批准证书有效期为 5 年，国产保健食品批准文号的格式国食健字 G+4 位年代号+4 位顺序号，进口保健食品批准文号的格式国食健字 J+4 位年代号+4 位顺序号。

二、保健（功能）食品的生产经营

在生产保健食品前，食品生产企业必须向所在地的省级卫生行政部门提出申请，经省级卫生行政部门审查同意并在申请者的卫生许可证上加注"××保健食品"的许可项目后方可进行生产。

(1) 申请生产保健品时，必须提交下列材料

① 有直接管辖权的卫生行政部门发放的有效食品生产经营卫生许可证。

②《保健食品批准证书》正本或副本。

③ 生产企业制订的保健食品企业标准、生产企业卫生规范及制订说明。

④ 技术转让或合作生产的，应提交与《保健食品批准证书》的持有者签订的技术转让或合作生产的有效合同书。

⑤ 生产条件、生产技术人员、质量保证体系的情况介绍。

⑥ 三批产品的质量与卫生检验报告。

(2) 未经卫生部审查批准的食品，不得以保健食品名义生产经营；未经省级卫生行政部门审查批准的企业，不得生产保健食品。

(3) 保健食品生产者必须按照批准的内容组织生产，不得改变产品的配方、生产工艺、企业产品质量标准以及产品名称、标签、说明书等。

(4) 保健食品的生产过程、生产条件必须符合相应的食品生产企业卫生规范或其他有关卫生要求。选用的工艺应能保持产品功效成分的稳定性。加工过程中功效成分不损失，不破坏，不转化和不产生有害的中间体。

(5) 应采用定型包装。直接与保健食品接触的包装材料或容器必须符合有关卫生标准或卫生要求。包装材料或容器及其包装方式应有利于保持保健食品功效成分的稳定。

(6) 保健食品经营者采购保健食品时，必须索取卫生部发放的《保健食品批准证书》复

印件和产品检验合格证。采购进口保健食品应索取《进口保健食品批准证书》复印件及口岸进口食品卫生监督检验机构的检验合格证。

三、产品标签、说明书及广告宣传

1. 保健食品的名称

保健食品的名称应当由品牌名、通用名、属性名三部分组成。品牌名可以采用产品的注册商标或其他名称；通用名应当准确、科学，不得使用明示或者暗示治疗作用以及夸大功能作用的文字；属性名应当表明产品的客观形态，其表述应规范、准确。

保健食品产品名称除符合《保健食品注册管理办法》的有关规定外，还应符合下面要求。

（1）符合国家有关法律、法规、规章、标准、规范的规定。

（2）反映产品的真实属性，简明、易懂，符合中文语言习惯。

（3）通用名不得使用已经批准注册的药品名称。

（4）品牌名后应加“牌”字。如为注册商标的，可在品牌名后加（应提供商标注册证明，商标受理通知书无效）。

（5）进口产品中文名称应与外文名称对应。可采用意译、音译或意、音合译，一般以意译为主。

（6）保健食品命名时不得使用下列内容：

① 消费者不易理解的专业术语及地方方言。

② 虚假、夸大和绝对化的词语，如“高效”、“第×代”。

③ 庸俗或带有封建迷信色彩的词语。

④ 外文字母、符号、汉语拼音等（注册商标除外）。

⑤ 不得使用与功能相关的谐音词（字）。

⑥ 不得使用人名、地名、代号。

2. 保健食品标签基本原则

（1）标签的所有内容，不得以错误的、引起误解的或欺骗性的方式描述或介绍产品。

（2）标签的所有内容，不得以直接或间接暗示性语言、图形、符号，导致消费者将产品或产品的某一性质与另一产品混淆。

（3）标签的所有内容，必须符合国家法律和法规的规定，并符合相应产品标准的规定。

（4）标签的所有内容，必须通俗易懂、准确、科学。

3. 保健食品标签和说明书应标明下列内容

（1）保健作用和适宜人群。

（2）食用方法和适宜的食用量。

（3）储藏方法。

（4）功效成分的名称及含量。因在现有技术条件下，不能明确功效成分的，则须标明与保健功能有关的原料名称。

（5）保健食品批准文号。

（6）保健食品标志。

（7）有关标准或要求所规定的其他标签内容。

4. 产品说明书格式

产品说明书

本品是由××、××为主要原料制成的保健食品，经动物和/或人体试食功能试验证明，具有××的保健功能（注：营养素补充剂无需标“动物和/或人体试食功能试验证明”字样，只需注明“具有补充××的保健作用”即可）。

【主要原辅料】（按配方书写顺序列出主要原辅料。）

【功效成分/标志性成分或标志性成分及含量】每100g（100mL）含量（功效成分/标志性成分或标志性成分的含量。含量应为确定值。营养素补充剂还应标注最小食用单元的营养素含量）。

【保健功能】（按申报的保健功能名称书写）。

【适宜人群】

【不适宜人群】

【食用方法及食用量】（每日××次，每次××量，如有特殊要求，应注明）。

【规格】（标示最小食用单元的净含量。按以下计量单位标明净含量）。

（1）液态保健食品　用体积，单位为毫升或mL。

（2）固态与半固态保健食品用质量，单位为毫克、克或mg、g。

（3）如有内包装的制剂，如胶囊（软胶囊）等，其质量系指内容物的质量。

【保质期】（以月为单位计）。

【储藏方法】

【注意事项】本品不能代替药物（还应根据产品特性增加注意事项）。

5. 保健食品的广告宣传

（1）保健食品的标签、说明书和广告内容必须真实，符合其产品质量要求。不得有暗示可使疾病痊愈的宣传。

（2）严禁利用封建迷信进行保健食品的宣传。

（3）未经卫生部审查批准的食品，不得以保健食品名义进行宣传。

四、保健（功能）食品的监督管理

根据《食品卫生法》以及卫生部有关规章和标准，各级卫生行政部门应加强对保健食品的监督、监测及管理。卫生部对已经批准生产的保健食品可以组织监督抽查，并向社会公布抽查结果。

卫生部可根据以下情况确定对已经批准的保健食品进行重新审查：

1. 科学发展后，对原来审批的保健食品的功能有认识上的改变。

2. 产品的配方、生产工艺，以及保健功能受到可能有改变的质疑。

3. 保健食品监督监测工作的需要。

保健食品生产经营者的一般卫生监督管理，按照《食品卫生法》及有关规定执行。

五、罚则

1. 凡有下列情形之一者，由县级以上地方人民政府卫生行政部门按食品食品安全法相关规定进行处罚。

（1）未经卫生部按本办法审查批准，而以保健食品名义生产、经营的。

（2）未按保健食品批准进口，而以保健食品名义进行经营的。

（3）保健食品的名称、标签、说明书未按照核准内容使用。

2. 保健食品广告中宣传疗效或利用封建迷信进行保健食品宣传的，按照国家工商行政管理局和卫生部《食品广告管理办法》的有关规定进行处罚。

3. 违反《食品安全法》或其他有关卫生要求的，依照相应规定罚。

复习思考题

1. 功能性食品为什么要进行安全毒理学评价？
2. 功能学评价时应考虑哪些原则？
3. 进行动物学试验时对动物的选择要求？
4. 概要说明我国对功能性食品管理的一般原则。
5. 根据本章阐述的功能性食品管理的各项规定，谈谈在开发和生产功能性食品时应注意的问题。
6. 简述功能性食品申报审批程序。

学习情境四

功效成分的检测

学习目标

- 了解功能性食品中功效成分的基础知识。
- 知道功效成分的一般食物来源和保健作用。
- 会功效成分的常规检测方法。
- 能通过本学习情境的学习学会实验室常规仪器的使用。
- 能通过各子情境的学习学会检验室人员、卫生、安全和仪器设备等的管理。

子情境1　低聚糖——低聚果糖和异麦芽低聚糖的测定

低聚糖（Oligosaccharide，或称寡糖）集营养、保健、食疗于一体，广泛应用于食品、保健品、饮料、医药和饲料添加剂等领域。低聚糖是大豆中所含可溶性碳水化合物的总称，其主要成分为水苏糖、棉子糖和蔗糖，大豆低聚糖制品主要有糖浆状、颗粒状、粉末状等，其甜度约为蔗糖的70%，热值为蔗糖的50%，且具有良好的热、酸稳定性。它是替代蔗糖的新型功能性糖源，是面向21世纪"未来型"新一代功效食品。成熟的大豆中，功能性低聚糖含量为5%。

低聚糖是指含有2～10个糖苷键聚合而成的化合物，糖苷键是一个单糖的苷羟基和另一单糖的某一羟基缩水形成的。它们常常与蛋白质或脂类共价结合，以糖蛋白或糖脂的形式存在。低聚糖通常通过糖苷键将2～4个单糖连接而成小聚体，它包括功能性低聚糖和普通低聚糖，这类寡糖的共同特点是：难以被胃肠消化吸收、甜度低、热量低、基本不增加血糖和血脂。最常见的低聚糖是二糖，亦称双糖，是两个单糖通过糖苷键结合而成的，连接它们的共价键类型主要两大类：*N*-糖苷键型和*O*-糖苷键型。

低聚糖的保健作用：

（1）改善人体内微生态环境，有利于双歧杆菌和其他有益菌的增殖，经代谢产生有机酸使肠内pH降低，抑制肠内沙门氏菌和腐败菌的生长，调节胃肠功能，抑制肠内腐败物质，改变大便性状，防治便秘，并增加维生素合成，提高人体免疫功能；

（2）低聚糖类似水溶性植物纤维，能改善血脂代谢，降低血液中胆固醇和甘油三酯的含量；

（3）低聚糖属非胰岛素所依赖，不会使血糖升高，适合于高血糖人群和糖尿病人食用；

(4) 由于难被唾液酶和小肠消化酶水解，发热量很低，很少转化为脂肪；

(5) 不被龋齿菌形成基质，也没有凝结菌体作用，可防龋齿。

一、方法提要

低聚糖各组分用高效液相色谱法分离并定量测定，以乙腈、水作流动相在碳水化合物分析柱上糖的分离顺序是先单糖后双糖，先低聚后多聚，以示差折射检测器检测。

低聚糖的检测有外标法和内标法，但由于功能性食品一般只需报告低聚糖的总量，故可用厂家提供的基料作对照样，在相同的分离条件下以面积比值法求出样品中低聚糖含量。

二、仪器

高效液相色谱仪：Waters HPLC，510 泵，410 示差折射检测器，数据处理装置；超声波振荡器；微孔过滤器（滤膜 0.45μm）。

三、试剂

乙腈（色谱纯）。

水（三蒸水并经 Milli-Q 超纯处理）。

低聚糖对照品：低聚糖难得纯品，故可用厂家提供的基料为对照品。

低聚果糖（Fructooligosaccharide）：

国产：一般含蔗果三糖（GF_2）、蔗果四糖（GF_3）、蔗果五糖（GF_4），液状基料：含量约>35%，固状基料：含量约>50%。

进口：从蔗果三糖（GF_2）至蔗果七糖（GF_6）有液状、固状，30%～96%多种规格。异麦芽低聚糖：有液状、固状，一般含量>50%。

对照样品溶液：根据保健食品所强化的品种，准确称取低聚果糖或异麦芽低聚糖基料分别于 100mL 的容量瓶中，加水溶解并稀释至刻度，配成低聚果糖约 5～10mg/mL 或异麦芽低聚糖约 5～10mg/mL 的对照样品溶液。

四、测定步骤

1. 样品处理

(1) 胶囊、片剂、颗粒、冲剂、粉剂（不含蛋白质）的样品　用精度 0.0001g 的分析天平准确称取已均匀的样品（由于低聚糖原料含量不一，样品中的强化量也不同，所以样品的称量应控制在使低聚糖最终的进样浓度约 5～10mg/mL 为宜），于 100mL 容量瓶中，加水约 80mL 于超声波振荡器中振荡提取 30min，加水至刻度，摇匀，用 0.45μm 滤膜过滤后直接这样测定。

(2) 奶制品（含蛋白质）的样品　准确吸取 50mL 于小烧杯中，加 25mL 无水乙醇，加热使蛋白质沉淀，过滤，滤液经浓缩并用水定容至 25mL 刻度。

(3) 饮料或口服液样品　准确吸取一定量的样品，加水稀释，定容至一定体积使低聚糖的最终进样浓度约 5～10mg/mL。

(4) 果冻或布丁类样品　果冻类样品先均匀搅碎，称量，加适量水并加热至 60℃左右助溶．并于超声波振荡器中振荡提取，然后用水稀释至一定体积。

布丁类样品可按奶制品处理。

2. 色谱分离条件

色谱柱：Waters碳水化合物分析柱3.9mm×300mm；柱温：35℃；流动相：乙腈+水(75+25)；流速：1～2mL/min；检测器灵敏度：16X；进样量：10～25μL。

3. 样品测定

取样品处理液和对照品溶液各10～25μL注入高效液相色谱仪进行分离。以对照品峰的保留时间定性，以其峰面积计算出样液中被测物质的含量。

低聚糖的分离顺序为：

低聚果糖：果糖+葡萄糖、蔗糖、蔗果三糖（GF_2）……蔗果七糖（GF_6）

异麦芽低聚糖：葡萄糖、麦芽糖、异麦芽糖、潘糖（pentose)、异麦芽三糖、异麦芽四糖、异麦芽四糖以上。

五、结果计算

1. 糖占总糖的百分含量

因为各组分均为同系物，所以可用面积归一法计算低聚糖各组分总面积值及各组分占固形物（总糖）的百分含量。

$$低聚果糖占总糖=\frac{S_3+S_4+\cdots\cdots S_7}{S_1+S_2+S_3+S_4+\cdots\cdots S_7}\times 100\%$$

式中　S_1——果糖+葡萄糖的峰面积；

S_2——蔗糖的峰面积；

$S_3+\cdots\cdots S_7$——蔗果三糖（GF_2）……蔗果七糖（GF_6）的峰面积。

$$异麦芽低聚糖占总糖=\frac{S_3+S_4+\cdots\cdots S_7}{S_1+S_2+S_3+S_4+\cdots\cdots S_7}\times 100\%$$

式中　S_1——葡萄糖的峰面积；

S_2——麦芽糖的峰面积；

$S_3+\cdots\cdots S_7$——异麦芽糖、潘糖、异麦芽三糖、异麦芽四糖、异麦芽四糖以上的峰面积。

（注：以上数值均可在积分仪中直接读出。）

2. 低聚糖在样品中的百分含量

$$低聚糖=\frac{S\times m_1\times V\times c}{S_1\times m\times V_1}\times 100\%$$

式中　S——样品中各低聚糖组分的峰面积总和；

S_1——对照样品溶液中各低聚糖组分的峰面积总和；

m_1——对照样品质量（g)；

c——对照样品中各低聚糖组分占固形物（总糖）实测的百分含量；

① 此项由结果计算五（1）求出。

② 如对照样品为液体基料还应乘以固形物的含量：

V——样品定容体积（mL)；

V_1——对照样品定容体积（mL)；

m——样品质量（g)。

举例：

(1) 样品（约含低聚果糖65%）称样量0.7760g溶于水中并定容至100mL。

(2) 对照样品：比利时进口低聚果糖GF_2至GF_6（企业标示量占总糖为>92%)，准确称取 0.5770g 溶于水中并定容至 100mL。

(3) 样品及对照样品进样量分别为 25μL。

(4) 用 HPLC 面积归一法验证对照样品低聚糖各组分面积值总和：418326；及各组分占固形物（总糖）的百分含量：93.99%。

(5) 用 HPLC 面积归一法计算样品低聚糖各组分面积值总和：417532。

(6) 样品中低聚果糖的百分含量：

$$\text{低聚果糖百分含量}=\frac{417532\times0.9399\times0.5770\times100}{418326\times0.776\times100}\times100\%=69.75\%$$

六、小注

1. 低聚果糖或异麦芽低聚糖是由酶将蔗糖（或淀粉）水解为果糖与葡萄糖或麦芽糖与葡萄糖以国产低聚果糖为例其结构式 G—F—F_n，($n=1\sim3$)，G—F 为蔗糖（由 G 代表葡萄糖，F 代表果糖构成），GF_2 即一分子葡萄糖和二分子果糖称蔗果三糖，GF_4 称蔗果五糖。

2. 低聚糖难得纯品，因酶反应产物中除各种蔗果糖外，还残留下不少葡萄糖、果糖和蔗糖（或麦芽糖）；另经有关文献检索，低聚糖亦未见有准确的定量方法，其原因是低聚糖的分离其响应因子依赖于分子内部链的长短，故准确定量较难，本方法是根据自己的实践，采用强化在保健食品中的基料作对照样，而建立的新方法。

3. 两种低聚糖（低聚果糖、异麦芽低聚糖）共存于同一食品中，低聚糖各组分用以上的分离条件难以分开，表现为许多组分重叠，干扰了正常定量，但将两组色谱图叠加进行比较，异麦芽三糖为一独立峰，因而可以用其对异麦芽低聚糖进行定量分析。把两组对照样色谱图中低聚糖各组分的峰面积相加，得出总的峰面积，再求出其中低聚果糖所占的百分比，求出一个校正因子（注意：一定要换算成相同的浓度单位）。从样品色谱图中把低聚糖各组分总的峰面积乘以其百分比就可求出低聚果糖的含量（但要注意样品中含其他糖如蔗糖的干扰）。

4. 食品的化学构成比较复杂，某些功能性食品在生产工艺过程中会带来杂质和赋形剂及其中一些组分（如淀粉、麦片、豆粉）的变性而干扰本法的测定，故在样品处理中应尽量去除并参考六、3. 的定量方法。

5. 本法也适用于其他低聚糖的测定。

子情境 2　活性多糖的测定

活性多糖是指具有某种特殊生理活性的多糖化合物，如真菌多糖、植物多糖等。植物多糖如枸杞多糖、香菇多糖、黑木耳多糖、海带多糖、松花粉多糖等多数是蛋白多糖，具有双向调节人体生理节奏的功能。活性多糖广泛存在于动物、植物和微生物细胞壁中，毒性小、安全性高、功能广泛，具有非常重要与特殊的生理活性，是由醛基和酮基通过苷键连接的高分子聚合物，也是构成生命的四大基本物质之一。某些多糖，如纤维素和几丁质，可构成植物或动物骨架。淀粉和糖原等多糖可作为生物体储存能量的物质。不均一多糖通过共价键与蛋白质构成蛋白聚糖发挥生物学功能，如作为机体润滑剂、识别外来组织的细胞和血型物质的基本成分等。

活性多糖的保健作用：参与生物体的免疫调节，参与生命细胞的各种活动，降血糖、降血脂、抗炎症、抗氧化、抗衰老、抗肿瘤等。20 世纪 50 年代发现真菌多糖具有抗癌作用，后来又发现地衣、花粉及许多植物均含有多糖类化合物。

一、枸杞子多糖含量的测定方法（分光光度法）

1. 方法提要

先用 80％乙醇提取以除去单糖、低聚糖、甙类及生物碱等干扰成分，然后用蒸馏水提取其中所含的多糖类成分。多糖在硫酸作用下，水解成单糖，并迅速脱水生成糠醛衍生物，与苯酚缩合成有色化合物，用分光光度法测定其枸杞子多糖含量。

此方法简便，显色稳定，灵敏度高重现性好。

2. 仪器

721 型（或其他型）分光光度计。

3. 试剂

葡萄糖标准液：精确称取 105℃干燥恒重的标准葡萄糖 100mg，置于 100mL 容量瓶中，加蒸馏水溶解并稀释至刻度。

苯酚液：取苯酚 100g，加铝片 0.1g，碳酸氢钠 0.05g，蒸馏收集 182℃馏分，称取此馏分 10g，加蒸馏水 150g，置于棕色瓶中备用。

4. 测定步骤

（1）枸杞多糖的提取与精制　称取剪碎的枸杞子 100g，经石油醚（60～90℃）500mL 回流脱脂二次，每次 2h，回收石油醚。再用 80％乙醚 500mL 浸泡过夜，回流提取二次，每次 2h。将滤渣加渣、加蒸馏水 3000mL，90℃热提取 1h，滤液减压浓缩至 300mL，用氯仿多次萃取，以除去蛋白质加活性炭 1％脱色，抽滤，滤液加入 95％乙醇，使含醇量达 80％，静置过夜。过滤，沉淀物用无水乙醇、丙醇、乙醚多次洗涤，真空干燥，即得枸杞多糖。

（2）标准曲线制备　吸取葡萄糖标准液 10、20、40、60、80、100μL，分别置于带塞试管中，各加蒸馏水使体积为 2.0mL，再加苯酚试液 1.0mL，摇匀，迅速滴加浓硫酸 5.0mL，摇匀后放置 5min，置沸水浴中加热 15min，取出冷却至室温；另以蒸馏水 2mL，加苯酚和硫酸，同上操作做空白对照。于 490nm 处测吸光度，绘制标准曲线。

（3）换算因素的测定　精确称取枸杞多糖 20mg，置于 100mL 容量瓶中，加蒸馏水溶解并稀释至刻度（储备液）。吸取储备液 200mL，照标准曲线制备项下的方法测定吸光度，从标准曲线中求出供试液中葡萄糖的含量，按下式计算因素。$F=m/(\rho\times D)/100$，式中 m 为多糖质量（μg），ρ 为多糖液中葡萄糖的浓度，D 为多糖的稀释因素。测得 $F=3.19$。

（4）样品溶液的制备　精确称取样品粉末 0.2g，置于圆底烧瓶中，加 80％乙醇 100mL 回流提取 1h，趁热过滤，残渣用 80％乙醇洗涤（10mL×3）。残渣连同滤纸置于烧瓶中，加蒸馏水 100mL，加热提取 1h，趁热过滤，残渣用热水洗涤（10mL×3），洗液并入滤液，放冷后移入 250mL 量瓶中，稀释至刻度，备用。

（5）样品中多糖含量测定　吸取适量样品液，加蒸馏水至 2mL，按标准曲线制备项下方法测定吸光度。查标准曲线得样品液中葡萄糖含量（μg/mL）。

5. 结果计算

按下式计算样品中多糖含量：

$$多糖含量=\frac{\rho\times D\times F}{m}\times 100\%$$

式中 ρ——样液葡萄糖浓度（μg/mL）；

D——样品液稀释因素；

F——换算因素；

m——样品质量（μg）。

二、香菇多糖的测定方法（高效液相色谱法）

1. 方法提要

采用高效色谱法分析香菇多糖，选用 TSK SW 凝胶排斥色谱柱为分离柱，香菇样品经简单的预处理，在示差折光检测器中进行检测，以不同分子量标准右旋糖酐作标准，同时测定样品多糖的分子量分布情况及含量。该方法较其他多糖测定法具有快速、简便、准确等优点，是目前较为行之有效的测定方法。

2. 仪器

高效液相色谱仪，包括 126 双溶剂微流量泵，156 示差折光检测器，System Gold 控制及数据处理系统（带有分子量计算辅助软件）。分离柱：4000SW Spherogel TSK (i. d. 13μm，直径 7.5mm×300mm)。带微孔过滤器（带 0.3μm 微孔滤膜）。实验室常用玻璃器皿。

3. 试剂

右旋糖酐，无水硫酸钠，醋酸钠，碳酸氢钠，氯化钠，双蒸馏水。

4. 测定步骤

(1) 分子量标准曲线制备　精确称取不同分子量的右旋糖酐标准品 0.100g，用流动相溶解并定容至 10mL。分别进样 20μL，由分离得到各色谱峰的保留时间，将其数字输入分子量软件中，经校准后建立分子量对数值（$\log_m W$）与保留时间（RT）的标准曲线。结果表明，分子量在 200×10^6 至 3.9×10^4 范围内具有良好线性。

(2) 色谱条件。流动相：0.2mol/L 硫酸钠溶液，流速：0.8mL/min。检测条件：示差检测器（以流动相作参比液，灵敏度 16AUFS)。

(3) 标准工作曲线　精确称取相对分子质量 50000 的右旋糖酐 0.100g，定容在 5mL 定量瓶中，再进一步稀释为 10、5、2、1mg/mL 标准液。分别进样，根据浓度与峰面积关系绘制曲线。

(4) 样品预处理和测定　称取一定量样品（多糖含量应大于 1mg)，用流动相溶解并定容至 100mL，混匀后经 0.3μm 的微孔滤膜过滤后即可进样。若样液不易过滤，可将其移入离心管中，在 5000r/min 下离心 20min，吸取 5mL 左右的上清液，再经 0.3μm 的抽孔滤膜过滤，收集少量滤液按色谱条件进样测定。

5. 结果计算

(1) 分子量分布计算　等测样品经分离后得到不同分子量峰的保留时间值，通过分子量标准工作曲线即可计算出多糖分子量分布。该计算程序由分子量辅助软件自动进行。

(2) 多糖含量计算　选择与待测样品多糖分子量相近标准右旋糖酐为基准物质，用峰面积外标法定量，计算公式如下：

$$含量[mg/100g(或\ mL)]=\frac{\rho\times V}{m}\times100$$

(以右旋糖酐计)

式中　ρ——进样样液多糖浓度（mg/mL）；

　　m——样品质量（g 或 mL）；

　　V——提取液的体积 mL。

子情境 3　膳食纤维含量的测定

膳食纤维是一般不易被消化的食物营养素，主要来自于植物的细胞壁，包含纤维素、半纤维素、树脂、果胶及木质素等。膳食纤维以溶解于水中可分为两个基本类型：水溶性纤维与非水溶性纤维。纤维素、部分半纤维素和木质素是三种常见的非水溶性纤维，存在于植物细胞壁中；而果胶和树胶等属于水溶性纤维，则存在于自然界的非纤维性物质中。常见的食物中的大麦、豆类、胡萝卜、柑橘、亚麻、燕麦和燕麦糠等食物都含有丰富的水溶性纤维，水溶性纤维可减缓消化速度和最快速排泄胆固醇，有助于调节免疫系统功能，促进体内有毒重金属的排出。所以可让血液中的血糖和胆固醇控制在最理想的水准之上，还可以帮助糖尿病患者改善胰岛素水平和三酸甘油酯。非水溶性纤维包括纤维素、木质素和一些半纤维素以及来自食物中的小麦糠、玉米糠、芹菜、果皮和根茎蔬菜。非水溶性纤维可降低罹患肠癌的风险，同时可经由吸收食物中有毒物质预防便秘和憩室炎，并且减低消化道中细菌排出的毒素。

膳食纤维的保健作用：促进肠道蠕动，软化宿便，预防便秘、结肠癌及直肠癌；降低血液中的胆固醇、甘油三酯，预防肥胖；清除体内毒素，预防色斑形成、青春痘等皮肤问题；减少糖类在肠道内的吸收，降低餐后血糖；促进肠道有益菌增殖，提高人体吸收能力。

一、方法提要

样品在硫酸月桂酯钠存在下，细胞内容物被溶出，洗脱后测定其残渣。该法又叫中性洗涤剂纤维素法（neutral detergent fiber assay；即 DNF 法）。此法测得值包括纤维素、半纤维素、木质素的总量。

二、仪器

鼓风干燥箱；高温炉等。

三、试剂

中性洗涤剂溶液：称取 30g 硫酸月桂酯钠，18.61g EDTA・2Na・$2H_2O$，6.81g 硼酸钠（含 10 个结晶水），4.56g 磷酸氢二钠，10mL 甘油单醚，加水至 1L。用碳酸钠或盐酸调 pH 值为 6.9～7.1。该液低温保存时析出结晶，可加热溶解后再用。

萘烷。

无水亚硫酸钠。

丙酮。

四、测定步骤

称到 0.5～1.0g 风干粉碎样品（一般用 20～30 目为宜）置于广口三角烧瓶中，加入 100mL 中性洗涤剂溶液，10mL 萘烷，0.5g 亚硫酸钠，加热回流，使之在 5min 内沸腾，并维持微沸 60min。抽滤，开始时慢慢抽滤。用 90～95℃热蒸馏水充分洗残渣，再用丙酮洗二次，风干后，于 100～105℃下干燥至恒重。然后放在 500℃高温炉中灰化 3h，求其质量，前后质量之差即为 DNF 量。

五、结果计算

$$\text{DNF}=\frac{\text{DNF 质量(g)}}{\text{样品质量(g)}}\times 100\%$$

六、小注

1. 脂肪含量高的样品在测定时产泡特别多，影响过滤应先脱脂。

2. 淀粉含量高的样品，煮沸后过滤困难，且淀粉中也包含 DNF，使测定值偏高。一般应先用胰酶处理：取 0.5g 样品置于广口瓶中，加蒸馏水煮沸 5min，冷却后加 1/15mol/L 磷酸盐缓冲液 30mL（pH6.8），20mL 10g/L 胰酶溶液，加氯化钠使反应时浓度达 10mmol/L，再加 2～3 滴苯，40℃保温 24h，3000r/min 离心，弃去上清液残渣移入锥形瓶中，按常规测定 DNF 值。

子情境 4　牛磺酸含量的测定

牛磺酸（Taurine）又称 α-氨基乙磺酸，最早由牛黄中分离出来，故得名。纯品为无色或白色斜状晶体，无臭，化学性质牛磺酸稳定，溶于乙醚等有机溶剂，是一种含硫的非蛋白氨基酸，在体内以游离状态存在，不参与体内蛋白的生物合成。牛磺酸虽然不参与蛋白质合成，但却与胱氨酸、半胱氨酸的代谢密切相关。人体合成牛磺酸的半胱氨酸亚硫酸羧酶（CSAD）活性较低，主要依靠摄取食物中的牛磺酸来满足机体需要。

牛磺酸的生理功能：(1) 促进婴幼儿脑组织和智力发育。牛磺酸在脑内的含量丰富、分布广泛，能明显促进神经系统的生长发育和细胞增殖、分化，且呈剂量依赖性，在脑神经细胞发育过程中起重要作用，牛磺酸与幼儿、胎儿的中枢神经及视网膜等的发育有密切的关系，长期单纯的牛奶喂养，易造成牛磺酸的缺乏；(2) 提高神经传导和视觉机能；(3) 防止心血管病：牛磺酸在循环系统中可抑制血小板凝集，降低血脂，保持人体正常血压和防止动脉硬化，对心肌细胞有保护作用，可抗心律失常；对降低血液中胆固醇含量有特殊疗效，可治疗心力衰竭；(4) 影响脂类的吸收：肝脏中牛磺酸的作用是与胆汁酸结合形成牛磺胆酸，牛磺胆酸对消化道中脂类的吸收是必需的，牛磺胆酸能增加脂质和胆固醇的溶解性，解除胆汁阻塞，降低某些游离胆汁酸的细胞毒性，抑制胆固醇结石的形成，增加胆汁流量等；(5) 改善内分泌状态，增强人体免疫：牛磺酸能促进垂体激素分泌，活化胰腺功能，从而改善机体内分泌系统的状态，对机体代谢以有益的调节，并具有促进有机体免疫力的增强和抗疲劳的作用；(6) 影响糖代谢：牛磺酸可与胰岛素受体结合，促进细胞摄取和利用葡萄糖，加速糖酵解，降低血糖浓度；(7) 抑制白内障的发生发展；(8) 改善记忆的功能；(9) 维持正常生殖功能。

牛磺酸的保健功能：牛磺酸防治缺铁性贫血有明显效果，它不仅可以促进肠道对铁的吸收，还可增加红细胞膜的稳定性；牛磺酸还是人体肠道内双歧菌的促生因子，优化肠道内细菌群结构；还具有抗氧化、延缓衰老作用；能够促进急性肝炎恢复正常；对四氯化碳中毒有

保护作用，并能抑制由此所引起的血清谷丙专氨酶的升高。对肾毒性有保护作用，牛磺酸对顺铂所致的兔原代肾小管上皮细胞改变有保护作用；另外，牛磺酸可镇静、镇痛和消炎，对冻伤、氰化钾 KCN 中毒及偏头疼也有防治作用。

一、方法（高效液相色谱法）提要

牛磺酸普遍存在于动物体内，特别是海洋生物体内，据文献报道，牛磺酸以游离形式存在，不掺入蛋白质，并具有多种生理、药理作用，常用的含量测定方法有：酸碱滴定法、荧光法、液体闪烁法、氨基酸自动分析仪法和薄层扫描法等。采用高效液相色谱 2,4-二硝基氟苯（DNFB）柱前衍生化法测定海洋生物和有关制剂中牛磺酸的含量，该方法具有操作简便、快速、准确、重现性好等特点。

二、仪器

高效液相色谱仪，紫外分光光度检测器，微处理机。

三、试剂

牛磺酸，乙腈，碳酸氢钠，磷酸氢二钠，磷酸二氢钠均为分析纯，2,4-二硝基氟苯为生化试剂（Merck 公司）。

四、测定步骤

1. 测试条件

色谱柱：4.6mm i. d. ×250mm，Spherisord C-18. 5μg。

流动相——A：CH_3CN—H_2O（1∶1），B：pH7 磷酸缓冲液，浓度为 30％A。

检测波长：360nm。

流速：1mL/min。

纸速：0.5cm/min。

2. 标准曲线制作

（1）精确称取牛磺酸对照品 10mg，置 50mL 容量瓶中，加蒸馏水溶解并稀释至刻度，即得牛磺酸对照液。

（2）精密吸取对照液 0.1，0.2，0.3，0.4，0.5mL，分别置于 10mL 容量瓶中，加蒸馏水使总体积均为 0.5mL，然后依次各加入 0.5mol/L $NaHCO_3$（pH9）溶液 1mL，1％ 2,4-二硝基氟苯乙腈溶液 1mL。摇匀，置 60℃水浴中避光加热 60min 后取出，加 pH7 磷酸盐缓冲液至刻度，摇匀，分别取 4μL 进样测定，以浓度为横坐标，以峰面积为纵坐标，进行线性回归。

3. 样品测定

精密称取样品 2g，置 25mL 容量瓶中加蒸馏水然释至刻度，精密吸取 0.5mL，按上述同样条件反应后取 4μL 进行测定。

五、结果计算

根据待测样液色谱峰面积，由标准回归方程式中得样液中牛磺酸含量，计算出样品中含量（mg/100g）。

子情境5 磷脂含量的测定

磷脂是一类含有磷酸的脂类，机体中主要含有两大类磷脂，由甘油构成的磷脂称为甘油磷脂（phosphoglyceride）；由神经鞘氨醇构成的磷脂，称为鞘磷脂（sphingolipid）。其结构特点是：具有由磷酸相连的取代基团（含氨碱或醇类）构成的亲水头（hydrophilic head）和由脂肪酸链构成的疏水尾（hydrophobic tail）。在生物膜中磷脂的亲水头位于膜表面，而疏水尾位于膜内侧。

磷脂是生命基础物质，细胞膜就由40%左右蛋白质和50%左右的脂质（磷脂为主）构成，它是由卵磷脂，肌醇磷脂，脑磷脂等组成。这些磷脂分别对人体的各部位和各器官起着相应的功能。人体所有细胞中都含有磷脂，它是维持生命活动的基础物质。磷脂对活化细胞，维持新陈代谢，基础代谢及荷尔蒙的均衡分泌，增强人体的免疫力和再生力，都能发挥重大的作用。

作为常见磷脂的一种大豆卵磷脂的保健功效：大豆卵磷脂被誉为与蛋白质、维生素并列的“第三营养素”。(1) 保护肝脏：磷脂中的胆碱对脂肪有亲和力，卵磷脂不但可预防脂肪肝，还能促进肝细胞再生，同时，磷脂可降低血清胆固醇含量，防止肝硬化并有助于肝功能的恢复；(2) 糖尿病患者的营养品：卵磷脂不足会使胰脏机能下降，无法分泌充分的胰岛素，不能有效地将血液中的葡萄糖运送到细胞中，这是导致糖尿病的基本原因之一；(3) 清洁血管：卵磷脂具有乳化、分解油脂的作用，可增进血液循环，改善血清脂质，清除过氧化物，使血液中胆固醇及中性脂肪含量降低，减少脂肪在血管内壁的滞留时间，促进粥样硬化斑的消散，防止由胆固醇引起的血管内膜损伤；(4) 促进胎、婴儿神经发育：正常情况下，孕妇体内的羊水中含有大量的卵磷脂，人体脑细胞约有70%早在母体中就已经形成。为了促进胎儿脑细胞能健康发育，孕妇补充足够的卵磷脂是很重要的。婴幼儿时期是大脑形成发育最关键时期，卵磷脂可以促进大脑神经系统与脑容积的增长、发育；(5) 可消除青春痘、雀斑：正常人体内（特别是在肠道）含有许多毒素，当毒素含量过高，便会随着血液循环沉积在皮肤上，形成色斑或青春痘。卵磷脂是一种天然的解毒剂，能分解体内过多的毒素，并经肝脏和肾脏的处理排出体外，当体内的毒素降低到一定浓度时，脸上的斑点和青春痘就会慢慢消失；(6) 预防老年痴呆的发生：人随着年龄增长，记忆力会减退，其原因与乙酰胆碱含量不足有一定关系，乙酰胆碱是神经系统信息传递时必需的化合物，人脑能直接从血液中摄取磷脂及胆碱，并很快转化为乙酰胆碱；(7) 化解胆结石：体内过多的胆固醇会发生沉淀，从而形成胆结石，胆结石90%是由胆固醇组成。胆汁中的主要成分是卵磷脂，此外还有水分、胆固醇、矿物质及色素等，卵磷脂可以将多余的胆固醇分解、消化及吸收，从而使胆汁中的胆固醇保持液体状；(8) 调和心理：社会竞争日趋激烈补充卵磷脂可使大脑神经及时得到营养补充，保持健康的工作状态，利于消除疲劳，激化脑细胞，改善因神经紧张而引起的急躁、易怒、失眠等症。

一、方法（分光光度法）提要

样品中磷脂，经消化后定量成磷，加钼酸铵反应生成钼蓝，其颜色深浅与磷含量（即磷脂含量）在一定范围内成正比，借此可定量磷脂。

二、仪器

分光光度计，消化装置等。

三、试剂

72%高氯酸；5%钼酸铵溶液；1%的2,4-二氯酚溶液：取0.5g的2,4-二氯酚盐酸盐溶于20%亚硫酸氢钠溶液50mL中，过滤，滤液备用，临用现配；磷酸盐标准溶液：取干燥的磷酸二氢钾（KH_2PO_4）溶于蒸馏水并稀释至100mL，用水100倍稀释，配制成含磷10μg/mL溶液。

四、测定步骤

1. 脂质的提取

将供检样品粉碎，脱脂，再过柱（将活化的硅胶，按每分离1g样品用8g的比例，用正己烷混匀装柱），以苯∶乙醚（9∶1）、乙醚各300mL依次洗脱溶出中性物质。用200mL三氯甲烷、100mL含5%丙酮的三氯甲烷洗脱，溶出糖质。再用100mL含10%甲醇的丙酮，400mL甲醇洗脱，得磷脂，供分析用。

2. 消化

取含磷约0.5～10μg的磷脂置于硬质玻璃消化管中，挥去溶剂，加0.4mL高氯酸加热至消化完全，若不够再补加0.4mL高氯酸继续消化至完全。

3. 测定

向消化好试管中加4.2mL蒸馏水，0.2mL钼酸铵溶液，0.2mL二氯酚溶液。试管口上盖一小烧杯，放在沸水浴中加热7min，冷却15min后，移入1cm比色皿中，于波长630nm处测定吸光度。同时用磷标准0～14μg制作工作曲线，求磷含量。

五、结果计算

$$\text{总磷含量}(\%)=\frac{\text{供试磷脂的总磷量(mg)}}{\text{供试磷脂的质量(mg)}}\times 100\%$$

$$\text{磷脂含量}(\%)=\text{总磷含量}(\%)\times 25\%$$

（注：脂肪中磷脂占24.6%，糖脂占9.6%，中性物质占65.8%。）

子情境6　花生四烯酸含量的测定

花生四烯酸（Arachidonic acid，简写AA），是全顺式-5,8,11,14-二十碳四烯酸，属于不饱和脂肪酸，其中含有四个碳-碳双键，一个碳-氧双键，为高级不饱和脂肪酸。广泛分布于动物界，少量存在于某个种的甘油酯中，也能在甘油磷脂类中找到。与亚油酸、亚麻酸一起被称为必需脂肪酸。

花生四烯酸在血液、肝脏、肌肉和其他器官系统中作为磷脂结合的结构脂类起重要作用。此外花生四烯酸是许多循环二十烷酸衍生物的生物活性物质，如前列腺素E2（PGE2）、前列腺环素（PGI2）、血栓烷素A2（TXA2）和白细胞三烯和C4（LTC4）的直接前体。这些生物活性物质对脂质蛋白的代谢、血液流变学、血管弹性、白细胞功能和血小板激活等具有重要的调节作用。

一、方法（气相色谱法）提要

花生四烯酸（AA）为二十碳不饱和脂肪酸，在体内能转化成一系列生物活性物质，具有重要的生理功能。AA 含量测定可利用有机溶剂将组织中的花生四烯酸分离提取出来，经甲酯化，采用气相谱法测定。

二、仪器

HP5840A 型气相色谱仪；分离柱为长 2m 内径 4mm 螺旋形玻璃管；载体：Chromosorb W AW，DMCS，80～100 目；固定液：10% DEGS（二乙二醇丁酸酯）；柱温：190℃；检测器：FID，温度 300℃；汽化温度：280℃；载气：高纯氮，流速 60mL/min，燃气：高纯氢，30mL/min；助燃气：压缩空气，250mL/min，记录速度 5mm/min。

三、试剂

花生四烯酸甲酯；氯仿；甲醇；KOH（A. R.）；0.5mol/L 的 KOH-甲醇溶液。

四、测定步骤

1. 样品 AA 提取及甲酯化

血中红细胞膜样品制备：以血离心去血浆层得红细胞，用等渗溶液洗三次，再用 10mmol/L Tris 缓冲液溶血，离心去血红蛋白。红细胞膜以相同的缓冲液洗三次，得到乳白色红细胞膜。取适量待测样品，放入到带塞玻璃试管中，加 2.5mL 氯仿-甲醇混合液（2∶1 体积分数），振摇 1min，以 3500r/min 离心 12min，小心吸出全部液体，将其转移到另一试管中，氮气吹干，再用 1mL 磷脂溶液溶解，将溶解液转移至 10mL 容量瓶中，加入 1mL 0.5mol/L KOH-甲醇溶液，振荡 1min，室温放置 15min，加蒸馏水至刻度，摇匀，静置分层，取 1μL 进行气相色谱分析。

2. 标准样品

标准花生四烯酸甲酯 1mg/mL，进样 1μL。

五、结果计算

将待测样品与标准样保留时间比较定性，采用外标定量。

子情境 7　EPA 和 DHA 的测定

EPA（Eicosapntemacnioc Acid 即二十碳五烯酸的英文缩写）是鱼油的主要成分。EPA 属于 ω-3 系列多不饱和脂肪酸，是人体自身不能合成但又不可缺少的重要营养素，因此称为人体必需脂肪酸。虽然亚麻酸在人体内可以转化为 EPA，但此反应在人体中的速度很慢且转化量很少，远远不能满足人体对 EPA 的需要，因此必须从食物中直接补充。EPA 具有帮助降低胆固醇和甘油三酯的含量，促进体内饱和脂肪酸代谢，起到降低血液黏稠度，增进血液循环，提高组织供氧而消除疲劳。还可以防止脂肪在血管壁的沉积，预防动脉粥样硬化的形成和发展、预防脑血栓、脑出血、高血压等心血管疾病。

DHA（二十二碳六烯酸，俗称脑黄金）是一种对人体非常重要的多不饱和脂肪酸，也属于ω-3不饱和脂肪酸家族中的重要成员。DHA是神经系统细胞生长及维持的一种主要元素，是大脑和视网膜的重要构成成分，在人体大脑皮层中含量高达20%，在眼睛视网膜中所占比例最大，约占50%，因此，对胎婴儿智力和视力发育至关重要。DHA食物来源：母乳，初乳中DHA的含量尤其丰富；配方奶粉，指添加DHA的配方奶粉；鱼类，DHA含量高的鱼类有鲔鱼、鲣鱼、鲑鱼、鲭鱼、沙丁鱼、竹荚鱼、旗鱼、金枪鱼、黄花鱼、秋刀鱼、鳝鱼、带鱼、花鲫鱼等，每100克鱼中的DHA含量可达1000mg以上，就某一种鱼而言，DHA含量高的部分又首推眼窝脂肪，其次则是鱼油；干果类，如核桃、杏仁、花生、芝麻等，其中所含的α-亚麻酸可在人体内转化成DHA；藻类。

一、方法（气相色谱法）提要

样品经三氟化硼甲醇甲酯化后，用正己烷提取，经DEGS气相色谱柱分离，并附氢火焰离子化检测器测定，用相对保留时间定性，与标准系列的峰高比较定量。

二、仪器

气相色谱仪：附氢火焰离子化检测器；超级恒温水浴：精度（±0.1℃）；Eppendorf管（EP管）：0.5～1.0mL。

三、试剂

所用试剂除注明者外，均为分析纯；水为重蒸馏水。

0.5mol/L氢氧化钠甲醇溶液：称取2.0g氢氧化钠溶于少量无水甲醇中，并稀释定容至100mL。

饱和氯化钠溶液：称取72g氯化钠溶解于200mL蒸馏水中。

三氯化硼甲醇溶液：量取浓度约为47%三氯化硼乙醚溶液30mL，加入到75mL无水甲醇中，混匀。

正己烷。

甲醇：优级纯。

EPA和DHA的甲酯标准储备液：采用Sigma公司标准品（cis—5,8,11,14,17—Pentaenoic Acid Methyl Ester，Approx.99%，cis—4,7,10,13,16,19 Docosahxaenoic Acid Methyl Ester、Approx.98%）。准确称取0.050g EPA和0.100g DHA用正己烷溶解，并定容于10mL容量瓶，此标准储备液EPA浓度为5.0mg/mL，DHA浓度为10.0mg/mL。

FPA和DHA的甲酯标准使用液：将标准储备液用正己烷稀释成EPA浓度为1.00、2.00、3.00、4.00、5.00mg/mL，DHA浓度为2.00、4.00、6.00、8.00、10.00mg/mL。

四、测定步骤

1. 样品处理

准确吸取10～20μL鱼油于10mL具塞比色管中，加入0.5mol/L氢氧化钠甲醇溶液2mL，充氮气，加塞，于60℃水浴中（约10min）至小油滴完全消失。加入三氯化硼甲醇溶液2mL和正己烷0.5mL，充分振荡萃取，静置分层。取上层正己烷液于EP管中，加少量无水硫酸钠，充氮气，于4℃冰箱中保存，备色谱分析。

2. 色谱参考条件

色谱柱：玻璃柱或不锈钢柱，内径 3mm，长 2m。内充填涂以 8%（质量分数）DEGS+1%（质量分数）H_3PO_4 固定液的 60～80 目 Chromosorb W. AW. DMCS。

气体流速：载气 N_2 50mL/min（氮气和空气和氢气之比按各仪器型号不同选择最佳比例）。

温度：进样口 210℃，检测器 210℃，柱温 190℃。

进样量：1μL。

3. 标准曲线的绘制

用微量进样器准确取 1μL 标准系列各浓度标准使用液注入气相色谱仪，以测得的不同浓度的 EPA 和 DHA 的峰高为纵坐标，浓度为横坐标，绘制标准曲线。

4. 样品测定

准确吸取 1μL 样品溶液进样，测得的峰高与标准曲线比较定量。

五、结果计算

$$X=\frac{m_1\times 100}{m\times\frac{V_1}{V_2}\times 1000}$$

式中 X——样品中 EPA、DHA 的含量（mg/100g）；

m_1——测定用样品液中的质量（μg）；

m——样品的质量（g）；

V_1——加入正己烷的体积（μL）；

V_2——测定时进样的体积（μL）。

EPA 和 DHA 回收率分别为（96.2±3）%和（95.8±4）%，精密度相对标准差分别为 1.86%和 2.11%。

六、小注

1. 本方法适用于以鱼油为主要成分的功能性食品中 EPA 和 DHA 检测，其中 EPA 的最低检出量为 20μg/mL，DHA 的最低检出量为 60μg/mL。

2. 鱼油制品用三氟化硼—甲醇溶液酯化。并采用充填 8%DEGS+1%H_3PO_4 固定液的色谱柱分离，克服了样品中其他物质的干扰，显示出良好的准确度和精密度。

3. 本法同时可以适用于测定油酸、亚油酸和亚麻酸。色谱条件：柱温 160℃，进样口及检测器 190℃，其他条件（包括样品处理）与本法相同。

子情境 8　总谷胱甘肽（GSH）含量的测定

谷胱甘肽（glutathione GSH）是由谷氨酸半胱氨酸和甘氨酸通过肽键缩合而成的三肽化合物，是一种用途广泛的活性短肽。分子量为 307.33，熔点为 189～193℃，晶体呈无色透明细长拉状，等电点为 5.93。谷胱甘肽有还原型（G-SH）和氧化型（G-S-S-G）两种形式，在生理条件下以还原型谷胱甘肽占绝大多数。谷胱甘肽还原酶催化两型间的互变，该酶的辅酶为磷酸糖旁路代谢提供的 NADPH。

GSH 广泛存在于动、植物中，在面包酵母、小麦胚芽和动物肝脏中的含量极高，达 100～1000mg/100g，在人体血液中含 26～34mg/100g，鸡血中含 58～73mg/100g，猪血中含 10～15mg/100g，在番茄、菠萝和黄瓜中含量也较高（12～33mg/100g），而在甘薯、绿豆芽、洋葱和香菇中含量较低（0.06～0.7mg/100g）。

GSH 的结构中含有一个活泼的巯基-SH，易被氧化脱氢，这一特异结构使其成为体内主要的自由基清除剂。机体内新陈代谢产生的许多自由基会损伤细胞膜，侵袭生命大分子，促进机体衰老，并诱发肿瘤或动脉粥样硬化的产生。GSH 可以清除自由基，起到强有力的保护作用。GSH 对于放射线、放射性药物或由于抗肿瘤药物引起的白细胞减少等症状能起到保护作用。GSH 能与进入机体的有毒化合物、重金属离子或致癌物质等相结合，并促其排出体外，起到中和解毒作用。GSH 还可保护细胞膜，使之免遭氧化性破坏，防止红细胞溶血及促进高铁血红蛋白的还原，对缺氧血症、恶心及肝脏疾病引起的不适具有缓解作用。GSH 能够纠正乙酰胆碱、胆碱酯酶的不平衡，起到抗过敏作用，还可防止皮肤老化及色素沉着，减少黑色素的形成，改善皮肤抗氧化能力并使皮肤产生光泽。另外，GSH 在治疗眼角膜病及改善性功能方面也有很好作用。谷胱甘肽具有的广谱解毒作用，不仅可用于药物，更可作为功能性食品的基料，在延缓衰老、增强免疫力、抗肿瘤等功能性食品广泛应用，

一、方法（循环法）提要

在还原性辅酶 II（NADPH）和谷胱甘肽还原酶（GR）维持谷胱甘肽总量不变的条件下，GSH 和 DTNB 反应，在此反应中，NADPH 量逐渐减少，TNB 量逐步增加，TNB 在 412nm 吸收增加的速率 A_{412}/min 与样品中总谷胱甘肽量呈正比。由于采用了 γ-GT（γ-谷氨酸转肽酶）抑制剂（SBE 抗凝剂）和快速测定，克服了血浆中谷胱甘肽含量极低，离体后消退极快，不易准确测定的困难。本法灵敏度可达 0.1nmol/L 左右，加收率 93%～106%。由于 GSH 和 GSSG 循环交替，周而复始总量不变，故称此为循环法（Recirculating Assay），是目前较灵敏的测定总 GSH（即 GSH+GSSG）方法。

二、仪器

带动力学功能的分光光度计（或普通分光光度计）；高速离心机；常规的玻璃设备等。

三、试剂

0.125mol/L Na_2HPO_4-NaH_2PO_4；6.3mol/L EDTA 缓冲液，pH7.5（0～4℃保存）；6.0mmol/L DTNB：23.8mg DTNB（FW 396.4）溶于 10mL 上述缓冲液中（0℃以下冰冻保存）；2.1mmol/L NADPH：17.5mg NADPH（FW 833.4）溶于 10mL 上述缓冲液中（使用当天配制）；50u/mL 谷胱甘肽还原酶（GR）。

以上述缓冲液稀释商品 GR 至要求浓度。例如取 0.260mL GR（Sigma，500u/2.6mL）加上述缓冲液 0.74mL（使用当天配制）。

SBE 抗凝剂（pH7.4）：内含 0.8mol/L 1-丝氨酸；0.8mol/L H_3BO_3；0.05mol/L EDTA，以浓 NaOH 调 pH 至 7.4（室温存放）；10%TCA（三氯醋酸），室温存放；0.3mol/L Na_2HPO_4（室温存放）。

四、测定步骤

1. GSH 标准系列

称取 15.3mg GSH，用双蒸馏水准确稀释至 100mL，得 0.5mmol/L GSH。取此液 0.08mL，加双蒸馏水 1.92mL，得 20nmol/L 标准液，再顺序 1∶1 稀释制作标准曲线时，各取 0.2mL，则得 4、2、1、0.5、0.25nmol/L 标准系列。

2. 样品液制备

血浆：取 1.5mL 静脉全血迅速放入含 0.09mL SBE 的小离心管中混匀，即刻高速（约 10000r/min）离心 1.5min，取出上层血浆 0.6mL，移入含 0.24mL 6.0mmol/L DTNB 的小管中，混匀，迅速取出 0.35mL（内含 0.1mL DTNB 和 0.25mL 血浆）移入 1mL 比色杯中测总 GSH。从取入血开始测定应控制在 3min 之内，大鼠、猪血 1.5h 内。

全血：取 0.1mL SBE 抗凝全血，移入含 0.5mL 10%TCA 小离心管中，混匀，高速离心 2min，取上清液 0.1mL，加入 0.4mL 0.3mol/L Na_2HPO_4，0.5mL 上述缓冲液，混匀。取此全血制备液 0.1mL 移入比色杯中测总 GSH。速冻组织（心、肝、肾等）：约 1g 组织块，加 5mL 10% TCA 匀浆，10000r/min 离心 5min，取上清液 0.1mL，加入 0.4mL 0.3mol/L Na_2HPO_4，0.5mL 上述缓冲液，混匀。取此组织制备液 0.1mL 移入比色杯中测总 GSH。

3. GSH 测定

若采用有动力学功能的分光光度计，则令条件为：波长 412nm，吸收范围 0～3.0，延后时间 20min，反应时间 2min；若为普通分光光度计，则人工定时读 A_{412} nm，计算出 A_{412}/min。总 GSH 测定步骤操作（见表 4-1）

表 4-1 总 GSH 测定步骤

试剂或样品	GSH 标准管	样品管		
		血浆	全血	组织
2.1mmol/L NADPH/mL	0.10	0.10	0.10	0.10
6.0mmol/L DTNB/mL	0.10	—	0.10	0.10
GSH 标准系列/mL	0.20	—	—	—
DTNB 血浆/mL	—	0.35	—	—
全血制备液 mL	—	—	0.10	—
组织制备液/mL	—	—	—	0.10
缓冲液(pH7.5)/mL	0.60	0.55	0.70	0.70
	直接加在 1mL 比色杯(1cm 光径)中			
50u/mL GR/mL	0.01	0.01	0.01	0.01
	加在比色杯壁上，比色前混匀，即刻开始读 A_{412}/min			

五、结果计算

制作 A_{412}/min-nmol GSH 标准曲线，从样品的 A_{412}/min 计算出反应管中 GSH 的 nmol 量 G。

血浆：G/0.25mL＝nmol GSH/mL 血浆

红细胞：G×90/(0.1mL×血球容积比)＝nmol GSH/mL 红细胞

组织：G×50/[0.1mL×匀浆组织块质量(g)]＝nmol GSH/g 组织

子情境9　超氧化物歧化酶的测定

超氧化物歧化酶（Superoxide dismutase，简称SOD），别名肝蛋白、奥谷蛋白，是一种含有金属元素的活性蛋白酶，是源于生命体的活性物质，广泛分布于各种生物体内，能消除生物体在新陈代谢过程中产生的有害物质。SOD是机体内天然存在的超氧自由基清除因子，它通过上述反应可以把有害的超氧自由基转化为过氧化氢。尽管过氧化氢仍是对机体有害的活性氧，但体内活性极强的过氧化氢酶（CAT）和过氧化物酶（POD）会立即将其分解为完全无害的水。这样，三种酶便组成了一个完整的防氧链条。

SOD保健作用：（1）抗氧化；（2）预防慢性病及其并发症：自由基对身体的伤害是日积月累的，尤其是糖尿病与心血管方面的疾病；（3）抗衰老：人之所以会衰老，是因为体内产生氧化作用，抗氧化剂的补充有助于降低氧化的速度，减慢衰老的脚步；（4）抗疲劳；（5）化疗副作用的消除剂：接受化疗的癌症病患体内的抗氧化能力会大大地降低，因此癌症患者应及时补充抗氧化剂来维持好体力；（6）避免手术的二次伤害：手术会引起大量自由基，故建议手术前后口服抗氧化剂来迅速恢复体力加速伤口复原；（7）化解妇女的氧化压力危机，如皮肤出现斑点皱纹，血液循环不良、经期不顺、黑眼圈、肤色灰暗无光泽，更年期障碍等。

以下两种检测方法适用于以各类鲜活的动植物组织器官及初加工品（如生鱼片、动物血等初加工肉制品）、乳制品、各类水果蔬菜、果汁等食品中超氧化物歧化酶活性的测定。

超氧化物歧化酶是催化以下反应的金属酶，$2O_2^{-}\cdot + 2H^+ \longrightarrow H_2O_2 + O_2$

$O_2^{-}\cdot$ 称为超氧阴离子自由基，是生物体多种生理反应中自然生成的中间产物。它是活性氧的一种，具有极强的氧化能力，是生物氧毒害的重要因素之一。

一、氮蓝四唑法

1. 方法提要

在电子供体如甲硫氨酸存在下，核黄素受光激发，与电子供体反应被还原。在氧气中，还原的核黄素与氧反应产生 $O_2^{-}\cdot$，$O_2^{-}\cdot$ 将无色（或微黄）的氮蓝四唑还原为蓝色，SOD通过催化 $O_2^{-}\cdot$ 歧化反应，生成 O_2 与 H_2O_2，从而抑制蓝色形成。按抑制蓝色物形成的50%为一个酶活单位。酶活力越高，抑制50%蓝色形成所需酶量越少。

2. 仪器

荧光灯管，离心机，分光光度计，pH计。

3. 试剂

（1）磷酸氢二钾（$K_2HPO_4 \cdot 3H_2O$），磷酸二氢钾（KH_2PO_4），蛋氨酸（Met），氮蓝四唑（NBT），核黄素，乙二胺四乙酸（EDTA），以上试剂均为分析纯级；所用水为去离子水或同等纯度蒸馏水。

（2）pH7.8，5.0×10^{-2}mol/L的 K_2HPO_4-KH_2PO_4 缓冲液（于冰箱中保存）

4. 测定步骤

（1）酶液的制备：称取5～10g样品，加预先在冰箱中放置的上述 K_2HPO_4-KH_2PO_4 缓冲液，缓冲液的量为所用样品的10倍以上，在4℃条件下或冰浴中研磨成匀浆，四层纱布过滤，滤液经4000r/min离心20min，取上清液用于酶活测定。

(2) 酶反应体系液的制备：取上述 K_2HPO_4-KH_2PO_4 缓冲液 30mL、依次溶入 Met，NBT，核黄素与 EDTA，使它们的浓度分别为 1.3×10^{-2}mol/L，6.3×10^{-5}mol/L，1.3×10^{-6}mol/L 与 1×10^{-4}mol/L，放冰箱中避光保存。

(3) 测酶活在暗光下，取上述酶反应体系液 3mL，移入试管中，试管放在一反应小室中，反应小室壁上贴锡箔纸，应将每个试管摆放在照光后所接受光强一致的位置。向每支试管加入 25～30mL 酶液。在 25～30℃下用光强 40001x 的荧光灯管（可用 15W 荧光灯）进行光照，15～20min 后，出现颜色变化，停止光照。在 560nm 波长下比色测量透光度。用未加酶液的反应体系做对照。

5. 结果计算

以抑制蓝色形成的 50%为一个酶活单位。按下式计算：

$$样品酶活单位=\frac{s-a}{\frac{b-a}{2}}\times n$$

式中 s——样品照光后的透光度；

a——未加酶之反应液照光后透光度；

b——未加酶之反应液照光前透光度；

n——酶液稀释倍数。

样品酶活单位表示，SOD 酶活单位（U）/g 干重（g 鲜重或 g 蛋白）。

6. 小注

(1) 进行照光操作时，应注意所用试管的直径与管壁厚度基本一致。

(2) 进行比色测定时，应用未加核黄素的酶反应体系液作空白。

二、连苯三酚自氧化法

1. 方法提要

连苯三酚在碱性条件下，能迅速自氧化，释放出 $O_2^{-}\cdot$，生成带色的中间产物。在自氧化过程的初始阶段，黄色中间物的积累在滞后 30～45s 后就与时间呈线性关系。中间产物在 420nm 处有强烈的光吸收，在有 SOD 存在时由于它能催化生成 $O_2^{-}\cdot$ 生成 O_2 与 H_2O_2，从而阻止了中间物的积累，通过计算就可以求出 SOD 的活力。

2. 仪器

紫外分光光度计；pH 计。

3. 试剂

(1) 连苯三酚、$K_2HPO_4\cdot3H_2O$、KH_2PO_4、HCl 均为分析纯级；所用水为去离子水或同等纯度蒸馏水。

(2) 连苯三酚液：用 1×10^{-2}mol/L HCl 将之配成浓度 5×10^{-2}mol/L 连苯三酚液。

(3) pH8.3 的 5×10^{-2}mol/LK_2HPO_4-KH_2PO_4 缓冲液。

4. 测定步骤

(1) 酶液的制备，除使用以上 K_2HPO_4-KH_2PO_4 缓冲外，其他同氮蓝四唑法。

(2) 连苯三酚自氧化速率的测定：取 4.5mL pH8.3，5×10^{-2}mol/L K_2HPO_4-KH_2PO_4 缓冲液，在 25℃水浴中保温 15min，加入 10μL 5×10^{-2}mol/L 连苯三酚液，迅速摇匀（空白以 K_2HPO_4-KH_2PO_4 缓冲液代替），倒入光径 1cm 的比色杯内，在 420nm 波长下于恒温

池中每隔 30s 测 A 值一次。计算线形范围内每分钟 A 的增值，此即为连苯三酚的自氧化速率，要求自氧化速率控制在 0.070OD/min 左右。

(3) 酶活测定：测定方法与测连苯一酚自氧化速率相同，在加入连苯三酚之前，先加入待测 SOD 酶液，缓冲液减少相应体积。计算加酶后连苯三酚自氧化速率，按以下公式计算酶活。

5. 结果计算

样品酶活单位表示同氮蓝四唑法。

$$样品酶活单位=\frac{\dfrac{0.070-A_{420nm/min}}{0.070}\times 100\%}{50\%}\times V\times n$$

式中 $A_{420nm/min}$——酶样品在 420nm 处每分钟光密度变化值；

V——反应液体积；

n——酶液稀释倍数。

子情境10 维生素 E 和胡萝卜素含量的测定

维生素 E（Vitamin E）是一种脂溶性维生素，又称生育酚，是最主要的抗氧化剂之一。溶于脂肪和乙醇等有机溶剂中，不溶于水，对热、酸稳定，对碱不稳定，对氧敏感，对热不敏感，但油炸时维生素 E 活性明显降低。富含维生素 E 的食物有：果蔬、坚果、瘦肉、乳类、蛋类、压榨植物油等，果蔬包括猕猴桃、菠菜、卷心菜、菜塞花、羽衣甘蓝、莴苣、甘薯、山药；坚果包括杏仁、榛子和胡桃；压榨植物油包括向日葵籽、芝麻、玉米、橄榄、花生、山茶等；此外红花、大豆、棉籽、小麦胚芽和鱼肝油都有一定含量的维生素 E，含量最为丰富的是小麦胚芽。维生素 E 能促进性激素分泌，使男子精子活力和数量增加；使女子雌性激素浓度增高，提高生育能力，预防流产，还可用于防治男性不育症、烧伤、冻伤、毛细血管出血、更年期综合征、美容等方面有很好的疗效。近来还发现维生素 E 可抑制眼睛晶状体内的过氧化脂反应，使末梢血管扩张，改善血液循环。

胡萝卜中含有大量的β-胡萝卜素，摄入人体消化器官后，可以转化成维生素 A，是目前最安全补充维生素 A 的产品（单纯补充化学合成维生素 A，过量时会使人中毒）。胡萝卜素的化学结构上中央有相同的多烯链，根据存在于其两端的芷香酮环或基团的种类有 α、β、γ、δ、ε、番茄红素等许多异构体。富含胡萝卜素食品有：木鳖果，胡萝卜，黄绿蔬菜，蛋类，黄色水果，菠菜，豌豆苗，红心甜薯，青椒，鱼肝油，动物肝脏，牛奶，乳制品，奶油。胡萝卜素作用与功能有：

(1) 维持皮肤黏膜层的完整性，防止皮肤干燥，粗糙；

(2) 构成视觉细胞内的感光物质；

(3) 促进生长发育，有效促进健康及细胞发育，预防先天不足。促进骨骼及牙齿健康成长；

(4) 维护生殖功能；

(5) 维持和促进免疫功能，胡萝卜具有预防和抑制肺癌的作用。

一、方法提要

采用石油醚直接冷磨匀浆法提取，不需皂化等操作手续，样品提取液通过氧化铝柱后，维生素 E、胡萝卜素被定量吸附，用乙酸乙酯-石油醚混合溶剂分次洗脱出维生素 E、胡萝卜素，提高了分离效果，可进行两种维生素含量测定。

适合脂肪含量低的食品分析。

二、仪器

岛津 RF-510 荧光分光光度计；721 型分光光度计（或其他光电比色计）。

三、试剂

1. 试剂

乙酸乙酯；石油醚（60～90℃）；氧化铝；无水硫酸钠；石英砂；标准品：DL-α 生育酚以石油醚（60～90℃）稀释至 5μg/mL。

2. 氧化铝层析柱

使用前先做维生素 E、胡萝卜素吸附洗脱回收实验，必要时需活化处理。取 25～27cm 层析柱（层析部分：内径 0.8cm，长 9cm）在细颈端填塞脱脂棉，装入氧化铝 3～4g 至低于细颈上端 0.5cm 处，用手轻轻拍柱使氧化铝均匀，上加 0.5g 无水硫酸钠，在层析分离时先用部分石油醚过柱，再加样品液。

四、测定步骤

1. 样品液制备

称取 5～10g 植物样品（或其他食品），加一定量无水硫酸钠和石英沙，再加石油醚，在玻璃乳钵内磨匀成浆，静置，用玻璃吸管取上清液，移入 50mL 容量瓶中，重量提取 4～5 次至刻度。

2. 上柱

取 5mL 石油醚提取液加到氧化铝柱内，开启水泵让石油醚提取液过柱，弃去石油醚流下液。改用含 3% 乙酸乙酯的石油醚洗脱，弃去部分洗脱液（约 3mL），收集洗脱液至 15mL，即为样品胡萝卜素测定液。再用含 90% 乙酸乙酯的石油醚洗脱，弃去部分洗脱液（约 3mL），收集洗脱液至 15mL，即为样品维生素 E 测定液。取 2.5mL 胡萝卜标准液（5μg/mL）和 2.5mL 维生素 E 标准液（5μg/mL）混合液，按上操作，收集即为标准测定液。另取 5mL 石油醚代替 5mL 标准混合液，同上处理，即为试剂空白液。

3. 测定

在岛津 RF-510 荧光分光光度计上，激发波长 295nm，荧光波长 325nm，狭缝 10nm，灵敏度开关置于 50（狭缝和灵敏度开关根据需要调节），用 1cm 比色皿（以试剂空白调荧光强度为零），读样品测定液和标准测定液荧光强度，测定维生素 E。在 721 型或其他分光光度计上，波长为 448nm，2cm 比色皿（以试剂空白调光密度为零），读样品测定液和标准液光密度，测定胡萝卜素。

五、结果计算

$$\text{样品维生素 E 含量(mg/100g)}=\frac{5\times A}{B}\times\frac{50\times 100}{m\times 1000}$$

$$\text{样品胡萝卜素含量(mg/100g)}=\frac{5\times C}{D}\times\frac{50\times 100}{m\times 1000}$$

式中 A——样品液荧光强度；

B——维生素 E 标准液荧光强度；

C——样品液光密度值；

D——胡萝卜素标准液光密度值；

m——样品质量（g）。

子情境 11　硒含量的测定

硒（Se）是一种非金属化学元素，可以用作光敏材料、电解锰行业催化剂，也是动物体必需的营养元素和植物有益的营养元素等。硒是动物和人体中一些抗氧化酶（谷胱甘肽过氧化物酶）和硒-P 蛋白的重要组成部分，在体内起着平衡氧化还原氛围的作用，还具有提高动物免疫力作用，硒已被作为人体必需的微量元素，目前，中国营养学会推荐的成人摄入量为每日 50～250μg，而我国 2/3 地区硒摄入量低于最低推荐值。富含硒的食物有海产品、食用菌、肉类、禽蛋、西兰花、紫薯、大蒜等。

硒的作用：硒的作用比较宽泛，其原理主要是两个：第一、组成体内抗氧化酶，能提到保护细胞膜免受氧化损伤，保持其通透性；第二、硒-P 蛋白具有螯合重金属等毒物，降低毒物毒性作用，具体表现为：抗氧化作用，增强免疫力，防止糖尿病、防止白内障。

一、方法（分光光度法）提要

硼氢化钾在酸性溶液中（1.5～4.0mol/L 盐酸浓度）使硒（Ⅳ）还原成 H_2Se 挥发分离出来，用邻菲罗啉铁（Ⅲ）溶液吸收。H_2Se 再还原邻菲罗啉铁生成橙红色邻菲罗啉亚铁，其颜色深度与硒的浓度在一定范围内符合比尔定律。用氢化物分离一邻菲罗啉铁分光光度法测定微量硒含量的方法，操作较简便，干扰离子少，相对误差在 1%以下，最低检出限为 0.2μg。

二、仪器

分析天平（感量 0.0001g）；721 型分光光度计（或其他分光光度计）；氢化物发生及吸收装置；凯氏消化瓶（50mL）；砂浴或控温电炉。

三、试剂

硒标准溶液：将光谱纯硒溶于少量硝酸中，加水配成 1.00mg/mL 硒储备液，使用时用 0.05mol/L H_2SO_4 稀释成 1.00μg/mL 硒的标准液。

硼氢化钾溶液（3%）：将硼氢化钾 3g 溶于 100mL 0.5%KOH 的水溶液，滤去不溶物，储存于聚乙烯瓶中。

硒化氢吸收液：在 50mL 醋酸-醋酸钠缓冲液（pH4）中，加入 75mL 0.2%邻菲罗啉水溶液及 5mL 含 Fe^{3+} 2mg/mL 的硫酸铵水溶液，加蒸馏水至 500mL。

pH4 的醋酸-醋酸钠缓冲液 0.2mol/L NaAC 18mL 与 0.2mol/L HAC 82mL 混合即成。

200g/L 亚铁氰化钾溶液。

5mol/L HCl 溶液。

四、测定步骤

1. 标准曲线制备

取 0～10μg 硒（Ⅳ）标准液，依次加到氢化物发生及吸收装置的反应瓶中，均加 5mol/L 盐酸 15mL，以蒸馏水补充至 30mL。在 U 型玻璃吸收管中装入 7.0mL 吸收液，在筒形加液漏斗中加入 KBH_4 溶液 20mL，盖好塞子，通氮气（或用给气球打气）加压，缓缓开启活塞，让 KBH_4 溶液在 3.5～4min 内全部加到反应瓶中，控制加入速度以保持吸收液气泡升至吸收管半球部为宜。加完后，鼓气约 1min，有助于将可能残存的 H_2Se 自反应液中带出。吸收完后，于 25℃室温下放置 15min，颜色可达稳定，在 508nm 下测定吸收液的光密度。以光密度为纵坐标，相应硒含量为横坐标制备工作曲线。

2. 样品液制备及硒的测定

称取 1～2g 粉碎样品，放 50mL 凯氏消化瓶中，加硝酸-硫酸（2∶1）10mL，在砂浴或电炉上消化至溶液呈现亮绿色，冷却，转移到 50mL 容量瓶中，加蒸馏水至刻度，混匀。取样品液 5～10mL（依硒含量而异）置于反应瓶中，加 1mL 200g/L 亚铁氰化钾溶液及 15mL 5mol/L 盐酸，加蒸馏水至 30mL，接好发生装置，通气 3～4min 后，再接上吸收管，从筒形加液漏斗中加入 KBH_4 溶解 20mL，按制备标准曲线操作，盖上塞子，（通氮气/或用给气球打气）加压，缓缓开启活塞，把 KBH_4 溶液加入反应瓶中，加完后，鼓气约 1min，15min 后在 508nm 下，以试剂空白作参比测定样品液光密度。查标准曲线即可计算出样品中硒含量。

五、结果计算

$$Y=\frac{A\times 50}{V\times m}\times 100$$

式中 Y——样品中硒含量（μg/100g）；

A——查标准曲线得样品测定液中硒量（μg）；

V——用于测定的样品液体积（mL）；

m——样品质量（g）。

六、小注

1. 精细地消化样品是准确测定微量硒的关键所在，若消化不到终点则结果偏高，加热时间过长，或温度太高又会造成硒的逸失（温度控制在 100℃左右）。一般以溶液呈现亮绿色为宜。

2. 大部分离子不干扰硒的测定，Cu^{2+} 和大于 1000μgFe^{3+} 的干扰可直接在反应瓶中加入 $K_4Fe(CN)_6$ 溶液，使它们生成沉淀而掩蔽；Ag^+ 可以在处理样品时加入 NaCl 溶液使之沉淀，过滤除去，I^-、S^{2+}、$S_2O_3^{2-}$、SCN^- 有较严重干扰，但可在样品消化处理时除去，反应液中存在硝酸、硫酸时不干扰硒的测定。

3. 反应液中 KBH_4 量在 0.4～0.7g 时，吸收值有较稳定的量高值。吸收完后，于 25℃室温下放置 15min 颜色达到稳定，24h 不变。

子情境 12　茶多酚含量的测定

茶多酚（Tea Polyphenols）是茶叶中多酚类物质的总称，是一种稠环芳香烃，包括黄烷醇类、花色苷类、黄酮类、黄酮醇类和酚酸类等，又称茶鞣或茶单宁，是形成茶叶色香味的主要成分之一，也是茶叶中有保健功能的主要成分之一。其中以儿茶素最为重要，约占多酚类总量的60%～80%；茶多酚在茶叶中的含量一般在20%～35%。茶多酚具有很强的抗氧化作用，其抗氧化能力是维生素E的6～7倍、维生素C的5～10倍。

茶多酚的功效：

(1) 清除活性氧自由基：阻断脂质过氧化过程，提高人体内酶的活性，从而起到抗突变、抗癌症的功效；

(2) 防治高脂血症引起的疾病：①增强微血管强韧性、降血脂，预防肝脏及冠状动脉粥样硬化，②降血压，③降血糖，④防止脑中风，⑤抗血栓；

(3) 提高人体的综合免疫能力的功效：①通过调节免疫球蛋白的量活性，间接实现提高人体综合免疫能力、抗风湿因子、抗菌抗病毒的功效，②抗变态反应和皮肤过敏反应，③舒缓肠胃紧张、防炎止泻和利尿作用，④促进维生素C的吸收，防治坏血病，改进人体对铁的吸收，有效防止贫血；

(4) 治疗尖锐湿疣；

(5) 保健治疗功效：①抗脂质过氧化、预防衰老，②对重金属盐和生物碱中毒的抗解作用，③防辐射损伤、减轻放疗的不良反应，④防龋固齿和清除口臭的作用，⑤助消化作用。

一、方法（高锰酸钾直接滴定法）提要

茶叶茶多酚易溶于热水中，在用靛红作指示剂的情况下，样液中能被高锰酸钾氧化的物质基本上都属于茶多酚类物质。根据消耗1mL 0.318g/100mL的高锰酸钾相当于5.82mg茶多酚的换算常数，计算出茶多酚的含量。

二、仪器

分析天平；电热水浴锅；真空泵；电动搅拌机；250mL抽滤瓶（附65mm细孔漏斗）；500mL有柄白瓷皿；100mL容量瓶；5mL胖肚吸管等。

三、试剂

0.1%靛红溶液：称取靛红（G.R.）1g加入少量水搅匀后，再慢慢加入相对密度1.84的浓硫酸50mL，冷后用蒸馏水稀释至1000mL。如果靛红不纯，滴定终点将会不敏锐，可用下法磺化处理：称取靛红1g，加浓硫酸50mL，在80℃烘箱或水浴中磺化4～6h，用蒸馏水定容至1000mL，过滤后储存于棕色试剂瓶中。

0.630%草酸溶液：准确称取草酸（$H_2C_2O_4 \cdot 2H_2O$）6.3034g，用蒸馏水溶解后定容至1000mL。

0.127%高锰酸钾溶液的配制及标定：称取AR的$KMnO_4$ 1.27g，用蒸馏水溶解后定容至1000mL，按下面方法标定。

准确吸取0.630%草酸10mL放在250mL三角瓶中（重复2份），加入蒸馏水50mL，再加入浓硫酸（相对密度1.84）10mL，摇匀，在70～80℃水浴中保温5min，取出后用已配好的高锰酸钾溶液进行滴定。开始慢滴，待红色消失后再滴第2滴，以后可逐渐加快，边滴边摇动，待溶液出现淡红色保持1min不变即为终点（约需25mL左右）。按下式计算高锰酸钾的浓度（1mL 0.630%草酸消耗2.5mL 0.127%高锰酸钾）。

$$10\times0.630\% = 耗用\ KMnO_4\ 体积(mL)\times\omega$$

$$\omega(KMnO_4\ 浓度,\%) = \frac{10\times0.63}{KMnO_4\ 体积(mL)}$$

四、测定步骤

1. 供试液的制备

准确称取茶叶磨碎样品 1g，放在 200mL 三角烧瓶中，加入沸蒸馏水 8mL，在沸水浴中浸提 30min，然后过滤、洗涤，滤液倒入 100mL，容量瓶中，冷至室温，最后用蒸馏水定容至 100mL 刻度，摇匀，即为供试液。

2. 测定

取 200mL 蒸馏水放在有柄瓷皿中，加入 0.1%靛红溶液 5mL，再加入供试液 5mL。开动搅拌器，用已标定的 $KMnO_4$ 溶液进行连搅拌边滴定，滴定速度不宜太快，一般以每秒 1 滴为宜，接近滴定终点时再应慢滴。滴定溶液由深蓝色转变为亮黄色为止，记下消耗高锰酸钾的毫升数为 A 值。为避免视觉误差，应重复二次滴定取其平均值，然后用蒸馏水代替试液，做靛红空白滴定，所耗用高锰酸钾的毫升数为 B 值。

五、结果计算

$$茶多酚含量(\%) = (A-B)\times\omega\times0.00582\times100/(0.318\times m\times V/T)$$

式中 A——样品液消耗 $KMnO_4$ 量（mL）；

B——空白液消耗 $KMnO_4$ 量（mL）；

ω——$KMnO_4$ 浓度（%）；

m——样品质量（g）；

V——吸取样品液量（mL）；

T——提取样品液量（mL）。

六、小注

1. 配制好的高锰酸钾溶液必须避光保存，使用前需重新标定。一般情况下，一星期标定一次。

2. 滴定终点的掌握上以出现亮黄色为止，溶液颜色的变化是由蓝变绿，由绿逐渐变黄。在观察时，以绿色的感觉消失开始出现亮黄为终点。红茶的终点颜色稍深（土黄色），绿茶的终点颜色稍浅（浅黄色）。

3. 制备好的供试液不宜久放，否则引起茶多酚自动氧化，测定数值将会偏低。

子情境 13 儿茶素含量的测定

儿茶素又称儿茶精、茶单宁，为黄烷醇的衍生物，分子式 $C_{15}H_{14}O_6$，儿茶素及其氧化产物都是碳氢氧三元化合物，是由糖类经一系列酶的作用，通过莽草酸途径，形成苯环化合物，最后合成为儿茶素。和咖啡因同属茶叶中的两大重要机能性成分，但是又以儿茶素为茶汤中最主要的成分。

儿茶素的功用：(1) 清除自由基：儿茶素是天然的油脂抗氧化剂，并且可以清除人体产生的自由基，以保护细胞膜；（2）延缓老化：有清除自由基的功用，因此可以减缓衰老；（3）预防蛀牙：儿茶素类可以明显地减少牙菌斑以及减缓牙周病；（4）改变肠道微生物的分布：儿茶素类可以抑制人体致病菌（如肉毒杆菌），同时又不伤害有益菌（如乳酸菌）的繁衍，所以有整肠的功能；（5）抗菌作用：可以抑制引起人类皮肤病的病菌，并且对治疗湿疹有很好的疗效；（6）除臭：儿茶素可以除去甲硫醇的臭味，可以去除抽烟者的口臭，并且减轻猪、鸡以及人排泄物的臭味（因为儿茶素可以抵抗人体肠道内产生恶臭的细菌）；（7）其他：儿茶素还具有抑制血压（可降低舒张压与收缩压）及血糖（抑制醣分解酵素）、降低血中胆固醇及低密度脂蛋白（LDL），并增加高密度脂蛋白（HDL）的量和抗辐射以及紫外线等功用。

一、方法（香荚兰素比色法）提要

儿茶素和香荚兰素在强酸性条件下生成橘红到紫红色的产物，红色的深浅和儿茶素的量呈一定的比例关系。该反应不受花青甙和黄酮甙的干扰，在某种程度上可以说，香荚兰素是儿茶的特异显色剂，而且显色灵敏度高，最低检出量可达 0.5μg。

二、仪器

10μL 或 50μL 的微量注射器；10～15mL 具塞刻度试管；分光光度计。

三、试剂

95%乙醇（A. R.）；

盐酸（G. R.）；

1%香荚兰素盐酸溶液：1g 香荚兰素溶于 100mL 浓盐酸（G. R.）中，配制好的溶液呈淡黄色，如发现变红，变蓝绿色者均属变质不宜采用。该试剂配好后置冰箱中可用 1 天，不耐储存，宜随配随用。

四、测定步骤

称取 1.00～5.00g 磨碎干样（一般绿茶用 1.00g，红茶用 2.00g）加 95%乙醇 20mL，在水浴上提取 30min，提取过程中要保持乙醇的微沸，提取完毕进行过滤。滤液冷后加 95%乙醇定容至 25mL 为供试液。

吸取 10μL 或 20μL 供试液，加入装有 1mL 95%乙醇的刻度试管中，摇匀，再加入 1%香荚兰素盐酸溶液 5mL，加塞后摇匀显出红色，放置 40min 后，立即进行比色测定消光度（E），另以 1mL 95%乙醇加香荚兰素盐酸溶液作为空白对照。比色测定时，选用 500nm 浓长，0.5cm 比色杯（如用 1cm 比色杯进行测定，必须将测得的消光度除以 2，折算成相当于 0.5cm 比色杯的测定值，才能进行计算含量）。

五、结果计算

当测定消光值等于 1.00 时，被测液的儿茶素含量为 145.68μg，因此测得的任一消光度只要乘以 145.68，即得被测液中儿茶素的微克数。按下式计算儿茶素总含量。

$$儿茶素总量(mg/g)=\frac{E\times145.68}{1000}\times\frac{V_{总}}{Vm}$$

式中 E——样品光密度；

$V_{总}$——样品总溶液量（mL）；

V——吸取的样液量（mL）；

m——样品质量（g）。

子情境14　大蒜辣素含量的测定

大蒜辣素（Allicin），又名蒜素、蒜辣素，与乙醇、乙醚及苯可混溶。对热碱不稳定，对酸稳定。具有抗念球菌属菌、隐球菌属菌和须发癣菌等抗菌作用，能加强家兔的多形白细胞的吞噬作用，临床可治疗痢疾、百日咳、肺结核、头癣及阴道滴虫等症。

一、方法（重量法）提要

大蒜中蒜氨的亚砜基、大蒜辣素硫代亚砜基及其转化产物的硫醚基（—S—，—S—S—，—S—S—S—等）被浓 HNO_3 氧化成硫酸根离子，与氯化钡反应生成硫酸钡沉淀，用重量法测定，根据测得的硫酸钡重量换算成大蒜辣素含量。

二、仪器

高温电炉（马弗炉）；组织捣碎机等。

三、试剂

浓硝酸；1∶1 盐酸溶液；5%氯化钡溶液；0.1%甲基橙溶液；2%硝酸银溶液（储于棕色瓶内）；10%氢氧化钠溶液等（试剂均为 A. R.）。

四、测定步骤

1. 样品液制备

取有代表性的新鲜蒜剥去皮，用组织捣碎机捣成糊状，准确称取 5g，加浓硝酸 2mL，用玻璃棒压磨至呈黄色，放置 5min，用蒸馏水移至 100mL 容量瓶内，定容混匀干过滤，弃去最初数毫升滤液，取滤液 80mL 放入烧杯中，加甲基橙指示剂 2 滴，滴加 10%氢氧化钠溶液至黄色，再滴加 1∶1 盐酸至红色，并多加 1mL，在砂浴上浓缩至约 50mL。

2. 沉淀

将浓缩液放电炉上热至微沸，取下加入 10mL 5%氯化钡溶液，搅拌均匀，在 90℃水浴中保温 2h，用致密无灰滤纸过滤，以热蒸馏水洗至无氯离子（滤液加硝酸银溶液不混浊）。

3. 烘干及灰化

将沉淀连同滤纸放入已知质量的坩埚中，在低温电炉上烘干并使滤液炭化，再放入高温电炉中于 600℃下灼烧 30min 至灰分变白，取出冷却称重。

五、结果计算

根据硫酸钡质量按下式计算：

$$大蒜辣素含量(\%)=\frac{32.06m_1\times162.264V_0}{233.39m_2V\times32.06\times2}\times100\%$$

式中　32.06——硫的相对分子质量；

233.39——硫酸钡相对分子质量；

162.264——大蒜辣素相对分子质量；

m_1——硫酸钡质量（g）；

m_2——样品质量（g）；

V_0——样品提取液总体积（mL）；

V——吸取提取液体积（mL）。

复习思考题

1. 低聚糖的生理功能是什么？简述其测定方法及原理。
2. 活性多糖有哪些种类？
3. 牛磺酸的生理功能是什么？简述其测定方法及原理。
4. 请简述茶多酚的生理功能及测定方法。
5. 大蒜素的测定方法有哪些？

参 考 文 献

[1] 钟耀广，刘长江．我国功能性食品存在的问题及展望．食品研究与开发．2009，30（2）：166-168.

[2] 郑建仙．功能性食品学．北京：中国轻工业出版社，2008.

[3] 毛跟年，许牡丹．功能性食品生理特性与检测技术．北京：化学工业出版社，2005.

[4] 常锋，顾宗珠．功能食品．北京：化学工业出版社，2009.

[5] 吴谋成．功能食品研究与应用．北京：化学工业出版社，2004.

[6] 罗玲．营养保健师培训教程．长沙：湖南科技出版社，2007.

[7] 孙远明．食品营养学．北京：科学出版社，2008.

[8] 于守洋，崔洪斌．中国保健食品的进展．北京：人民卫生出版社，2001.

[9] 陈仁惇．营养保健食品．北京：中国轻工业出版社，2002.

[10] 陈月英，王喜萍．食品营养与卫生．北京：中国农业出版社，2008.

[11] 郑建仙．功能性膳食纤维．北京：化学工业出版社，2005.

[12] John D. Potter ed. 食物、营养与癌症预防．陈君石，闻芝梅译．上海：上海医科大学出版社，1999.

[13] 高福成．现代食品工程高新技术．北京：中国轻工业出版社，1997.

[14] 时钧，袁权，高从堦．膜技术手册．北京：化学工业出版社，2001.

[15] 林松毅，程宏，张冬青．微胶囊技术在食品工业中的应用．冷饮与速冻食品工业，2001，7（3）：25-28.

[16] 岳松，马力，张国栋等．超临界流体萃取技术及其在食品工业中的应用．四川工业学院学报，2002，21（3）：73-75.

[17] 郑建仙．功能性食品学．北京：中国轻工业出版社，2003.

[18] GB 14881—94 食品企业通用卫生规范．

[19] 中华人民共和国卫生部．保健食品管理办法，1996.

[20] GB 16740—1997 保健（功能）食品通用标准．

[21] GB 13432—92 特殊营养食品标签．

[22] GB 17405—1998 保健食品良好生产规范．

[23] 金宗濂．保健食品的功能评价与开发．北京：中国轻工业出版社，2001.

[24] 邓平建．转基因食品食用安全性和营养质量评价及验证．北京：人民卫生出版社，2003.

[25] 郑建仙．功能性食品学．北京：中国轻工业出版社，2003.

[26] 中华人民共和国卫生部．保健食品检验与评价技术规范，2003.

[27] McCord J M，Fridovich I，Superoxide dismutase. An enzymic function for erythrocuprein（bemocuprein）. J Biol Chem，1969，244：6049-6055.

[28] Beauchamp C，Fridovich I，Superoxide dismutase. Improved assays and an assay applicable to acrylamide gels. Anal Biochem，1971，44：276-287.

[29] 邓碧玉，袁勤生，李文杰．改良的连苯三酚自氧化测定超氧化物歧化酶活性的方法．生物化学与生物物理进展，1991，18（2）：163.

[30] 邹国林，桂兴芬，钟晓凌，等．一种 SOD 的测活方法——邻苯三酚自氧化法的改进．生物化学与生物物理进展，1986，（4）：71-73.

[31] 王光亚．保健食品功效成分检测方法．北京：中国轻工业出版社，2002.

[32] 何照范，张迪清．保健食品化学及其检测技术．北京：中国轻工业出版社，2002.

[33] 钟耀广．功能性食品制造方法．北京：化学工业出版社，2011.